中 等 职 业 学 校 机 电 类 规 划 教 材
ZHONGDENG ZHIYE XUEXIAO JIDIANLEI GUIHUA JIAOCAI
专业基础课程与实训课程系列

钳工技能实训

（第3版）

张利人 主编

BASIC & TRAINING

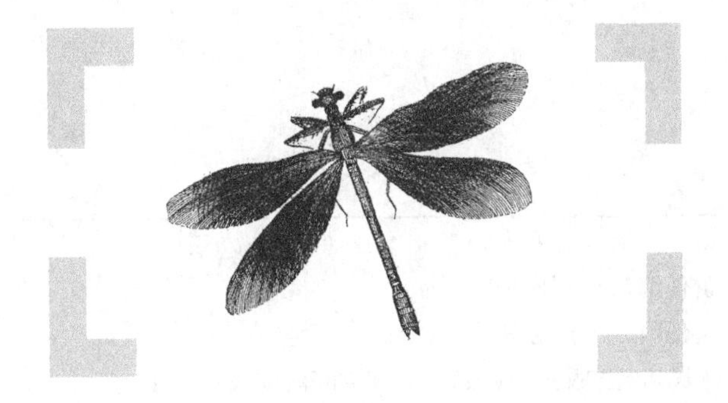

人 民 邮 电 出 版 社
北 京

图书在版编目（CIP）数据

钳工技能实训 / 张利人主编. -- 3版. -- 北京 : 人民邮电出版社, 2014.9(2017.12重印)
中等职业学校机电类规划教材
ISBN 978-7-115-36551-4

Ⅰ. ①钳… Ⅱ. ①张… Ⅲ. ①钳工－中等专业学校－教材 Ⅳ. ①TG9

中国版本图书馆CIP数据核字(2014)第171417号

内 容 提 要

本书是根据国家职业技能鉴定钳工初、中级考核标准，结合相关的岗位要求，采用理实一体化的形式编写而成的。

全书共 11 个项目，主要内容有钳工基础知识，划线，锉削，锯削，孔加工，攻、套螺纹，锉配，弯形与矫正，刮削与研磨，部件装配，综合练习等。

本书既可作为中等职业学校机电类相关专业的教材，也可作为相关从业人员的自学用书。

◆ 主　　编　张利人
　责任编辑　刘盛平
　责任印制　焦志炜

◆ 人民邮电出版社出版发行　北京市丰台区成寿寺路 11 号
　邮编　100164　电子邮件　315@ptpress.com.cn
　网址　http://www.ptpress.com.cn
　固安县铭成印刷有限公司印刷

◆ 开本：787×1092　1/16
　印张：11.25　　2014 年 9 月第 3 版
　字数：278 千字　　2017 年 12 月河北第 6 次印刷

定价：25.00 元

读者服务热线：(010)81055256　印装质量热线：(010)81055316
反盗版热线：(010)81055315
广告经营许可证：京东工商广登字 20170147 号

中等职业学校机电类规划教材

专业基础课程与实训课程系列教材编委会

丛书前言

我国加入 WTO 以后，国内机械加工行业和电子技术行业得到快速发展。国内机电技术的革新和产业结构的调整成为一种发展趋势。因此，近年来企业对机电人才的需求量逐年上升，对技术工人的专业知识和操作技能也提出了更高的要求。相应地，为满足机电行业对人才的需求，中等职业学校机电类专业的招生规模在不断扩大，教学内容和教学方法也在不断调整。

为了适应机电行业快速发展和中等职业学校机电专业教学改革对教材的需要，我们在全国机电行业和职业教育发展较好的地区进行了广泛调研；以培养技能型人才为出发点，以各地中职教育教研成果为参考，以中职教学需求和教学一线的骨干教师对教材建设的要求为标准，经过充分研讨与精心规划，对《中等职业学校机电类规划教材》进行了改版，改版后的教材包括 6 个系列，分别为《专业基础课程与实训课程系列》、《数控技术应用专业系列》、《模具制造技术专业系列》、《计算机辅助设计与制造系列》、《电子技术应用专业系列》和《机电技术应用专业系列》。

本套教材力求体现国家倡导的“以就业为导向，以能力为本位”的精神，结合职业技能鉴定和中等职业学校双证书的需求，精简整合理论课程，注重实训教学，强化上岗前培训；教材内容统筹规划，合理安排知识点、技能点，避免重复；教学形式生动活泼，以符合中等职业学校学生的认知规律。

本套教材广泛参考了各地中等职业学校的教学计划，面向优秀教师征集编写大纲，并在国内机电行业较发达的地区邀请专家对大纲进行了多次评议及反复论证，尽可能使教材的知识结构和编写方式符合当前中等职业学校机电专业教学的要求。

在作者的选择上，充分考虑了教学和就业的实际需要，邀请活跃在各重点学校教学一线的“双师型”专业骨干教师作为主编。他们具有深厚的教学功底，同时具有实际生产操作的丰富经验，能够准确把握中等职业学校机电专业人才培养的客观需求；他们具有丰富的教材编写经验，能够将中职教学的规律和学生理解知识、掌握技能的特点充分体现在教材中。

为了方便教学，我们免费为选用本套教材的老师提供动画、视频、模拟试卷和 PPT 课件等教学相关资料，以求尽量为教学中的各个环节提供便利。

我们衷心希望本套教材的出版能促进目前中等职业学校的教学工作，并希望能得到职业教育专家和广大师生的批评与指正，以期通过逐步调整、完善和补充，使之更符合中职教学实际。

欢迎广大读者来电来函。

电子函件地址：liushengping@ptpress.com.cn

读者服务热线：010-81055226

前言

本书自2011年改版以来，获得了许多职业学校的认可，作为钳工课程教材被广泛使用。近年来，我国的职业教育形势发生了深刻的变化，各地都加强了对重点课程教学内容和教学方法的改革，为此我们对本书进行了修订，以适应新的教学需求。

在改版过程中本书主要体现了以下几个方面的特点。

（1）进一步强化了实训动手能力的训练。本书在第2版的基础上增加了训练项目，增强了训练过程中的指导性。

（2）根据最新国家制图标准的要求。本书的所有图样在粗糙度、尺寸基准等的标注上遵循了最新的机械制图标准。

（3）表达形式更加丰富。根据中职学生的认知特点，本书更多地采用图、表的形式，使知识的表达更加系统、直观，易学易懂。

在本书的修订过程中，吸收了第2版读者的意见，他们为本书的修订提供了有益的帮助，在此特别表示感谢。

由于编者水平有限，书中难免存在不足之处，敬请读者批评指正。

编　者

2014年6月

目录

项目一

钳工基础知识

钳工是使用钳工工具或设备，按技术要求对工件进行加工、划线、修整以及装配的工种。本项目主要介绍钳工的一些基础知识，包括钳工工作场地及其布局、钳工常用设备和量具量仪等以及一些安全文明生产的知识。

知识目标

- 钳工的工作任务及其分类，钳工的场地布局情况。
- 钳工的常用设备及保养，钳工的一些安全文明生产知识。

技能目标

- 有关钳工常用量具的正确使用及测量。
- 量具的维护与保养。

任务一　钳工入门知识

钳工是机械制造业中不可缺少的工种，大多使用手工工具并经常在台虎钳上进行手工操作。随着生产技术的发展，钳工逐步由制造简单的制品和各种手工具，发展到制造机器工件和装配机器，钳工已成为工业生产中一门独立的和不可缺少的重要工种。

一、钳工的主要工作任务及分类

1. 钳工的主要工作任务

（1）加工工件。此处的“加工”是指一些不易或不能采用机械设备完成的加工。例如，工件加工过程中的划线、精密加工（如刮削、研磨和制作模具等）以及检验和修配等。

（2）装配。将各种工件按技术要求进行组件、部件装配和总装配，并经过调整、检验和试用等，使之成为合格的机械设备。

（3）设备维修。当机械设备在使用过程中发生故障、出现损坏或长期使用后精度降低影响使用时，也要通过钳工工作进行维护和修理。

（4）工具的制造和修理。钳工还可制造和修理各种工具、夹具、量具、模具及各种专业设备。

2. 分类

钳工按工作内容性质来分，主要有以下3类。

（1）装配钳工。指使用钳工常用工具、钻床等设备，按技术要求对工件进行加工、维修、装配的人员。

（2）机修钳工。指使用工具、量具及辅助设备，对各类设备机械部分进行维护和修理的人员。

（3）工具钳工。指使用钳工工具、钻床等设备，进行刃具、量具、模具、夹具、索具等（统称工具，亦称工艺装备）工件加工和修整，组合装配，调试与修理的人员。

二、钳工工作场地

钳工工作场地是指钳工的固定工作地点。为工作方便，便于实习教学指导，钳工工作场地布局一定要合理并符合安全文明生产的要求。

1. 布局合理

工作台应放置在光线适宜、工作方便的地方，工作台与工作台之间的距离应适当。砂轮机、钻床应放置在独立的工作间内。

2. 材料与工件分放

材料和工件要分别摆放整齐，工件尽量放在搁架上，以免磕碰。

3. 工具、量具合理摆放

常用工具、量具应放在工作位置附近，便于随时取用，用后应及时放回原处，以免损坏。

4. 实习场地应保持整洁

每天实习完成后，应按要求对设备进行清理、保养，并把实习场地打扫干净。

三、钳工常用设备

钳工实习场地内常用设备有钳工工作台、台虎钳、砂轮机、台式钻床、立式钻床、摇臂钻床等。

1. 钳工工作台

钳工工作台用硬质木材或钢材制成，用来安装台虎钳，放置工具、量具、工件等。其高度为 800～900mm，装上台虎钳后一般以钳口高度恰好齐人手肘为宜，如图 1.1 所示。钳工工作台长度和宽度随场地和工作需要而定。

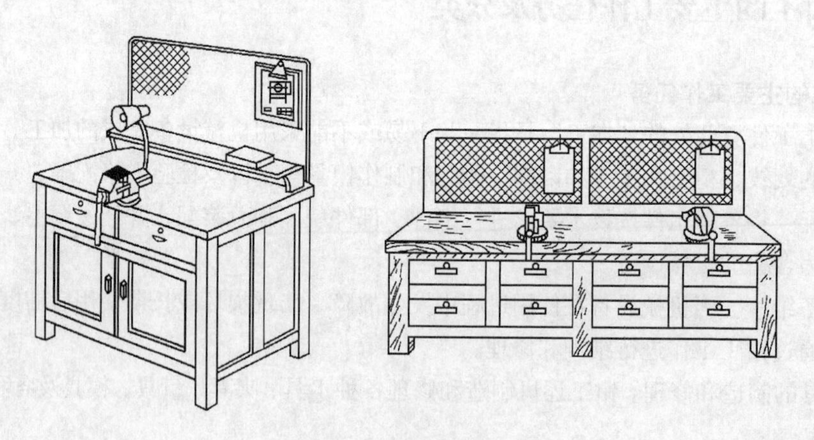

图 1.1 钳工工作台

2. 台虎钳

台虎钳是用来夹持各种工件的通用夹具，它有固定式和回转式两种，如图 1.2 所示。图 1.2（a）所示为固定式，图 1.2（b）所示为回转式，其规格以钳口的宽度表示，有 100mm、125mm、150mm 等。

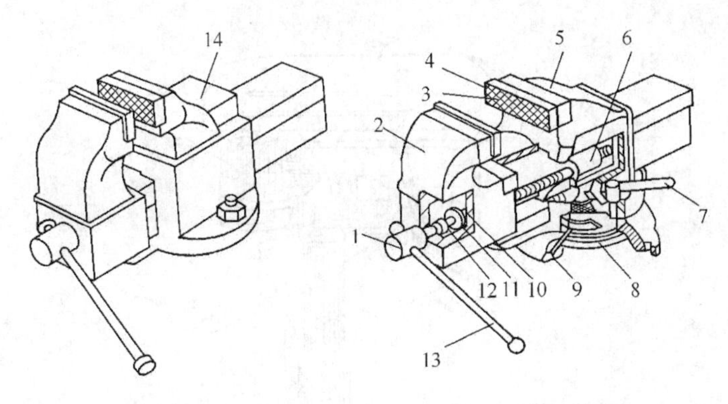

（a）固定式台虎钳　　　　（b）回转式台虎钳

图 1.2　台虎钳

1—丝杠；2—活动钳身；3—螺钉；4—钢质钳口；5—固定钳身；6—丝杆螺母；7—手柄；8—夹紧盘；9—转座；10—销钉；11—挡圈；12—弹簧；13—手柄；14—砧板

3. 砂轮机

砂轮机是用来刃磨各种刀具、工具的钳工常用设备，也可用来磨去工件或材料上的毛刺、锐边等。它由电动机、砂轮机座、托架、防护罩等部分组成，如图 1.3 所示。

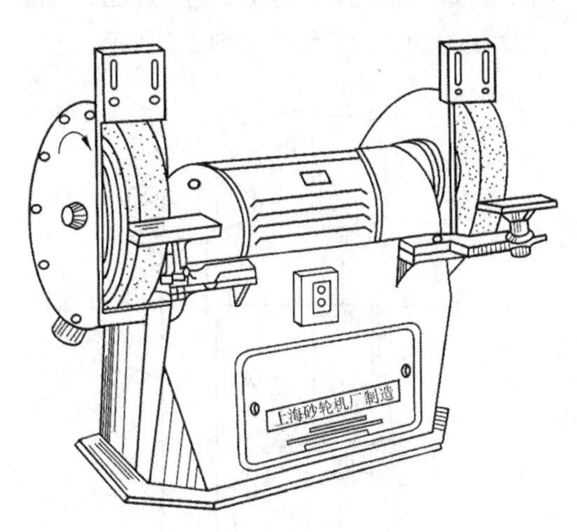

图 1.3　砂轮机

砂轮机使用时应严格遵守以下安全操作规程。

（1）磨削时人要站在砂轮的侧面。

（2）砂轮机启动后应等到砂轮转速正常后再开始磨削。

（3）磨削时刀具或工件对砂轮施加的压力不能过大。

（4）砂轮外圆误差较大时，应及时修整。

（5）砂轮的旋转方向应正确，使磨屑向下飞离砂轮。

（6）砂轮机架和砂轮之间的距离应保持在 3mm 以内，以防止工件磨削时扎入造成事故。

4. 台式钻床

台式钻床是一种小型钻床，其结构简单、操作方便，用来钻、扩直径在 13mm 以下的孔，适用于加工小型工件。其结构如图 1.4 所示。

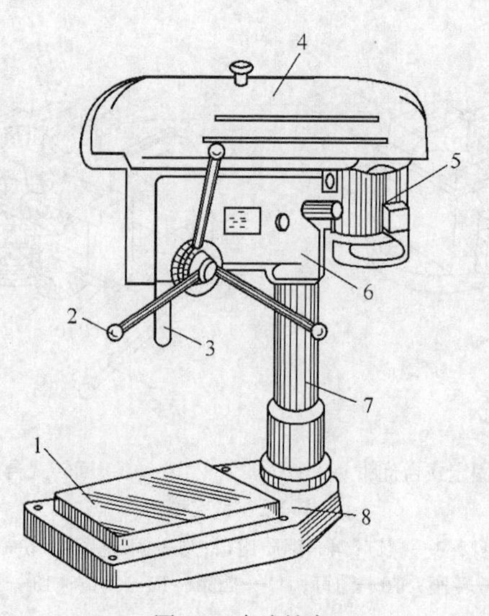

图 1.4　台式钻床

1—工作台；2—进给手柄；3—主轴；4—带罩；5—电动机；6—主轴；7—立柱；8—底座

5. 立式钻床

立式钻床是一种中型钻床，按最大钻孔直径区分，有 25mm、35mm、40mm、50mm 等规格，适用于钻孔、扩孔、铰孔、攻螺纹等加工。其结构如图 1.5 所示。

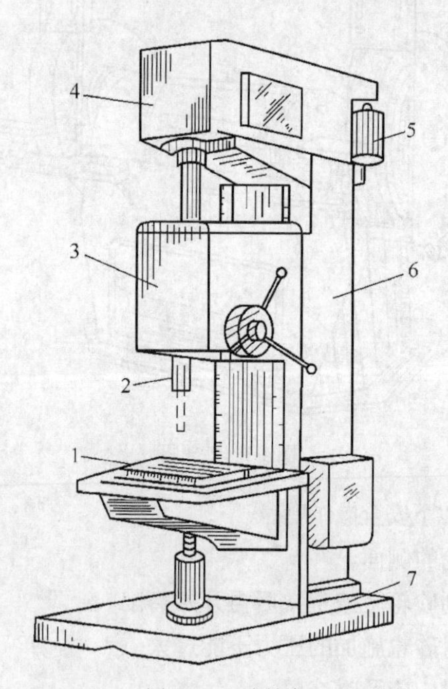

图 1.5　立式钻床

1—工作台；2—主轴；3—进给箱；4—变速箱；5—电动机；6—立柱；7—底座

6. 摇臂钻床

摇臂钻床是一种大型钻床，适用于对笨重的大型、复杂工件及多孔工件的加工。其结构如图 1.6 所示。

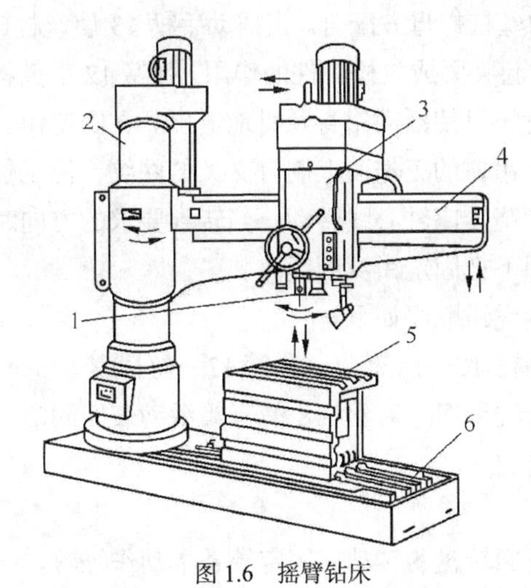

图 1.6　摇臂钻床

1—主轴；2—立柱；3—主轴箱；4—摇臂；5—工作台；6—底座

四、安全文明生产知识

安全文明生产的目的是保护劳动者在生产、经营活动中的人身安全、健康和财产安全。在工作中养成良好的文明生产习惯，严格遵守安全文明生产的操作规程是顺利完成工作的保障。在钳工操作中应遵守以下基本要求。

（1）工作时应按规定穿工作服，尤其上衣的袖口和下摆要扎紧。

（2）在钳台（即钳工工作台）上工作时，量具不能与其他工具或工件混放在一起，各种量具也不要互相叠放，应放在量具盒内或专用格架上。

（3）在钳台上工作时，为了取用方便，右手取用的工量具放在右边，左手取用的工量具放在左边，各自排列整齐，且不能使其伸到钳台台边以外。

（4）使用的钻床、砂轮机、手电钻等机械工具要经常检查，发现损坏应及时上报，在未修复前不得使用。

（5）严格遵守钻床、砂轮机等电动工具的安全操作规程。

（6）使用砂轮时，要戴好防护眼镜；在钻床上作业时，严禁戴手套，清除切屑时要用刷子，不要直接用手清除或用嘴吹；安装、更换刀具或工件时，应先停车，等钻床停止不动后再去更换。

五、钳工常用设备操作及保养练习

练习一　台虎钳的拆装及保养

练习要求：

了解台虎钳的结构、工作原理，熟悉各个手柄的作用，并拆装台虎钳。

（1）了解台虎钳结构（见图 1.2），其工作原理如下。

活动钳身 2 通过导轨与固定钳身 5 的导轨孔做滑动配合。丝杠 1 安装在活动钳身上，可以旋转，并与安装在固定钳身内的丝杠螺母 6 配合。当摇动手柄 13 使丝杠旋转后，就可带动活动钳身相对于固定钳身做轴向移动，起夹紧或放松工件的作用。弹簧 12 借助挡圈 11 和销钉 10 固定在丝杠上，其作用是当放松丝杠时，可使活动钳身及时地退出。在固定钳身和活动钳身上，各装有钢质钳口 4，并用螺钉 3 固定。钳口的工作面上制有交叉的网纹，使工件夹紧后不易产生滑动。固定钳身安装在转座 9 上，并能绕转座轴心线转动，当转到要求的方向时，扳动手柄 7 使夹紧螺钉旋紧，便可在夹紧盘 8 的作用下把固定钳身固紧。

（2）拆解台虎钳。拆解台虎钳顺序如下。

手柄 13→活动钳身 2→销钉 10→挡圈 11→弹簧 12→丝杆螺母 6→钢质钳口 4→手柄 7

（3）把拆下的各个工件清洗干净，对丝杠、螺母等活动表面润滑，按正确顺序装好台虎钳。

练习二　台虎钳工件的装夹

练习要求：

进行工件的夹紧、松开及回转盘的转动、固定等基本动作练习。

练习装夹工件时应注意以下两点。

（1）夹紧工件时要松紧适当，只能用手扳紧手柄，不得借助其他工具加力。

（2）装夹的工件表面应与钳口的一侧保持平行。

任务二　钳工常用量具及测量练习

为了确保工件和产品的质量，必须对加工完毕的工件进行严格的测量。掌握正确的测量方法，能够读取准确的测量数值，是钳工完成加工工作的一个重要保障。

一、量具概述

用来测量、检验工件及产品尺寸和形状的工具叫做量具。量具的种类很多，根据其用途和特点不同，可分为万能量具、专用量具和标准量具 3 种类型。

1. 万能量具

万能量具一般都有刻度，能对不同工件、多种尺寸进行测量。在测量范围内可测量出工件或产品的形状、尺寸的具体数值。主要量具有游标卡尺、千分尺、百分表、万能角度尺等。

2. 专用量具

专用量具不能测量出实际尺寸，只能测定工件和产品的形状及尺寸是否合格，如卡规、量规、塞尺等。

3. 标准量具

标准量具只能制成某一固定尺寸，通常用来校对和调整其他量具，也可以作为标准与被测量件进行比较，如量块。

二、游标类量具

凡利用尺身和游标刻线间长度之差原理制成的量具，统称为游标类量具。游标类量具可以直接量出工件的外径、孔径、长度、深度、孔距、角度等尺寸，常用的游标类量具有游标卡尺、游标高度尺、游标深度尺、齿厚游标卡尺、万能角度尺等。

1. 游标卡尺

游标卡尺是一种中等精度的量具，常用游标卡尺的测量范围分为 0～125mm、0～200mm、0～500mm 等。

（1）游标卡尺的结构。游标尺卡由尺身（主尺）、游标（副尺）、固定量爪、活动量爪、止动螺钉等组成，精度有 0.1mm、0.05mm 和 0.02mm 3 种，如图 1.7 所示。

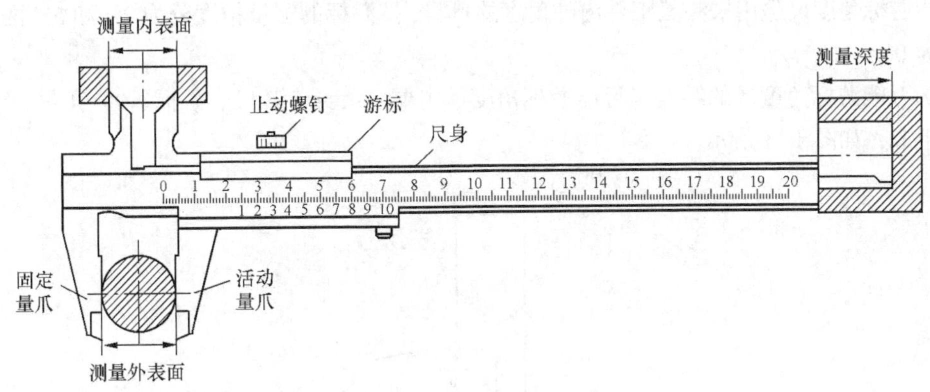

图 1.7　游标卡尺

（2）游标卡尺的刻线原理。

0.05mm 游标卡尺刻线原理：主尺上每一格的长度为 1mm，副尺总长为 39mm，并等分为 20 格，每格长度为 39/20=1.95mm，则主尺 2 格和副尺 1 格长度之差为 2mm–1.95mm=0.05mm，所以它的精度为 0.05mm。0.05mm 游标卡尺的刻线原理示意如图 1.8 所示。

0.02mm 游标卡尺刻线原理：主尺上每一格的长度为 1mm，副尺总长为 49mm，并等分为 50 格，每格长度为 49/50=0.98mm，则主尺 1 格和副尺 1 格长度之差为 1mm–0.98mm=0.02mm，所以它的精度为 0.02mm。0.02mm 游标卡尺的刻线原理示意如图 1.9 所示。

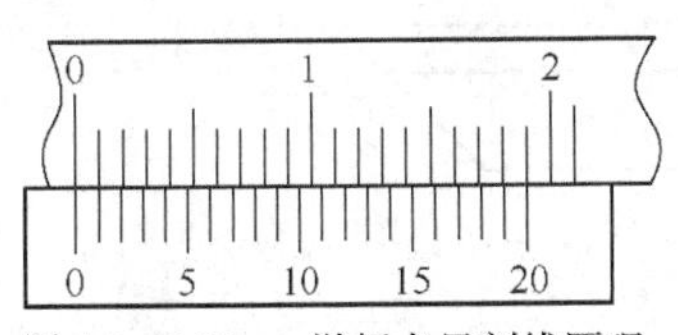

图 1.8　0.05mm 游标卡尺刻线原理

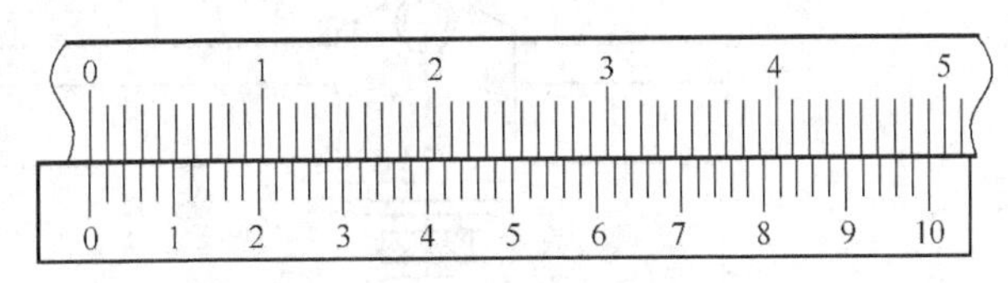

图 1.9　0.02mm 游标卡尺刻线原理

（3）游标卡尺的读数方法。首先读出游标副尺零刻线以左主尺上的整毫米数，再看副尺上从零刻线开始第几条刻线与主尺上某一刻线对齐，其游标刻线数与精度的乘积就是不足 1mm 的小数部分，最后将整毫米数与小数相加就是测得的实际尺寸。游标卡尺读数方法示意如图 1.10 所示。

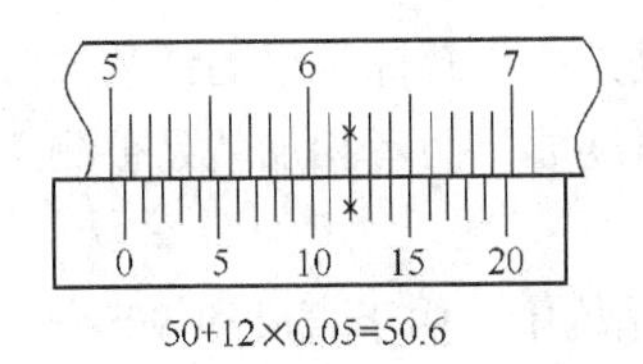

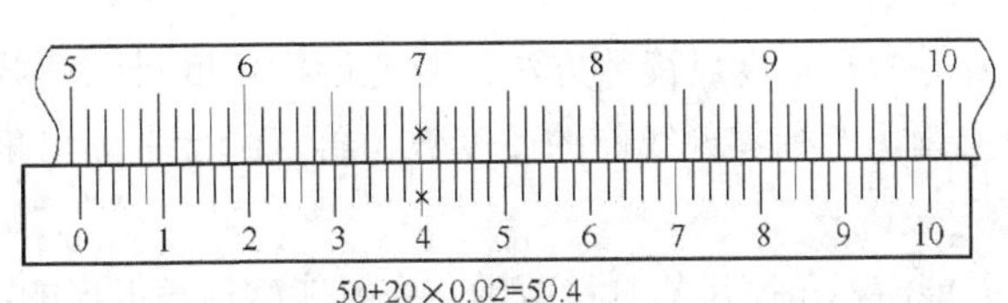

图 1.10　游标卡尺读数方法

（4）注意事项。

① 测量前应将游标卡尺擦干净，检查量爪贴合后主尺与副尺的零刻线是否对齐。

② 测量时，所用的推力应使两量爪紧贴接触工件表面，力量不宜过大。

③ 测量时，不要使游标卡尺歪斜。

④ 在游标上读数时，要正视游标卡尺，避免视线误差的产生。

2. 万能游标角度尺

万能游标角度尺是用来测量工件内外角度的量具，按游标的测量精度分为 2′ 和 5′ 两种，测量范围为 0°～320°。

（1）万能游标角度尺的结构。万能游标角度尺主要由尺身、基尺、游标、90° 角尺、卡块、直尺等组成，如图 1.11 所示。

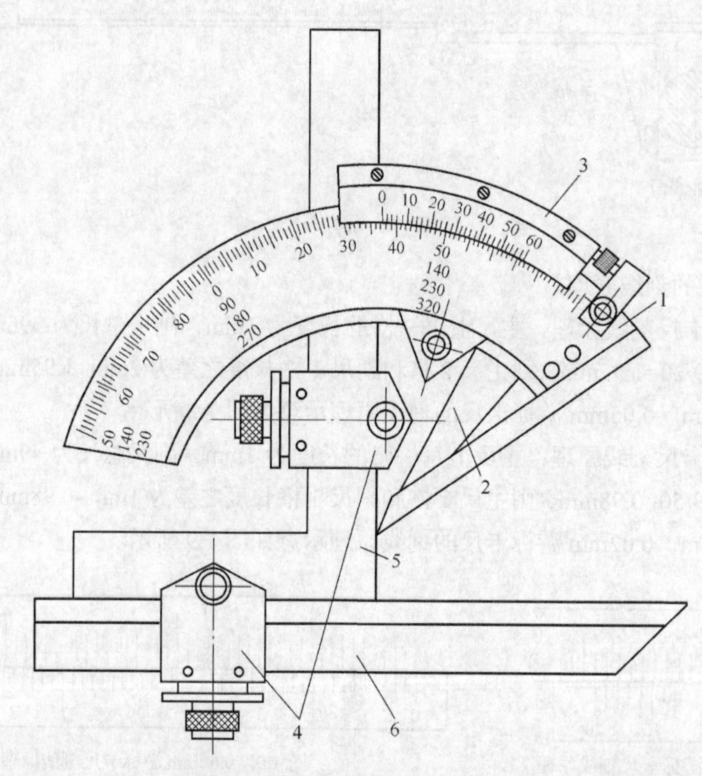

图 1.11　万能游标角度尺

1—尺身；2—基尺；3—游标；4—卡块；5—90° 角尺；6—直尺

（2）2′ 万能游标角度尺的刻线原理。角度尺尺身刻线每格为 1°，游标共有 30 个格，等分 29°，游标每格为 29° / 30=58′，尺身 1 格和游标 1 格之差为 1°－58′=2′，因此它的测量精度为 2′。

（3）万能游标角度尺读数方法。万能游标角度尺的读数方法与游标卡尺的读数方法相似，先从尺身上读出游标零刻线前的整度数，再从游标上读出角度数，两者相加就是被测工件的角度数值。

（4）万能游标角度尺的测量范围。在万能游标角度尺的结构中，由于直尺和 90° 角尺可以移动和拆换，因此万能游标角度尺可以测量 0°～320° 的任何角度，如图 1.12 所示。

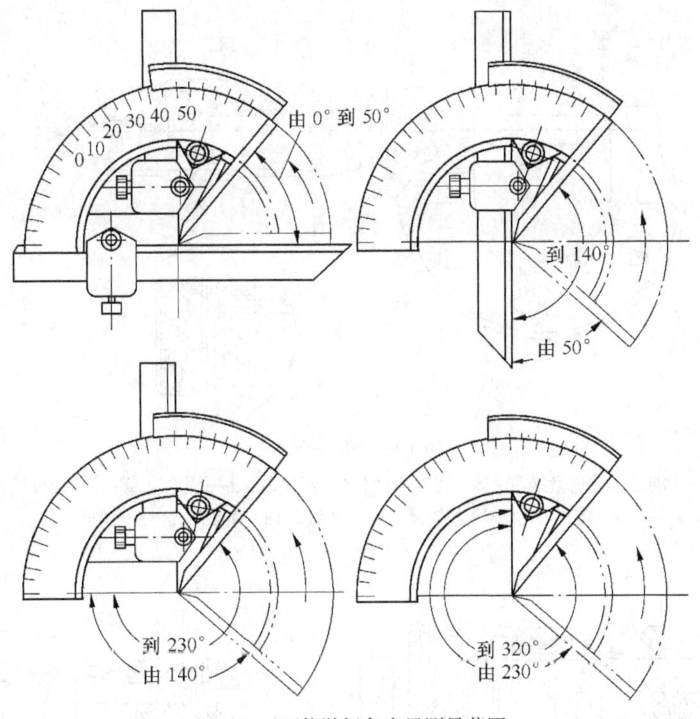

图 1.12 万能游标角度尺测量范围

（5）注意事项。

① 使用前，检查角度尺的零位是否对齐。

② 测量时，应使角度尺的两个测量面与被测件表面在全长上保持良好的接触，然后拧紧制动器上螺母进行读数。

③ 测量角度在 0°～50° 范围内，应装上角尺和直尺。

④ 测量角度在 50°～140° 范围内，应装上直尺。

⑤ 测量角度在 140°～230° 范围内，应装上角尺。

⑥ 测量角度在 230°～320° 范围内，不装角尺和直尺。

三、千分尺

千分尺是一种精密的测量量具，用来测量加工精度要求较高的工件尺寸，主要有外径千分尺和内径千分尺两种。

1. 千分尺的结构

（1）外径千分尺主要由尺架、砧座、固定套管、微分筒、锁紧手柄、测微螺杆、测力装置等组成。它的规格按测量范围分为 0～25mm、25～50mm、50～75mm、75～100mm、100～125mm 等，使用时按被测工件的尺寸选用。外径千分尺具体结构如图 1.13 所示。

（2）内径千分尺主要由固定测头、活动测头、螺母、固定套管、微分筒、调整量具、管接头、套管、量杆等组成。它的测量范围可达 13mm 或 25mm，最大也不大于 50mm。为了扩大测量范围，成套的内径千分尺还带有各种尺寸的接长杆。内径千分尺及接长杆的具体结构如图 1.14 所示。

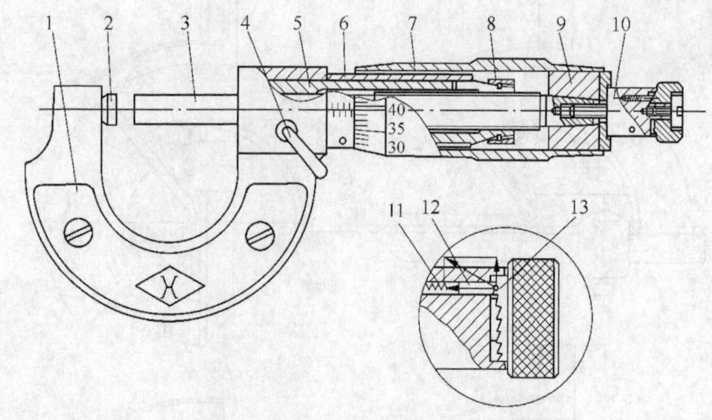

图 1.13　外径千分尺

1—尺架；2—砧座；3—测微螺杆；4—锁紧手柄；5—螺纹套；6—固定套管；7—微分筒；8—螺母；9—接头；10—测力装置；11—弹簧；12—棘轮爪；13—棘轮

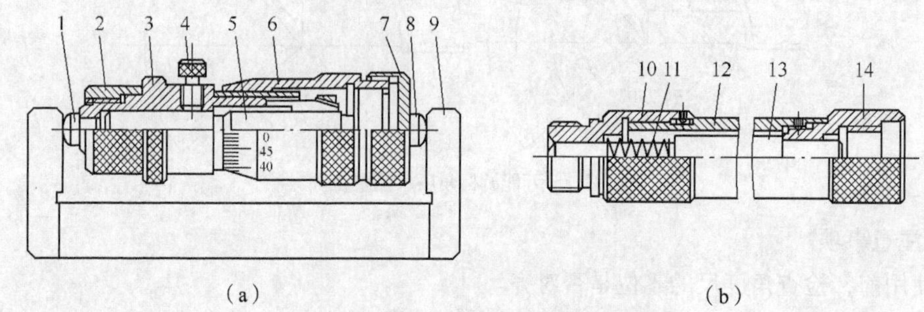

图 1.14　内径千分尺及接长杆的结构

1—固定测头；2、7—螺母；3—固定套管；4—锁紧装置；5—测微螺母；6—微分筒；8—活动测头；9—调整量具；10、14—管接头；11—弹簧；12—套管；13—量杆

2. 千分尺的刻线原理

千分尺测微螺杆上的螺距为 0.5mm，当微分筒转一圈时，测微螺杆就沿轴向移动 0.05mm。固定套管上刻有间隔为 0.5mm 的刻线，微分筒圆锥面上共刻有 50 个格，因此微分筒每转一格，螺杆就移动 0.5mm/50=0.01mm，因此该千分尺的精度值为 0.01mm。

3. 千分尺的读数方法

首先读出微分筒边缘在固定套管主尺的毫米数和半毫米数，然后看微分筒上哪一格与固定套管上基准线对齐，并读出相应的不足半毫米数，最后把两个读数相加起来就是测得的实际尺寸。千分尺的读数方法示意如图 1.15 所示。

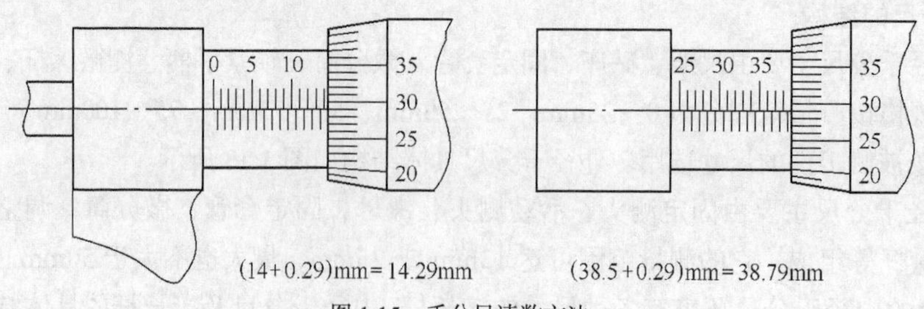

图 1.15　千分尺读数方法

4. 注意事项

（1）测量前，转动千分尺的测力装置，使两侧砧面贴合，并检查是否密合；同时检查微分筒与固定套管的零刻线是否对齐。

（2）测量时，在转动测力装置时，不要用大力转动微分筒。

（3）测量时，砧面要与被测工件表面贴合并且测微螺杆的轴线应与工件表面垂直。

（4）读数时，最好不要取下千分尺进行读数，如果确需取下，应首先锁紧测微螺杆，然后轻轻取下千分尺，防止尺寸变动。

（5）读数时，不要错读为 0.5mm。

四、百分表

百分表是一种指示式测量仪，用来检验机床精度和测量工件的尺寸、形状和位置误差，它的测量精度为 0.01mm。

1. 百分表的结构

百分表一般由触头、测量杆、齿轮、指针、表盘等组成，如图 1.16 所示。

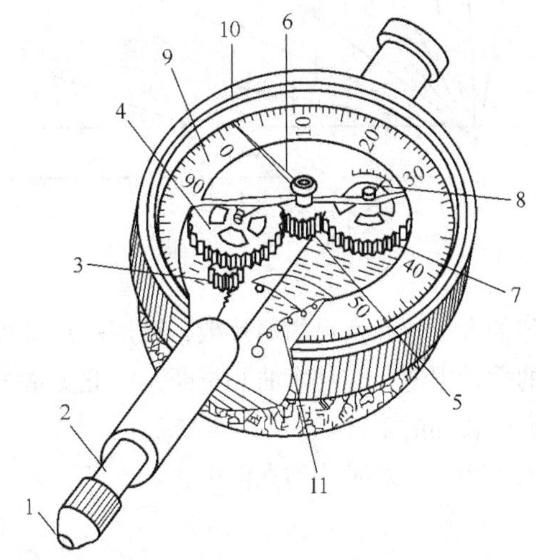

图 1.16 百分表

1—触头；2—测量杆；3—小齿轮；4、7—大齿轮；5—中间小齿轮；
6—长指针；8—短指针；9—表盘；10—表圈；11—拉簧

2. 百分表的刻线原理

当测量杆上升 1mm 时，百分表的长针正好转动一周，由于在百分表的表盘上共刻有 100 个等分格，所以长针每转一格，则测量杆移动 0.01mm。

3. 百分表的读数方法

测量时长指针转过的格数即为测量尺寸。

4. 注意事项

（1）测量前，检查表盘和指针有无松动现象。

（2）测量前，检查长指针是否对准零位，如果未对齐要及时调整。

（3）测量时，测量杆应垂直工件表面。如果测量柱体，测量时测量杆应对准柱体轴心线。

（4）测量时，测量杆应有 0.3～1mm 的压缩量，保持一定的初始测力，以免由于存在负偏差而测不出值来。

五、塞尺

塞尺是用来检验两个结合面之间间隙大小的片状量规。

1. 塞尺的结构

塞尺有两个平行的测量面，其长度有 50mm、100mm、200mm 等多种。塞尺一般由 0.01～1mm 厚度不等的薄片所组成，如图 1.17 所示。

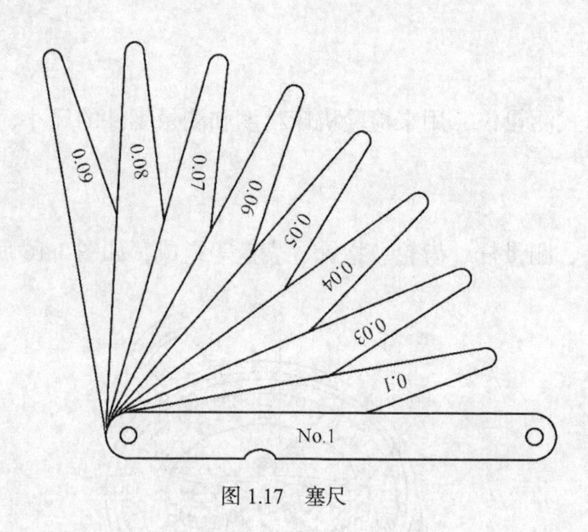

图 1.17 塞尺

2. 注意事项

（1）使用时，应根据间隙的大小选择塞尺的薄片数，可用一片或数片重叠在一起使用。

（2）使用时，由于塞尺的薄片很薄，容易弯曲和折断，因此测量时不能用力太大。

（3）使用时，不要测量温度较高的工件。

（4）塞尺使用完后要擦拭干净，并及时放到夹板中去。

六、水平仪

水平仪是一种测量小角度的精密量具，用来测量平面对水平面或竖直面的位置偏差，是机械设备安装、调试和精度检验的常用量具之一。

1. 方框式水平仪的结构

方框式水平仪由正方形框架、主水准器和调整水准器（也称横水准器）组成。其结构如图 1.18 所示。

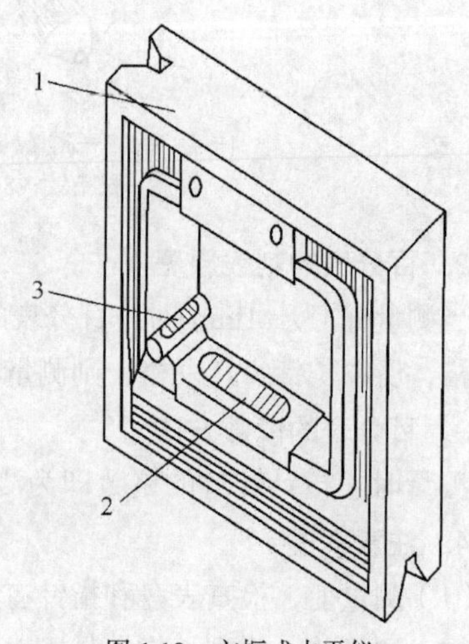

图 1.18 方框式水平仪

1—正方形框架；2—主水准器；3—调整水准器

水准器是一个封闭的玻璃管，管内装有酒精或乙醚，并留有一定长度的气泡。玻璃管内表面制成一定曲率半径的圆弧面，外表面刻有与曲率半径相对应的刻线。因为水准器内的液面始终保持在水平位置，气泡总是停留在玻璃管内最高处，所以当水平仪倾斜一个角度时，气泡将相对于刻线移动一段距离。

2. 方框式水平仪的精度与刻线原理

方框式水平仪的精度是以气泡偏移一格时，被测平面在 1m 长度内的高度差来表示的。如水平仪偏移一格，平面在 1m 长度内的高度差为 0.02mm，则水平仪的精度就是 0.02/1000。水平仪的公差等级如表 1.1 所示。

表 1.1　　水平仪的公差等级

公 差 等 级	Ⅰ	Ⅱ	Ⅲ	Ⅳ
气泡移动一格时的倾斜角度/（″）	4～10	12～20	25～41	52～62
气泡移动一格 1m 内的倾斜高度差/mm	0.02～0.05	0.06～0.10	0.12～0.20	0.25～0.30

水平仪的刻线原理如图 1.19 所示。假定平板处于水平位置，在平板上放置一根长 1m 的平行平尺，平尺上水平仪的读数为零（即处于水平状态）。如果将平尺一端垫高 0.02mm，相当于平尺与平板成 4″ 的夹角。若气泡移动的距离为一格，则水平仪的精度就是 0.02/1000，读作千分之零点零二。

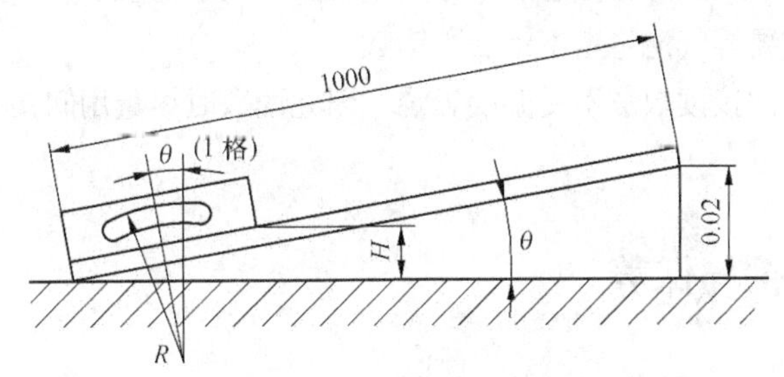

图 1.19　水平仪的刻线原理

根据水平仪的刻线原理可以计算出被测平面两端的高度差，其计算式为

$$\Delta h = nli$$

式中：Δh——被测平面两端高度差，mm；

n——水准器气泡偏移格数；

l——被测平面的长度，mm；

i——水平仪的精度。

【例 1.1】将精度为 0.02/1000 的方框式水平仪放置在 600mm 的平行平尺上，若水准器中的气泡偏移 2 格，试求出平尺两端的高度差。

解：由题中已知　$i = 0.02/1000$

$l = 600\text{mm}$

$n = 2$

根据公式　$\Delta h = nli$

得　$\Delta h = 2\times600\times0.02/1000\text{mm} = 0.024\text{mm}$

平行尺两端的高度差为 0.024mm。

3. 方框式水平仪的读数方法

（1）直接读数法：水准器气泡在中间位置时读作零。以零刻线为基准，气泡向任意一端偏离零刻线的格数，就是实际偏差的格数。一般在测量中，都是由左向右进行测量，把气泡向右移动作为“+”，反之则为“−”。图 1.20 所示为+2 格偏差。

（2）间接读数法：当水准器的气泡静止时，读出气泡两端各自的偏离零刻线的格数，然后将两格数相加除以2，所得的平均值即为读数。图1.21所示为{[(+4)+(+3)]/2=3.5}，3.5格偏差。

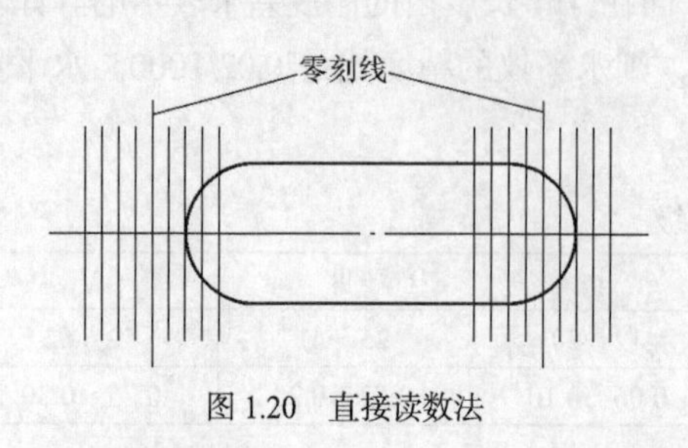

图1.20　直接读数法

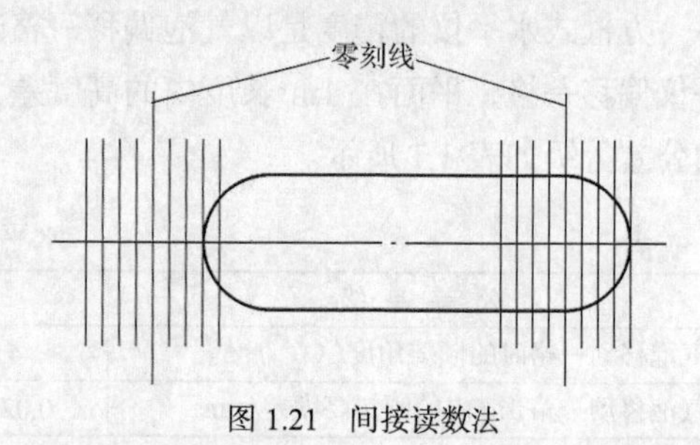

图1.21　间接读数法

4. 注意事项

（1）零值的调整方法：将水平仪的工作底面与检验平板或被测表面接触，读取第一次读数；然后在原地旋转水平仪180°，读取第二次读数；两次读数的代数差的1/2为水平仪零值误差。

（2）普通水平仪的零值正确与否是相对的，只要水平仪的气泡在中间位置，就表明零值正确。

（3）测量时，一定要等气泡稳定不动后再读数。

（4）读数时，由于间接读数法不受温度影响，因此读数时尽量用间接读数法，这样可以使读数值更准确。

七、量具的维护与保养

为了保证量具的精度，延长量具的使用期限，在工作中应对量具进行必要的维护与保养。在维护与保养中应注意以下几个方面。

（1）测量前应将量具的各个测量面和工件被测量表面擦净，以免脏物影响测量精度和对量具的磨损。

（2）量具在使用过程中，不要和其他工具、刀具放在一起，以免碰坏。

（3）在使用过程中，注意量具与量具不要叠放在一起，以免相互损伤。

（4）机床开动时，不要用量具测量工件，否则会加快量具磨损，而且容易发生事故。

（5）温度对量具精度影响很大，因此，量具不应放在热源（电炉、暖气片等）附近，以免受热变形。

（6）量具用完后，应及时擦净、上油，放在专用盒中，保存在干燥处，以免生锈。

（7）精密量具应实行定期鉴定和保养，发现精密量具有不正常现象时，应及时送交计量室检修。

八、测量练习

练习一　游标卡尺的测量

练习要求：

（1）用游标卡尺测量内径、外径、孔深、阶台及中心距等尺寸。

（2）通过实物测量达到熟悉游标卡尺结构，掌握游标卡尺的用法，并能快速准确地读出读数的目的。

练习二　万能游标角度尺的测量

练习要求：

（1）用万能游标角度尺测量不同的角度、锥度等。

（2）通过实物测量达到熟悉万能游标角度尺结构，掌握万能游标角度尺的用法，并能快速准确地读出读数的目的。

练习三　千分尺的测量

练习要求：

（1）用千分尺测量外径、长度、厚度等尺寸。

（2）通过实物测量达到熟悉千分尺结构，掌握千分尺的用法，并能快速准确地读出读数的目的。

思考与练习

一、填空题

（1）钳工按工作内容性质来分，主要有________、________、________3 类。

（2）钳工工作场地是指钳工的________地点。

（3）每天实习完成后，应按要求对设备进行________、________，并把实习场地________。

（4）台虎钳是用来夹持工件的________夹具，其规格用钳口的________来表示，常用的规格有________mm、________mm、________mm 等。

（5）砂轮机由电动机、________、________、防护罩等组成。

（6）台式钻床主要用于钻、扩直径在________mm 以下的孔。

（7）量具按用途和特点不同，可分为________量具、________量具和________量具。

（8）游标卡尺的精度有________mm、________mm 和________mm 3 种。

（9）万能游标角度尺是用来测量工件________的量具，其测量精度有________和________两种，测量角度的范围为________。

（10）塞尺是用来检验两结合面之间________的片状量规。

二、判断题（正确的画√，错误的画 ×）

（1）机器上所有工件都是通过金属切削方法加工出来的。（　　）

（2）钳工应具备对机器及其部件进行装配、调试、维修等操作的技能。（　　）

（3）钻床需要变速时，应先停车，后变速。（　　）

（4）测量尺寸为 60.25mm 中心距时，只有选择 0.02mm 的游标卡尺才能满足测量的要求。（　　）

（5）千分尺虽有多种，但其刻线原理和读数方法基本相同。（　　）

（6）万能游标角度尺可测量工件 0° ～360° 的内外角度。（　　）

（7）用塞尺检验接触面间隙宜使用较大的力。（　　）

（8）水平仪用于测量平面对水平面或竖直面的位置偏差。（　　）

三、选择题

（1）台虎钳是夹持工件的________夹具。

A. 专用　　B. 通用　　C. 组合

（2）0.02mm 游标卡尺，当两下量爪合拢时，游标卡尺上的第 50 格与尺身的________mm 对齐。

A. 50　　B. 49　　C. 39

（3）用百分表测量平面时，其测量杆应与平面________。

A. 平行　　B. 垂直　　C. 倾斜

（4）对小型工件进行钻、扩、铰小孔操作，最好在________钻床上进行。

A. 摇臂　　B. 台式　　C. 立式

（5）在图 1.22 中游标卡尺测量面与工件接触正确的是________。

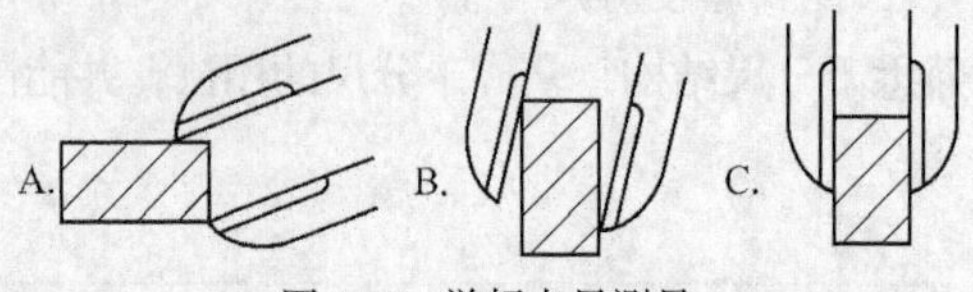

图 1.22　游标卡尺测量

四、简答题

（1）使用砂轮机应遵守哪些安全操作规程?

（2）简述 0.02mm 游标卡尺的刻线原理。

（3）简述千分尺的刻线原理。

（4）简述百分表的刻线原理。

项目二

划　　线

划线是钳工的基本技能之一，是确定工件加工余量，明确尺寸界限的重要方法。本项目将重点介绍划线工具的正确使用方法及划线基准的选择；划线时的找正和借料；等分圆周的方法；分度头的结构原理、计算方法和分度头划线的方法；平面划线和立体划线的方法。

知识目标

- 明确划线工具的种类。
- 掌握划线基准的选择方法。
- 了解分度头分度的计算方法。

技能目标

- 掌握划线工具的使用方法。
- 正确使用分度头进行划线。
- 掌握立体划线的方法（选修）。
- 掌握典型不规则工件的划线方法。

任务一　划线概述

划线是指在毛坯或工件上，用划线工具划出待加工部位的轮廓线或作为基准的点、线的操作方法。划线分为两种：平面划线和立体划线。按所划线在加工过程中的作用，又分为找正线、加工线和检验线。

一、划线简介

1. 平面划线

只需在工件一个表面上划线就能明确表示工件加工界线的称为平面划线，如图 2.1 所示。如在板料、条料上划线。平面划线又分几何划线法和样板划线法两种。

（1）几何划线法。几何划线法是指根据图纸的要求，用划线工具直接在毛坯或工件上利用几何作图的基本方法划出加工部位的轮廓线或作为基准的点、线的方法。它适用于小批量、较高精度要求的场合。几何划线方法和平面几何作图方法一样。其基本线条包括垂直线、平行线、等分圆周线、角度线、圆弧与直线、圆弧与圆弧连接线等，其划线方法和平面几何作图方法一样。

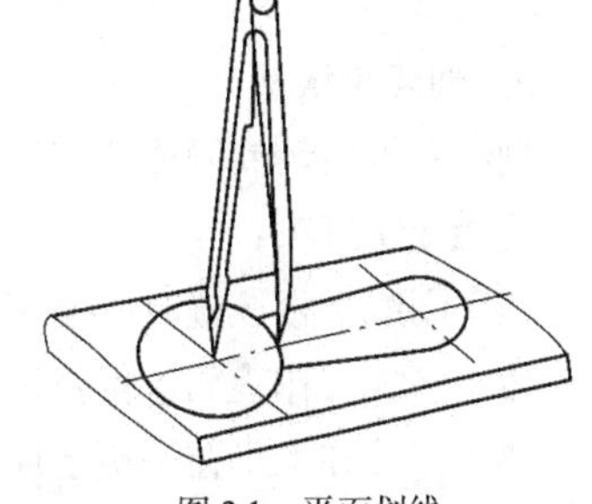

图 2.1　平面划线

（2）样板划线法。样板划线法是指根据工件形状和尺寸要求将加工成形的样板放在毛坯适当的位置上划出加工界限的方法。它适用于形状复杂、批量大、精度要求一般的场合。其优点是容易对正基准，加工余量留得均匀，生产效率高。在板料上用样板划线，可以合理排料，提高材料利用率。

2. 立体划线

需要在工件两个或两个以上的表面划线才能明确表示加工界线的，称为立体划线，如图 2.2 所示。例如，划出矩形块各表面的加工线以及机床床身、箱体等表面的加工线都属于立体划线。立体划线一般采用工件翻转法。划线过程中涉及零件或毛坯的放置和找正、基准选择、借料等方面的知识。

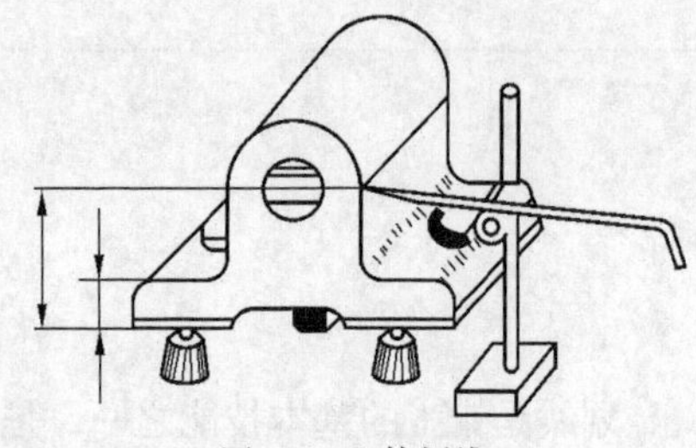

图 2.2 立体划线

3. 划线的作用

划线是机械加工的重要工序之一，广泛应用于单件和小批量生产，是钳工应该掌握的一项重要操作技能。划线有以下几个方面的作用。

（1）确定工件加工面的位置与加工余量，给下道工序划定明确的尺寸界限。

（2）能够及时发现和处理不合格毛坯，避免不合格毛坯流入加工中造成损失。

（3）当毛坯出现某些缺陷时，可通过划线时的“借料”方法，来达到一定的补救。

（4）在板料上按划线下料，可以做到正确排料，合理用料。

二、划线工具

1. 钢板尺

钢板尺是一种简单的尺寸量具，在尺面上刻有尺寸刻线，最小刻线距离为 0.5mm，它的长度规格有 150mm、300mm、500mm、1000mm 等多种，主要用来量取尺寸、测量工件，也可以用做划直线时的导向工具，如图 2.3 所示。

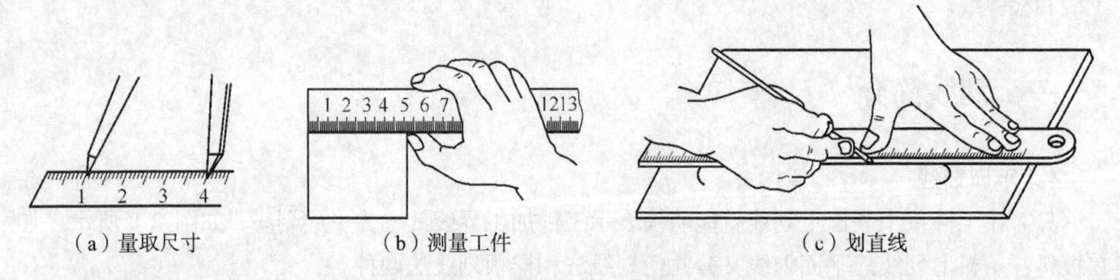

（a）量取尺寸　（b）测量工件　（c）划直线

图 2.3 钢板尺的使用方法

2. 划线平板

划线平板由铸铁制成。工作表面经过刮削加工，作为划线时的基准平面（见图 2.4）。

使用注意事项：

（1）划线平板放置时应使工作表面处于水平状态。

（2）平板工作表面应保持清洁。

（3）工件和工具在平板上应轻拿轻放，以免损伤其工作表面。

（4）不可在平板上进行敲击作业。

（5）划线平板用完后要擦拭干净，并涂上机油防锈。

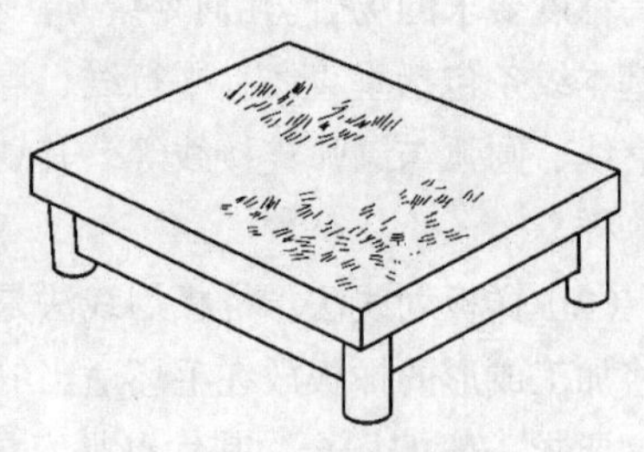

图 2.4 划线平板

3. 划针

划针用来在工件上划线条，由碳素工具钢制成，直径一般为$\phi 3\sim\phi 5$mm，尖端磨成15°～20°的尖角，并经热处理淬火硬化后使用，如图2.5所示。

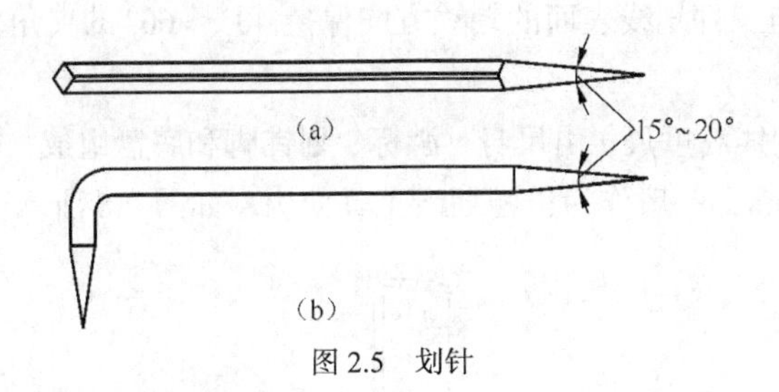

图2.5 划针

使用注意事项：

（1）使用时应保持划针头部尖锐，使划出的线条清晰准确。

（2）划线时针尖要紧靠导向工具的边缘，并压紧导向工具。

（3）划线时，划针向划线方向倾斜45°～75°，上部向外侧倾斜15°～20°，如图2.6所示。

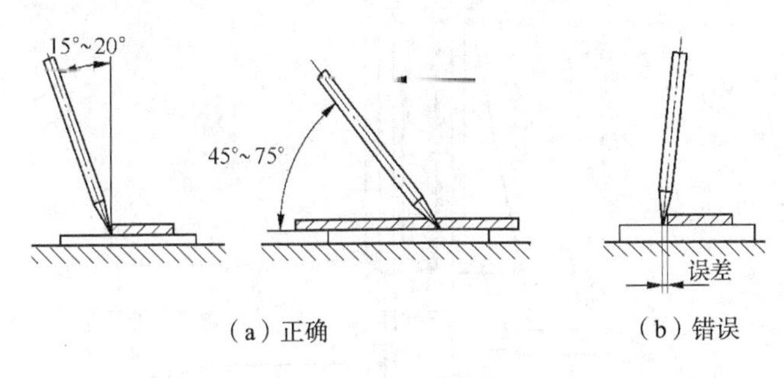

图2.6 划针的用法

4. 划线盘

划线盘用来在划线平板上对工件进行划线或找正工件在平板上的位置。划针的直头用来划线，弯头用于找正，如图2.7所示。

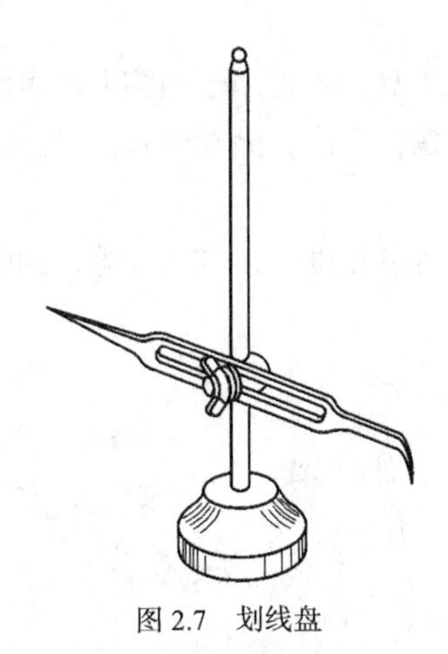

图2.7 划线盘

使用注意事项：

（1）用划线盘划线时，划针伸出夹紧装置以外不宜太长，并要夹紧牢固，防止松动且应尽量接近水平位置夹紧划针。

（2）划线盘底面与平板接触面均应保持清洁。

（3）拖动划线盘时应紧贴平板工作面，不能摆动、跳动。

（4）划线时，划针与工件划线表面的划线方向保持 40°～60° 的夹角。

5. 游标高度尺

游标高度尺（又称划线高度尺）由尺身、游标、划针脚和底盘组成，能直接表示出高度尺寸，其读数精度一般为 0.02mm，一般作为精密划线工具使用，如图 2.8 所示。

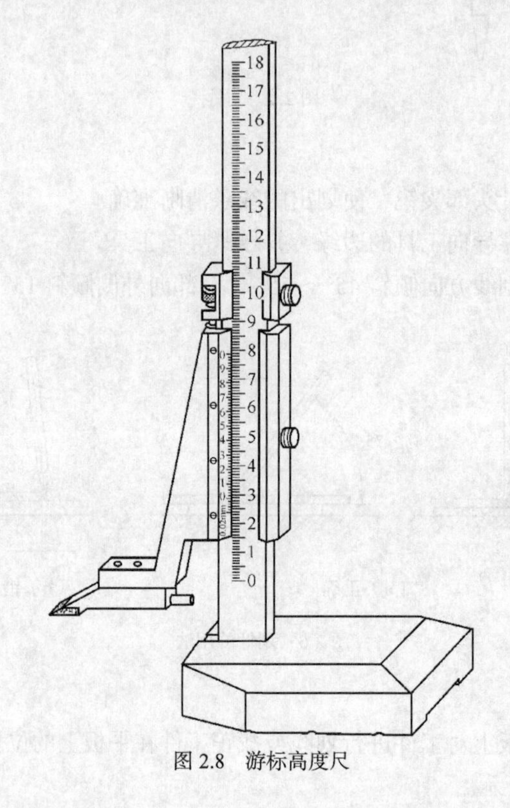

图 2.8　游标高度尺

使用注意事项：

（1）游标高度尺作为精密划线工具，不得用于粗糙毛坯表面的划线。

（2）用完以后应将游标高度尺擦拭干净，涂油装盒保存。

6. 划规

划规用来划圆弧、等分线段、等分角度、量取尺寸等，如图 2.9 所示。

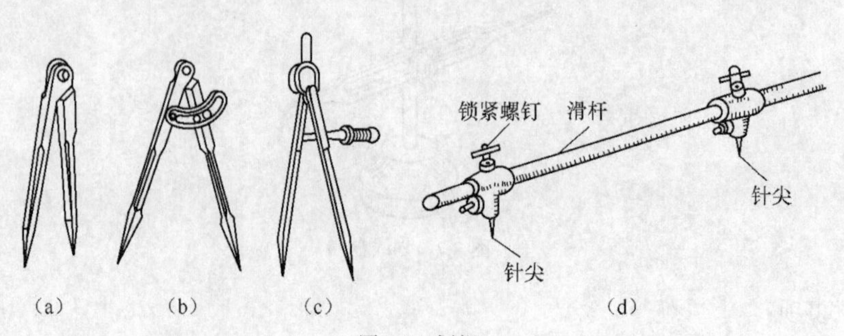

图 2.9　划规

使用注意事项：

（1）划规划圆时，作为旋转中心的一脚应施加较大的压力，而施加较轻的压力于另一脚以便在工件表面划线。

（2）划规两脚的长短应磨得稍有不同，且两脚合拢时脚尖应能靠紧，这样才能划出较小的圆。

（3）为保证划出的线条清晰，划规的脚尖应保持尖锐。

7. 样冲

样冲用于在工件所划加工线条上打样冲眼（冲点），作为加强界限标志和作圆弧或钻孔时的定位中心。样冲一般由碳素工具钢制成，尖端处淬硬，顶尖角磨成 60° 或 120°（60° 用于冲加工线，120° 用于冲钻孔中心），如图 2.10 所示。

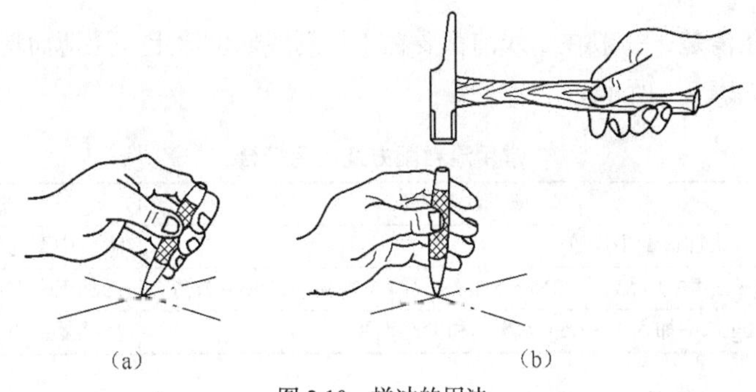

图 2.10　样冲的用法

使用注意事项：

（1）样冲刃磨时应防止过热退火。

（2）打样冲眼时冲尖应对准所划线条正中。

（3）样冲眼间距视线条长短曲直而定，线条长而直时，间距可大些，短而曲则间距应小些，交叉、转折处必须打上样冲眼。

（4）样冲眼的深浅视工件表面粗糙程度而定，表面光滑或薄壁工件样冲眼打得浅些，粗糙表面打得深些，精加工表面禁止打样冲眼。

8. 90° 角尺

90° 角尺在划线时用做划垂直线或平行线的导向工具，也可用来找正工件表面在划线平板上的垂直位置，如图 2.11 所示。

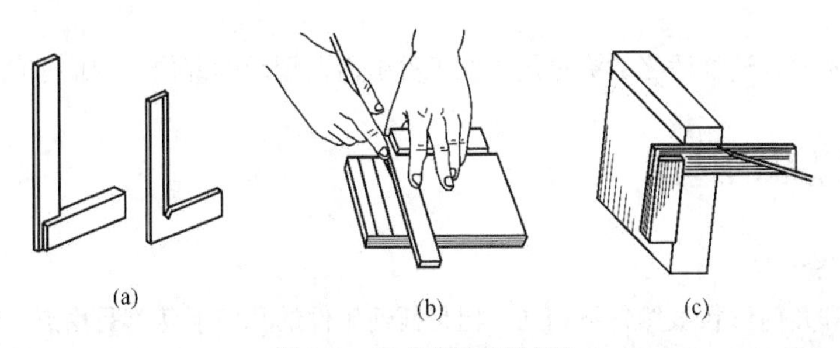

图 2.11　90° 角尺及使用方法

9. 万能角度尺

万能角度尺常用于划角度线，如图 2.12 所示。

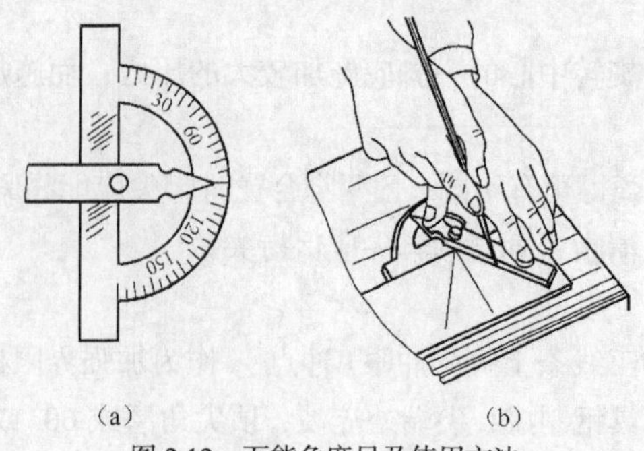

图 2.12　万能角度尺及使用方法

10. 划线涂料

为使划出的线条清楚，一般在划线前都要在工件划线部位涂上一层薄而均匀的涂料。常用涂料配方及应用场合如表 2.1 所示。

表 2.1　　常用涂料配方及应用场合

名　称	配置比例	应用场合
石灰水	石灰水加适量牛皮胶	大、中型铸件和锻件毛坯
龙胆紫	（2%～4%）品紫+（3%～5%）漆片+（91%～95%）酒精	已加工表面
硫酸铜溶液	100g 水中加入 1～1.5g 硫酸铜和少许硫酸	形状复杂的工件或已加工表面

任务二　划线前的准备与划线基准的选择

一、划线前的准备

1. 技术准备

划线前，必须认真分析图纸的技术要求和工件加工的工艺规程，合理选择划线基准，确定划线位置、划线步骤和划线方法。

2. 工件准备

清理铸件的浇口、冒口，锻件的飞边和氧化皮，已加工工件的锐边、毛刺等；对有孔的工件可在毛坯孔中填塞木块或铅块，以便划规划圆。

3. 涂色

根据工件的不同，选择适当的涂色剂，在工件上需要划线的部位均匀地涂色。

二、划线基准的选择

1. 基准的概念

工件的结构和几何形状虽然各不相同，但是任何工件的几何形状都是由点、线、面构成的。不同工件的划线基准虽差异较大，但都离不开点、线、面。

在零件图上用来确定其他点、线、面位置的基准，称为设计基准。

划线基准是指在划线时选择工件上的某个点、线、面作为依据，用它来确定工件的各部分尺寸、几何形状及相对位置。

2. 划线基准的选择

（1）以两个相互垂直的平面或直线为划线基准，如图 2.13（a）所示。

（2）以两个互相垂直的中心线为划线基准，如图 2.13（b）所示。

（3）以一个平面和一条中心线为划线基准，如图 2.13（c）所示。

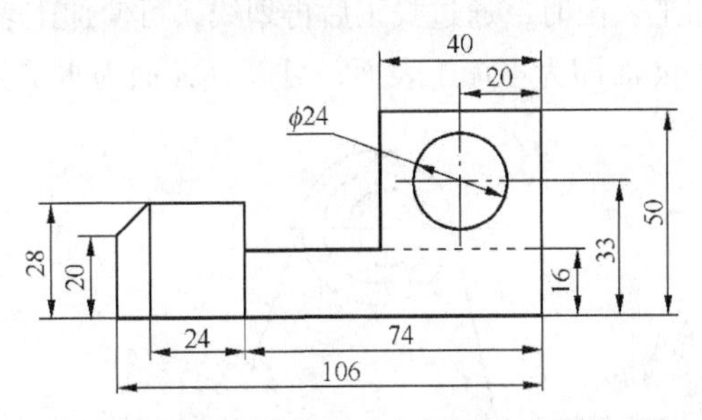

（a）以两个相互垂直的平面（或直线）为划线基准

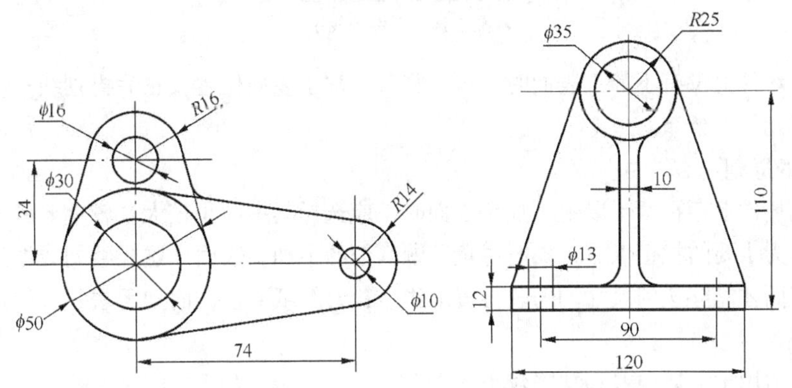

（b）以两条相互垂直的中心线为划线基准　　（c）以一个平面与一条中心线为划线基准

图 2.13　划线基准的类型

划线时在工件的每一个方向都需要选择一个基准，因此，一般情况下，平面划线时要选择两个划线基准，而立体划线时要选择三个划线基准，而且划线往往是在这一划线位置开始的。其选择原则如下：

① 尽量与设计基准重合。

② 形状对称的零件，应以对称中心为划线基准。

③ 有孔或凸台的零件，应以孔或凸台的中心线为划线基准。

④ 对于毛坯工件，应以主要的、面积较大的不加工面为划线基准。

⑤ 经过加工的工件，应以加工后的较大表明为划线基准。

任务三　划线时的找正和借料

在立体划线时，往往是对铸件、锻件毛坯进行划线。各种铸、锻毛坯件，由于各种原因，容易形成歪斜、偏心、各部分壁厚不均匀等缺陷。当误差不大时，可以通过划线找正和借料的方法来弥补缺陷，避免造成损失。

一、找正

找正就是利用划线工具使工件或毛坯上有关表面与基准面之间调整到合适位置。

1. 找正的作用

（1）当毛坯件上有不加工表面时，通过找正后再划线，可使加工表面与不加工表面之间保持尺寸均匀。如图 2.14 所示，*A* 面即为不加工表面，可以以 *A* 面为水平基准进行找正划线。

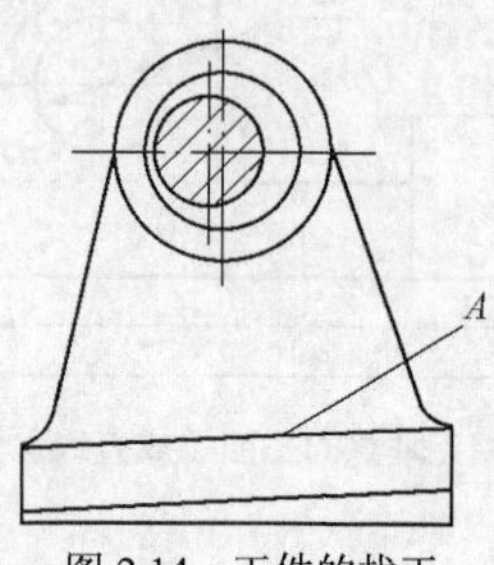

图 2.14　工件的找正

（2）当毛坯件上没有不加工表面时，可以将各个加工表面位置找正后再划线，使各加工表面的加工余量得到均匀分布。

2. 找正的原则

（1）当毛坯件上存在两个以上不加工表面时，应选择其中面积较大、较重要的或表面质量要求较高的面作为主要的找正依据，同时尽量兼顾其他的不加工表面。这样经划线加工后的加工表面和不加工表面才能够达到尺寸均匀、位置准确、符合图纸要求，而把无法弥补的缺陷反映到次要的部位上去。

（2）找正适用于毛坯误差和缺陷较小的场合。

二、借料

当工件毛坯的位置、形状或尺寸存在误差和缺陷，用划线找正的方法仍然不能补救时，常常需要用借料的方法来解决。

借料就是通过试划和调整，将工件各部分的加工余量在允许的范围内重新分配，互相借用，以保证各个加工表面都有足够的加工余量，在加工后排除工件自身的误差和缺陷。

要想准确借料，首先必须明确知道毛坯误差程度，确定是否可以通过借料的方法保证工件有足够的加工余量，然后确定需要借料的方向和借料的多少，这样才能保证划线质量，提高划线效率。对于较复杂的工件，往往需要经过多次试划，才能确定合理的借料方案。

借料有以下几个步骤。

（1）测量工件各部分尺寸，找出偏移的位置和偏移量的大小。

（2）合理分配各部位加工余量，然后根据工件的偏移方向和偏移量，确定借料方向和借料大小，划出基准线。

（3）以基准线为依据，划出其余线条。

（4）检查各加工表面的加工余量，如果发现有余量不足的现象，应调整借料方向和借料大小，重新划线。

图 2.15（a）所示为一圆环类工件的毛坯，其内孔与外圆的偏心误差较大。如果不考虑两者之间的误差，先划内孔后划外圆时，加工余量不足，如图 2.15（b）所示；反之先划外圆后划内孔时，加工余量不足。这就要求内孔、外圆同时考虑，采用借料的方法，将圆心选在内孔与外圆之间的一个适当位置上，才能使内孔与外圆均有足够的加工余量，如图 2.15（c）所示。

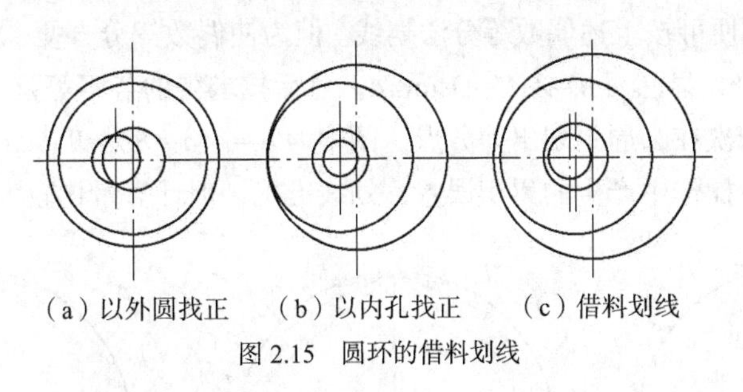

（a）以外圆找正　（b）以内孔找正　（c）借料划线

图 2.15　圆环的借料划线

任务四　等分圆周画法

等分圆周是根据图纸要求，将圆在直径方向上均匀地分成若干等分的操作方法。

一、按同一弦长等分圆周

按同一弦长等分圆周是根据在同一圆周上，每一等分弧长所对应的弦长相等的原理划线的。其关键是如何确定每段圆弧所对应的弦长，如图 2.16 所示。

假设把圆周做 n 等分，每一弧长所对应的圆心角为 α，则 $\alpha = 360°/n$。由三角关系可求得

$$AP = R\sin(\alpha/2) \tag{2.1}$$

所以，弦长 $L=D\sin(\alpha/2)=2R\sin(\alpha/2)$。当弦长求出后，可用划规截取弦长尺寸在圆周上等分。这种划法容易造成累积误差，划线时需经多次调整才能准确等分。

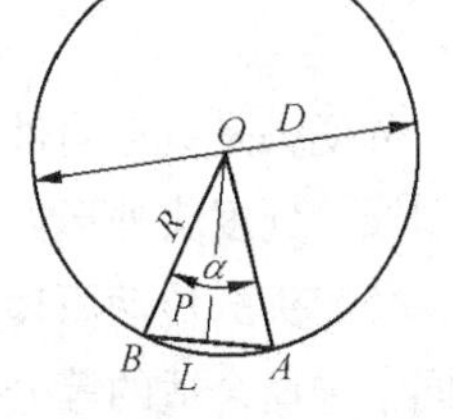

图 2.16　按同一弦长等分圆周

【例 2.1】在直径为 60mm 的圆周上做 9 等分。

解：$\alpha=360°/9=40°$

$$L = D\sin(\alpha/2)= 60\times\sin(40°/2)=60\times0.342\text{mm}=20.52\text{mm}$$

用划规量取尺寸 20.52mm，即可在圆周上做 9 等分。

二、按不等弦长等分圆周

图 2.17（a）所示为按不等弦长来等分圆周的。这种方法主要是如何确定各等分段的不等弦长 Aa_1，Aa_2，Aa_3，…，Aa_n。设圆周做 n 等分，若按不等弦长等分时，其相应的不等弦长所对应的圆心角分别为 α，2α，3α，…，$n\alpha$，其中 $\alpha=360°/n$。同理，由三角函数关系可求得

$$Aa_1 = D\sin(\alpha/2)$$

$$Aa_2 = D\sin(2\alpha/2) = D\sin\alpha$$

$$Aa_3 = D\sin(3\alpha/2)$$

当圆周需做偶数等分时，可先将圆周做两等分，然后按求得的各不等弦长，用划规分别以 A、B 两点为圆心，依次在圆周上划出等分点，如图 2.17（b）所示中 $Aa_1=Aa_2=Bb_1=Bb_2$，$Aa_3=Aa_4=Bb_3=Bb_4$，$Aa_5=Aa_6=Bb_5=Bb_6$。

当圆周需做奇数等分时，可先设法在圆周上划出一个等分段（见图 2.17（c）中的 $A'A''$），余下的等分数即为偶数，便可按上述偶数等分法划线。但为使偶数等分方便，应先将圆周做两等分，求得点 A，使 $AA'=AA''$，显然 $AA'=AA''=D\sin\alpha/4$。然后按求得的各不等弦长，用划规分别以 A'、A''、B 三点为圆心，依次在圆周上划出等分点，图中 $A'a_1=A''a_2=Bb_1=Bb_2$，$A'a_3=A''a_4=Bb_3=Bb_4$。这种划法可有效地避免操作中产生的累积误差，划线准确，但计算量比较大。

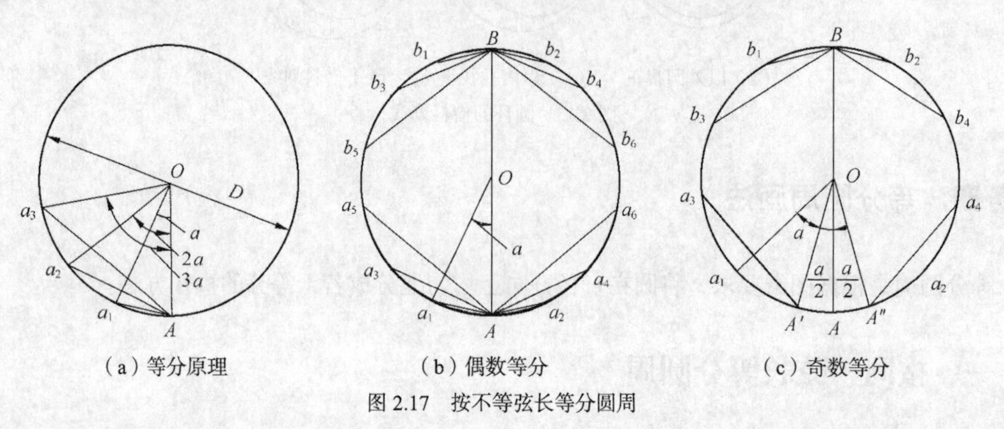

（a）等分原理　　（b）偶数等分　　（c）奇数等分

图 2.17　按不等弦长等分圆周

三、用分度头等分圆周

分度头是铣床附件，主要用做等分圆周。钳工在划线时也经常要用分度头对工件进行等分圆周划线。分度头外形如图 2.18 所示。

分度头的传动原理如图 2.19 所示。分度盘上有几圈不同数目的等分小孔，根据工件等分数的不同，选择合适的等分数的小孔，将手柄 6 转过相应的转数和孔数，使工件转过相应的角度，实现对工件的分度与划线。

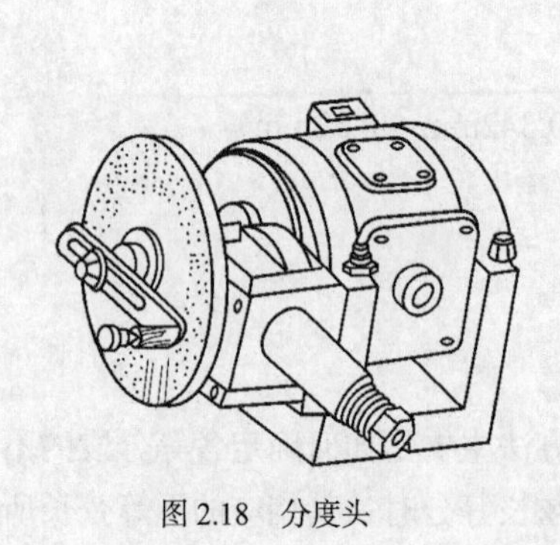

图 2.18　分度头

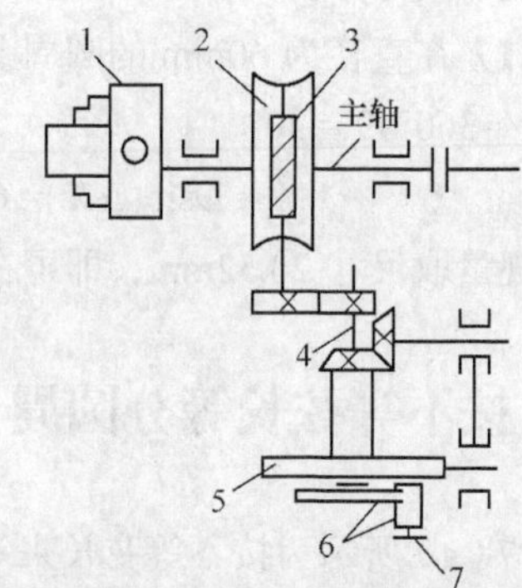

图 2.19　分度头的传动原理

1—刻度盘；2—蜗轮；3—蜗杆；4—螺旋齿轮；5—分度盘；6—手柄；7—定位销

划线时将分度头放在划线平板上，把工件夹持在主轴的三爪自定心卡盘中，用划线盘或高度尺，配合分度头的分度，可在工件上划出水平线、垂直线、斜线、等分圆周线和不等分圆周线。

分度头分度的方法：分度盘不动，转动分度头心轴上的手柄，经过蜗轮蜗杆传动进行分度。由于蜗轮蜗杆的传动比是 1/40，因此工件转过一个等分点时分度头手柄转过的转数 n，可由式（2.2）计算得出。

$$n = 40/z \tag{2.2}$$

式中：n——在工件转过每一等分点时，分度头手柄应转的转数；

z——工件的等分数。

【例 2.2】要在工件的圆周上划出 10 个均布孔，求每划完一个孔的位置后，分度头手柄应转过几圈?

解：根据公式 $n = 40/z$

则 $n = 40/10 = 4$

答：每划完一个孔的位置后，手柄应转过 4 圈再划另外一个孔。

当手柄转数不是整数时（如 1×1/4），应利用分度盘上现有的孔数，将分子、分母同时乘以一个系数，使分母数与分度盘上某一圈的孔数相同，而分子数就是手柄应转过的孔数。例如，1×1/4 的分子、分母同时乘以 6，即 1/4×6/6=6/24，则手柄应在分度盘中有 24 个孔的一圈上转过 1 圈零 6 个孔。

任务五 划线训练

一、平面划线

根据图 2.20、图 2.21 所示的要求，完成工件的划线。

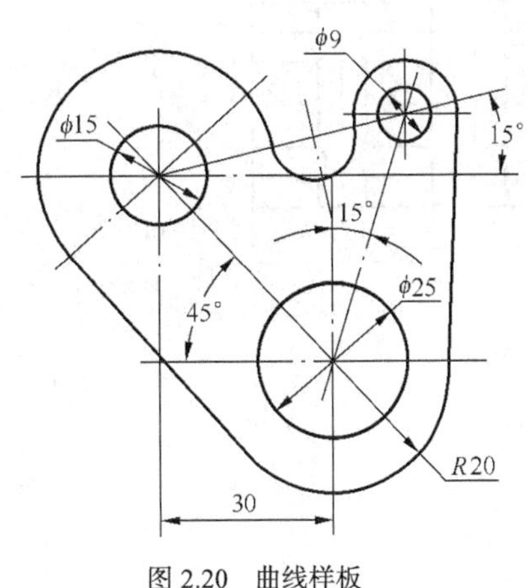

图 2.20 曲线样板

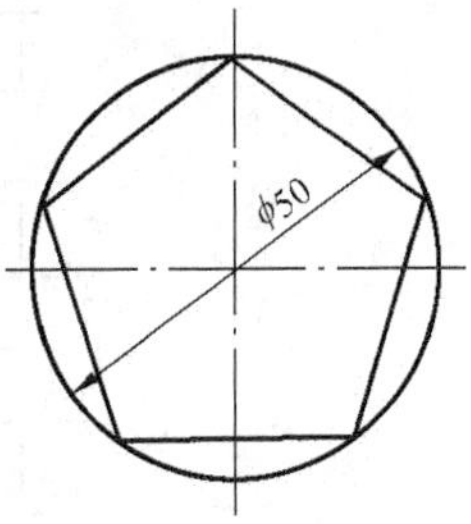

φ50

图 2.21 五边形

1. 训练步骤

（1）认真阅读图样，确定划线基准和划线步骤。

（2）将毛坯清理干净，去除表面毛刺和飞边等，并均匀涂色。

（3）按图样要求在毛坯上正确划线。

（4）对图形及尺寸进行校对，确认无误后，在相应的线条及钻孔中心打上样冲眼。

2. 注意事项

（1）由于初次划线，容易出现错误，可先在纸上作图，熟悉后再在毛坯上划线。

（2）划线动作要熟练，划线工具能正确使用，还要注意工具应合理放置：左手工具放在左面，右手工具放在右面，并要码放整齐。

（3）所划线条必须做到尺寸准确、线条清晰、粗细均匀，冲点准确合理、距离均匀。

（4）划线后必须进行复核，避免出错。

3. 评分标准（见表 2.2）

表 2.2　　　　　　　　　　评分标准　　　　　　　　　　总得分＿＿＿＿

序号	项目名称与技术要求	配　分	评 定 方 法	实际得分
1	涂色薄而均匀	4	目测评定	
2	线条清晰无重线	12	线条不清或有重线，每处扣 1 分	
3	尺寸及线条位置公差±0.3mm	30	每处超差扣 3 分	
4	圆弧连接光滑过渡	12	每一处连接不好扣 2 分	
5	冲点位置公差 0.3mm	18	冲偏一处扣 2 分	
6	样冲眼分布均匀合理	12	不合理一处扣 2 分	
7	工具使用正确，操作姿势正确	12	发现一次不正确扣 2 分	
8	安全生产与文明生产	扣分	违章一次扣 2 分	

二、立体划线

根据图 2.22、图 2.23 所示的技术要求，完成对工件的立体划线。

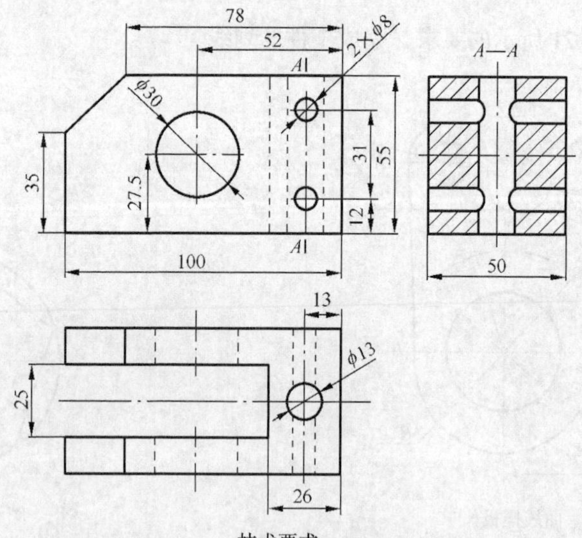

技术要求：

1. 长、宽、高三个位置垂直度找正误差 ± 0.3mm；
2. 长、宽、高三个位置尺寸基准位置误差<0.5mm；
3. 划线尺寸公差 ± 0.3mm；
4. 线条清晰，样冲眼位置准确、整齐。

图 2.22　拐臂

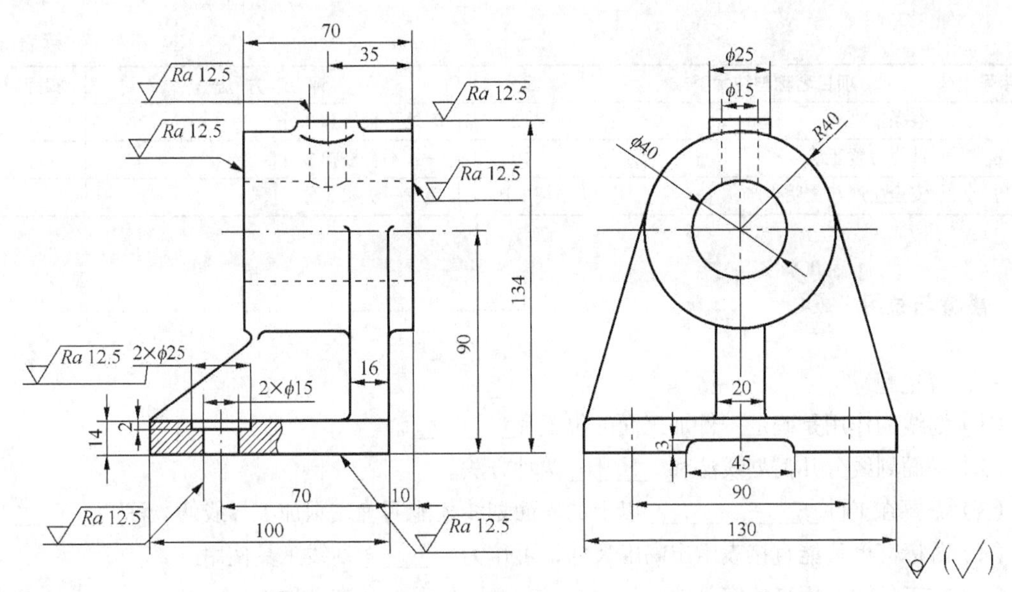

技术要求：

1. 长、宽、高三个位置垂直度找正误差 ± 0.3mm，尺寸基准位置误差<0.5mm；
2. 划线尺寸公差 ± 0.3mm；
3. 线条清晰，样冲眼位置准确、整齐；
4. 铸造圆角 *R*3。

图 2.23　轴承座

1. 训练步骤

（1）分析图样，详细了解工件的加工工艺规程，确定需要划线的部位、划线的次数和每次划线的范围。

（2）选择划线基准，确定装夹位置和方法。

（3）清理毛坯，并检查毛坯的误差情况，确定是否需要借料，如要借料，还应确定借料方向和距离，最后在毛坯划线部位涂色。

（4）找正毛坯。

（5）划线。

（6）对尺寸进行校对，确认无误后，在相应的线条及钻孔中心打上样冲眼。

2. 注意事项

（1）必须全面考虑工件在平板上摆放的位置。

（2）用划线盘划线时，划线盘应紧贴平板表面移动，划针伸出量尽可能短，并夹紧牢固。

（3）所划线条必须做到尺寸准确、线条清晰、粗细均匀，冲点准确合理、距离均匀。

（4）工件在支撑上安放要稳固，防止倾倒。

3. 评分标准（见表 2.3）

表 2.3　　评分标准　　总得分＿＿＿＿

序号	项目名称与技术要求	配分	评 定 方 法	实际得分
1	垂直度误差小于 0.3mm	24	一处超差扣 8 分	
2	尺寸基准位置误差小于 0.5mm	24	一处超差扣 8 分	
3	划线尺寸公差 ± 0.3mm	24	一处超差扣 3 分	
4	涂色均匀	6	目测评定	

续表

序号	项目名称与技术要求	配分	评 定 方 法	实际得分
5	线条清晰	12	一处不合格扣3分	
6	冲点位置正确	10	一处不合格扣2分	
7	安全生产与文明生产	扣分	违章一次扣3分	

思考与练习

一、填空题

（1）划线的作用是确定工件加工面的位置和________。

（2）平面划线分几何划线法和________两种方法。

（3）需要在工件____________以上的表面划线才能明确表示加工界线的，称为________。

（4）游标高度尺能直接表示出高度尺寸，可作为________划线工具使用。

（5）在工件图上用来确定其他____、____、____位置的基准，称为________。

（6）找正就是利用划线工具使工件或毛坯上有关表面与________之间调整到合适位置。

（7）在同一圆周上，每一等分弧长所对应的________相等。

（8）分度头在钳工划线时用来对工件进行________划线。

（9）分度头分度的方法是：________不动，转动分度头心轴上的手柄，经过蜗轮蜗杆传动进行分度。

（10）划线完成后，对图形及尺寸必须进行________，确认无误后，在相应的线条及钻孔中心打上__________。

二、选择题

（1）只需在工件一个表面上划线就能明确表示工件（　　）的称平面划线。

A. 加工边界　　B. 几何形状　　C. 加工界线　　D. 尺寸

（2）划线平板放置时应使工作表面处于（　　）状态。

A. 垂直　　B. 水平　　C. 任意　　D. 平行

（3）划线时，划针向划线方向倾斜（　　），上部向外侧倾斜。

A. 15°～20°　　B. 20°～30°　　C. 45°～75°　　D. 90°

（4）划线应从（　　）开始进行。

A. 工件中间　　B. 划线基准　　C. 工件边缘　　D. 任意位置

（5）借料可以保证各个加工表面都有足够的（　　）。

A. 加工余量　　B. 加工误差　　C. 加工方法　　D. 加工时间

（6）等分圆周是将圆在（　　）方向上均匀地分成若干等分的操作方法。

A. 长度　　B. 轴向　　C. 切线　　D. 直径

（7）使用分度头划线，当手柄转一周时，装在卡盘上的工件转（　　）周。

A. 1　　B. 0.1　　C. 0.5　　D. 1/40

三、判断题（正确的画√，错误的画×）

（1）划线是指在毛坯或工件上，用划线工具划出待加工部位的轮廓线或作为基准的点、线的操作方法。（　　）

（2）样板划线法是指根据工件形状和尺寸要求用作图的基本方法划出加工界限。 （ ）

（3）需要在工件两个以上的表面划线才能明确表示加工界线的，称为立体划线。 （ ）

（4）划线广泛应用于大批量生产，是钳工应该掌握的一项重要操作技能。 （ ）

（5）划线时划针针尖要离开导向工具的边缘。 （ ）

（6）万能角度尺属于精密量具，除测量角度和锥度以外，还可用于划角度线。 （ ）

（7）划线基准尽量与装配基准重合。 （ ）

（8）找正和借料这两项工作是各自分开进行的。 （ ）

（9）划线时，若对圆周作奇数等分，可在圆周上先划出两个等分段，其余部分再按偶数等分法等分。 （ ）

（10）当分度头手柄转数不是整数时，分度头将无法分度。 （ ）

四、简答题

（1）划线前应做好哪些准备?

（2）划线基准的选择原则有哪些?

（3）分度头主要作用如何？常用的有哪几种?

（4）借料的步骤是什么?

五、计算题

（1）在直径为ϕ50mm 的圆周上 6 等分，试计算等分弦长是多少？

（2）利用分度头在一工件的圆周上划出均匀分布的 15 个孔的中心，试求每划完一个孔中心，手柄应转过多少转?

六、操作题

根据图 2.24 给定的尺寸完成平面划线任务。

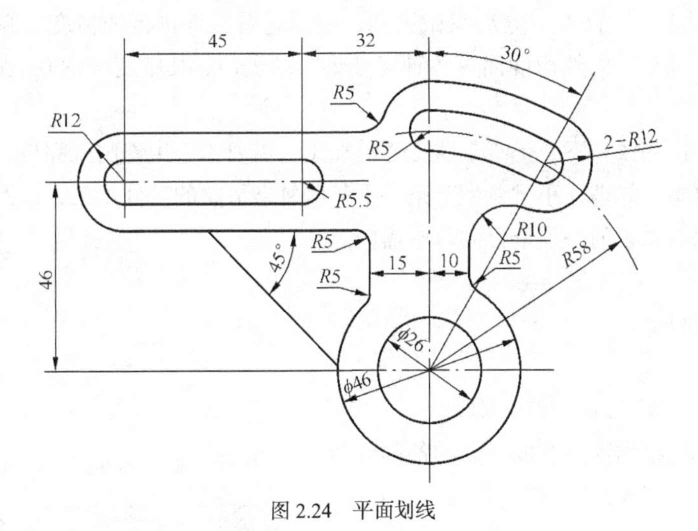

图 2.24 平面划线

项目三

锉　削

用锉刀对工件表面切削加工，使其尺寸、形状、位置、表面粗糙度等都达到要求，这种加工方法叫锉削。本项目主要介绍锉刀的组成、种类、规格及选用；锉削时锉刀的握法、锉削姿势、锉削力的大小及锉削速度的选择；锉削的废品分析；锉削的安全文明生产。

知识目标

- 了解锉刀的材料、组成、种类。
- 掌握锉刀规格及选用。

技能目标

- 掌握平面锉削时的站立姿势和动作。
- 掌握锉削时两手用力的方法。
- 能把握正确的锉削速度。
- 懂得锉刀的保养和锉削时的安全知识。

任务一　锉刀

锉刀是钳工常用的工具之一。用锉刀对工件表面切削加工，使其尺寸、形状、位置、表面粗糙度等都达到要求，这种加工方法叫做锉削。锉削是对工件进行的精度较高的加工，它可以加工工件的平面、曲面、内外角度面等各种复杂形状的表面，其精度可达 0.01mm，表面粗糙度可达 *Ra*0.8。

在现代工业生产的条件下，仍有某些工件的加工，需要用手工锉削来完成，例如，装配过程中对个别工件的修整、修理，小批量生产条件下某些复杂形状的工件加工，以及样板、模具的加工等，所以锉削仍是钳工的一项重要的基本操作。

一、锉刀组成

锉刀用高碳工具钢 T13 或 T12 制成。

锉刀由锉身和锉柄两部分组成，它的各部分名称如图 3.1 所示。

图 3.1　锉刀的组成

1. 锉刀面

锉刀面是锉削的主要工作面。锉刀面的前端做成凸弧形，上下两面都制有锉齿，便于进行锉削。

2. 锉刀边

锉刀边是指锉刀的两个侧面，有的锉刀边其中一边有齿，另一边没有齿。没有齿的一边叫光边，它在锉削内直角的一个面时，不会碰伤另一相邻的面。

3. 锉刀舌

锉刀舌是用来装锉刀柄（锉柄）的。锉柄分木制和塑料的两种，木制锉柄在安装孔的外部应套有铁箍。

二、锉刀种类

一般钳工所用的锉刀按其用途不同，可分为普通钳工锉、异形锉和整形锉 3 类。

1. 普通钳工锉

普通钳工锉按其断面形状不同，分为平锉（大、小板锉）、方锉、三角锉、半圆锉和圆锉 5 种，如图 3.2 所示。

图 3.2　普通钳工锉断面形状

2. 异形锉

异形锉是用来锉削工件特殊表面用的，有刀口锉、菱形锉、扁三角锉、椭圆锉、圆肚锉等，如图 3.3 所示。

图 3.3　异形锉断面形状

3. 整形锉

整形锉（又叫什锦锉）主要用于修理工件上的细小部分，通常以多把为一组，因分组配备各种断面形状的小锉而得名，如图 3.4 所示。

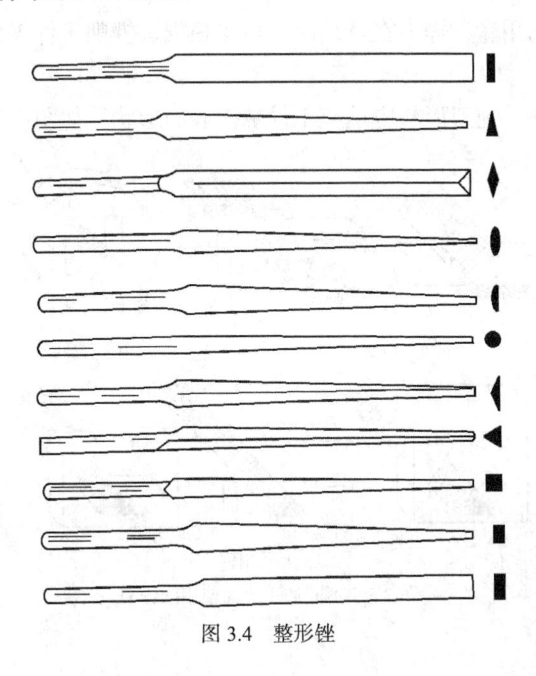

图 3.4　整形锉

三、锉刀的规格及选用

1. 锉刀的规格

锉刀的规格分齿纹的粗细规格和尺寸规格，不同的锉刀尺寸规格用不同的参数表示。

方锉的尺寸规格以方形尺寸表示，圆锉的尺寸规格以直径表示，其他锉刀则以锉身长度表示其尺寸规格。钳工常用的锉刀有100mm、125mm、150mm、200mm、250mm、300mm、350mm等几种。

锉刀齿纹的粗细规格，以锉刀每10mm轴向长度内的主锉纹条数来表示，如表3.1所示。主锉纹是指锉刀上两个方向排列的深浅不同的齿纹中，起主要锉削作用的齿纹，起分屑作用的另一个方向的齿纹称为辅齿纹。

表3.1中，1号锉纹为粗齿锉刀，2号锉纹为中齿锉刀，3号锉纹为细齿锉刀，4号锉纹为双细齿锉刀，5号锉纹为油光锉。

表3.1　锉刀齿纹粗细规格

规格/mm	主要锉纹条数（10mm内）				
	锉　纹　号				
	1	2	3	4	5
100	14	20	28	40	56
125	12	18	25	36	50
150	11	16	22	32	45
200	10	14	20	28	40
250	9	12	18	25	36
300	8	11	16	22	32
350	7	10	14	20	—
400	6	9	12	—	—
450	5.5	8	11	—	—

2. 锉刀的选用

每种锉刀都有各自的用途，锉刀在选用时，应该根据被锉削工件表面的形状和大小选择锉刀的断面形状和长度。

（1）锉刀形状的选择。锉刀形状应适应工件加工表面形状，如图3.5所示。

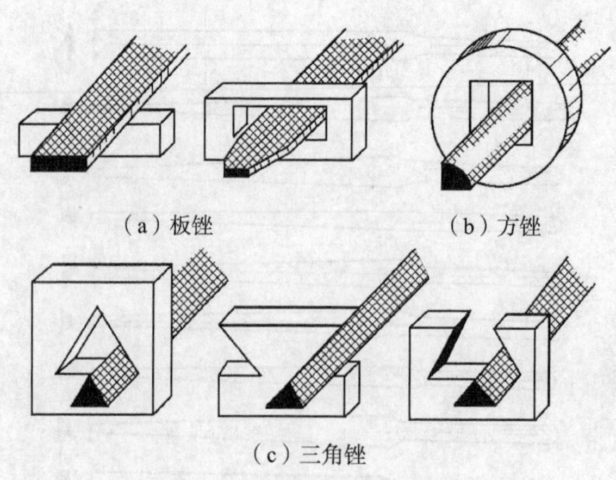

图3.5　不同加工表面使用的锉刀

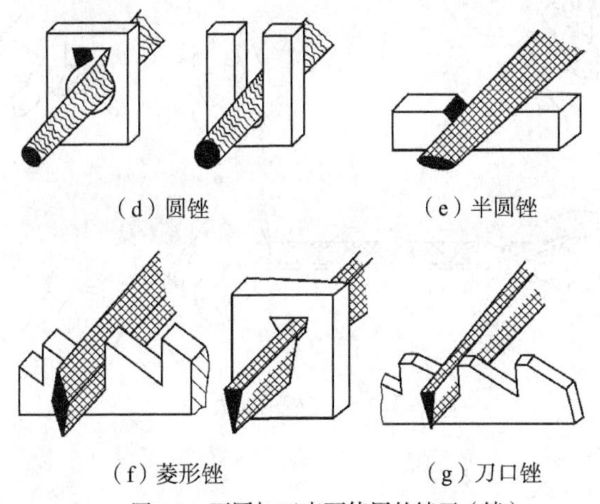

（d）圆锉　（e）半圆锉

（f）菱形锉　（g）刀口锉

图 3.5　不同加工表面使用的锉刀（续）

（2）锉刀的粗细规格选择。锉刀的粗细规格选择，应根据工件材料的材质、加工余量的大小、加工精度和表面粗糙度要求的高低进行。例如，油光锉用于最后修光工件表面；而细齿锉刀则用于锉削钢、铸铁以及加工余量小、精度要求高和表面粗糙度低的工件；粗齿锉刀由于齿距较大不易堵塞，一般用于锉削铜、铝等软金属及加工余量大、表面粗糙度低的工件。

表 3.2 给出与各种规格锉刀相适宜的加工余量，所能达到的加工精度和表面粗糙度值，供使用者选择锉刀粗细规格时选用。

表 3.2　锉刀齿纹的粗细规格选用

锉刀粗细	适用场合		
	加工余量/mm	加工精度/mm	表面粗糙度值
1 号（粗齿锉刀）	0.5～1	0.2～0.5	*Ra* 100～25
2 号（中齿锉刀）	0.2～0.5	0.05～0.2	*Ra* 25～6.3
3 号（细齿锉刀）	0.1～0.3	0.02～0.05	*Ra* 12.5～3.2
4 号（双细齿锉刀）	0.1～0.2	0.01～0.02	*Ra* 6.3～1.6
5 号（油光锉）	0.1 以下	0.01	*Ra* 1.6～0.8

任务二　锉削技能练习

一、锉刀握法

（1）右手紧握锉柄，柄端抵在拇指根部的手掌上，大拇指放在锉柄上部，其余手指由下而上地握着锉柄。

（2）左手的基本握法是将拇指根部的肌肉压在锉刀上，拇指自然伸直，其余四指弯向手心，用中指、无名指捏住锉前端。

（3）锉削时右手推动锉刀并决定推动方向，左手协同右手使锉刀保持平衡。

板锉的握法如图 3.6（a）所示，还有两种左手的握法如图 3.6（b）和图 3.6（c）所示。

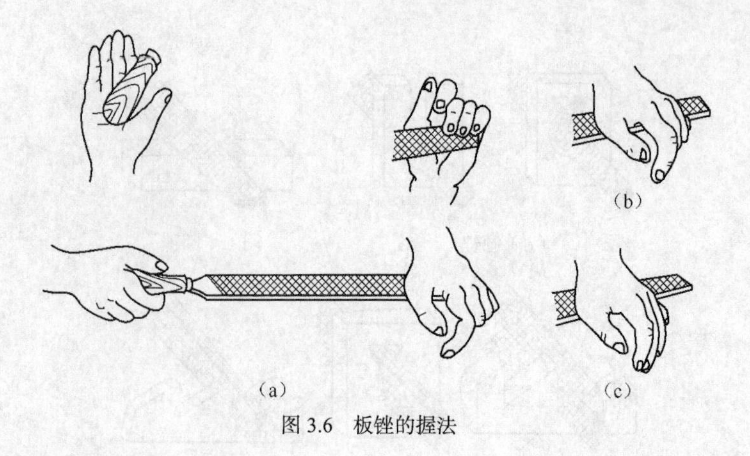

图 3.6　板锉的握法

二、锉削姿势

（1）锉削时的站立步位和姿势如图 3.7 所示，锉削动作如图 3.8 所示。两手握住锉刀放在工件上面，左臂弯曲，小臂与工件锉削面的左右方向保持基本平行，右小臂要与工件锉削面的前后方向保持基本平行。

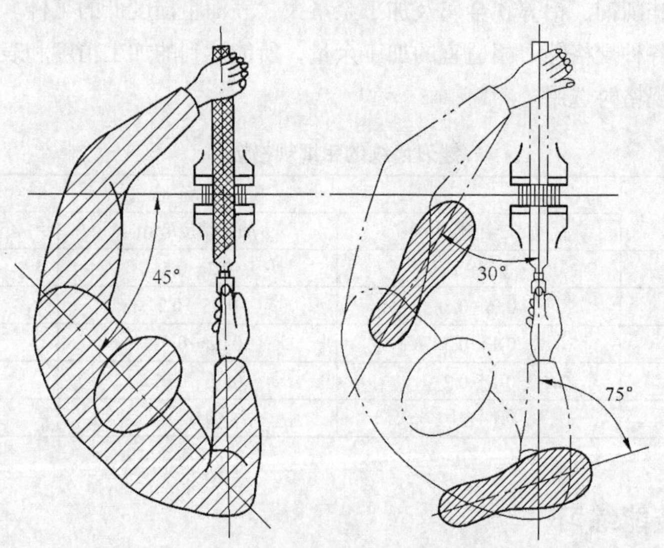

图 3.7　锉削时的站立步位和姿势

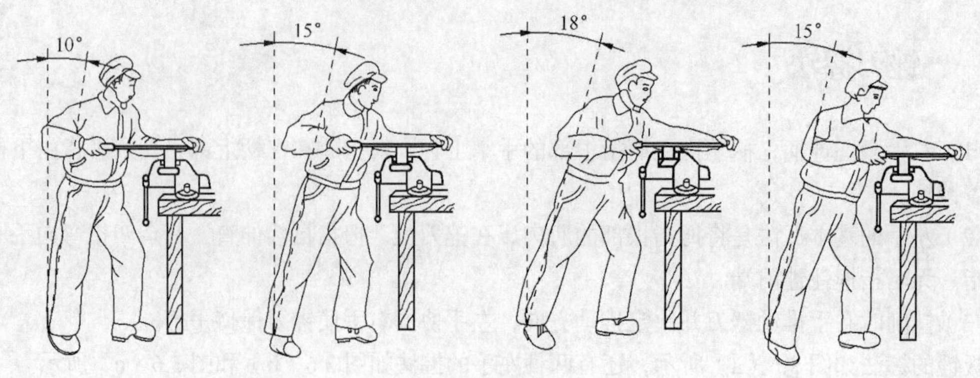

图 3.8　锉削动作

（2）锉削时，身体先于锉刀并与之一起向前，右脚伸直并稍向前倾，重心在左脚，左膝部呈弯曲状态。

（3）当锉刀锉至约 3/4 行程时，身体停止前进，两臂则继续将锉刀向前锉到头。同时，左脚自然伸直并随着锉削时的反作用力，将身体重心后移，使身体恢复原位，并顺势将锉刀收回。

（4）当锉刀收回将近结束时，身体又开始先于锉刀前倾，做第二次锉削的向前运动。

注意事项：

（1）锉削姿势的正确与否，对锉削质量、锉削力的运用和发挥以及操作者的疲劳程度都起着决定影响。

（2）锉削姿势的正确掌握，须从锉刀握法、站立步位、姿势动作、操作等几方面进行，动作要协调一致，经过反复练习才能达到一定的要求。

三、锉削力和锉削速度

1．锉削力

锉刀直线运动才能锉出平直的平面，因此，锉削时右手的压力要随着锉刀推动而逐渐增加，左手的压力要随锉刀推动而逐渐减小，如图 3.9 所示。回程时不要加压力，以减少锉齿的磨损。

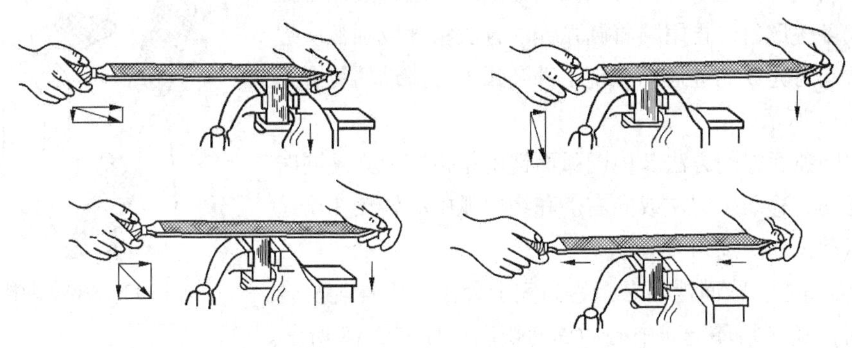

图 3.9　锉削用力方法

2．锉削速度

锉削速度一般应在 40 次/分钟左右，推出时稍慢，回程时稍快，动作要自然，要协调一致。

四、锉削方法

1．平面锉削方法

（1）顺向锉。顺向锉是锉刀顺一个方向锉削的运动方法。它具有锉纹清晰、美观和表面粗糙度值较小的特点，适用于小平面和粗锉后的场合，顺向锉的锉纹整齐一致，这是最基本的一种锉削方法，如图 3.10 所示。在锉宽平面时，为使整个加工表面能均匀地锉削，每次退回锉刀时应在横向做适当的移动。

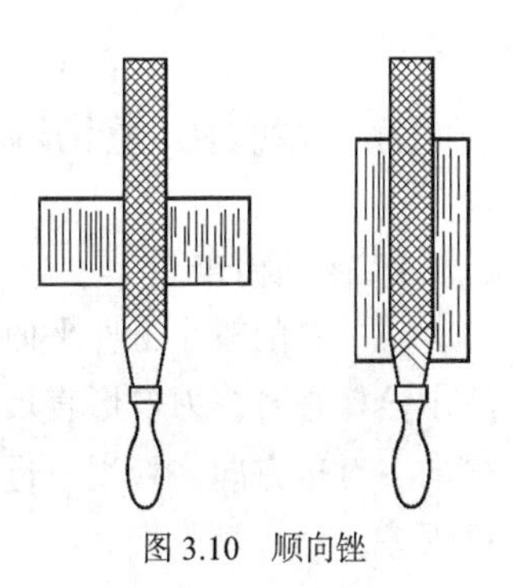

图 3.10　顺向锉

（2）交叉锉。交叉锉是从两个以上不同方向交替交叉锉削的方法，锉刀运动方向与工件夹持方向成 30°～40°。它具有锉削平面度好的特点，但表面粗糙度稍差，且锉纹交叉。锉刀与工件的接触面大时，锉刀较易掌握平稳。另外，从锉痕上可以判断出锉削面的高低情况，便于不断地修正锉削部位。交叉锉法一般适用于粗锉，精锉时必须采用顺向锉，使锉痕变直，纹理一致，如图 3.11 所示。

（3）推锉。推锉是双手横握锉刀往复锉削的方法。其锉纹特点同顺向锉，适用于狭长平面和修整时余量较小的场合，如图 3.12 所示。

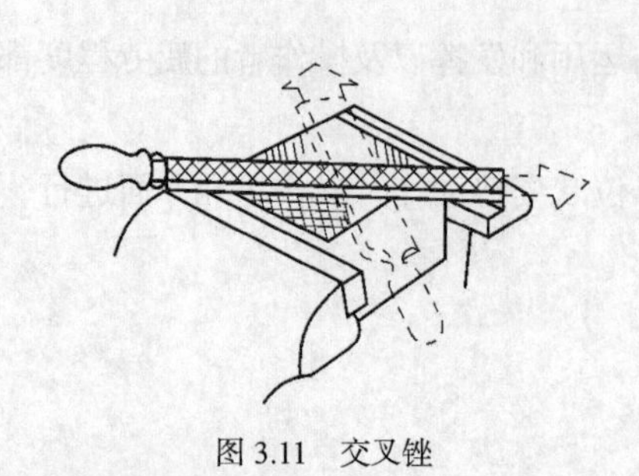

图 3.11　交叉锉

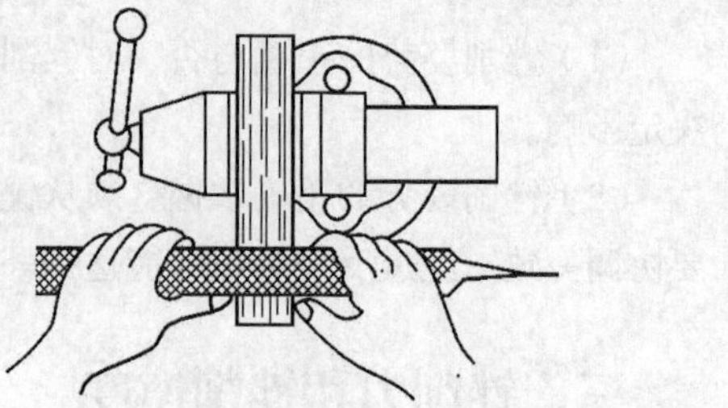

图 3.12　推锉

2. 曲面锉削方法

（1）外圆弧面锉削方法。锉削外圆弧面时，锉刀运动分为顺着和横着圆弧面锉削两种方法。当加工余量较大时，应采用横着圆弧面锉削的方法，按照圆弧要求先锉成多棱形后，再用顺着圆弧锉的方法精锉成圆弧。锉削时锉刀须同时完成前进运动和绕工件圆弧中心摆动的复合运动，如图 3.13 所示。

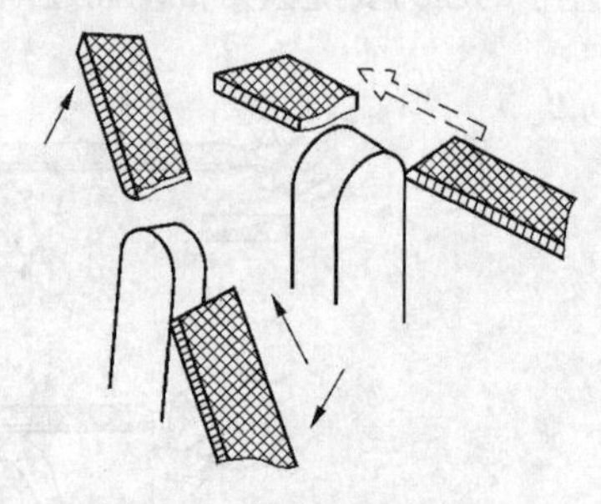

图 3.13　外圆弧面锉削方法

（2）内圆弧面锉削方法。内圆弧面锉削是指锉刀必须同时完成前进运动、移动（向左或向右）和绕内弧中心转动 3 个运动的复合运动，如图 3.14 所示。

（3）球面锉削。球面锉削是指锉刀完成外圆弧面锉削复合运动的同时，还必须环绕球中心做周向摆动，如图 3.15 所示。

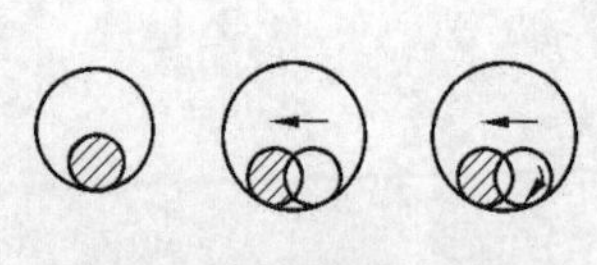

图 3.14　内圆弧面锉削方法

图 3.15　球面锉削

五、锉削质量检验

1. 平面检查

（1）锉削较小工件平面时，其平面通常都采用刀口形直尺，通过透光法来检查，如图 3.16 所示。检查时，刀口形直尺应垂直放在工件表面上，如图 3.16（a）所示，并在加工面的纵向、横向、对角方向多处逐一进行检验，如图 3.16（b）和图 3.16（c）所示，以确定各方向的直线度误差。

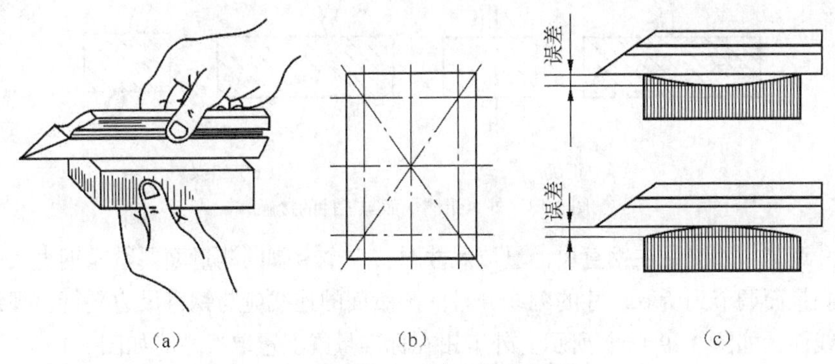

图 3.16　用刀口形直尺检查平面度

如果刀口形直尺与工件平面间透光微弱而均匀，说明该方向是直的；如果透光强弱不一，说明该方向是不直的。

（2）刀口形直尺在检查平面上移动位置时，不能在平面上拖动，否则直尺的测量边容易磨损而降低其精度。

（3）塞尺是用来检验两个结合面之间间隙大小的片状量规，使用时根据被测间隙的大小，可用一片或数片重叠在一起做塞入检验。例如，用 0.06mm 的塞尺可以插入，而用 0.07mm 的塞尺就插不进去，则其间隙为 0.06～0.07mm。

塞尺的薄片很薄，易弯曲和折断，所以测量时应注意。

2. 外卡钳测量

外卡钳是一种间接量具，用作测量尺寸，应先在工件上度量后，再与带读数的量具进行比较，才能得出读数；或者先在带读数的量具上度量出必要的尺寸后，再去度量工件。

（1）测量方法。当工件误差较大作粗测量时，可用透光法来判断其尺寸差值的大小，如图 3.17（a）所示。测量时外卡钳一卡脚测量面要始终抵住工件基准面，才可观察另一卡脚测量面与被测表面的透光情况。当工件误差较小作精测量时，可利用外卡钳的自重由上向下垂直测量，如图 3.17（b）所示，以便控制测量力。

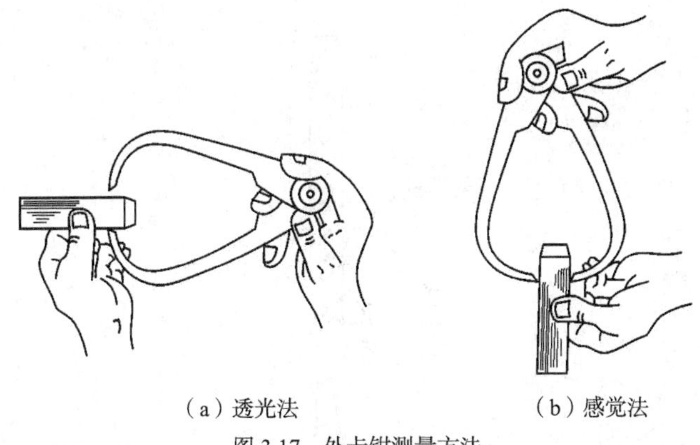

（a）透光法　　（b）感觉法

图 3.17　外卡钳测量方法

外卡钳测量面的开度尺寸，应保证在测量时靠外卡钳自重通过工件，但应有一定摩擦。

两卡脚的测量面与工件的接触要正确，如图 3.18 所示。使用方法是使卡脚处于测量时感觉最松的位置。

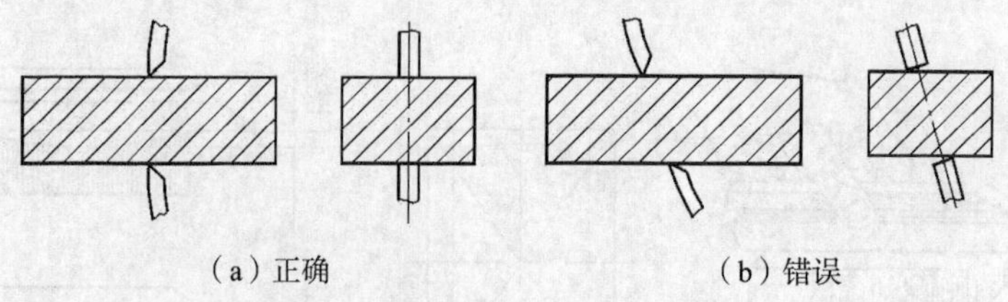

（a）正确　　（b）错误

图 3.18　外卡钳测量面与工件的接触

（2）尺寸调节。外卡钳在钢直尺上量取尺寸时，一个卡脚的测量面要紧靠钢直尺的端面，另一个卡脚的测量面调节到所取尺寸的刻线，且两测量面的连线应与钢直尺边平行，视线要垂直于钢直尺的刻线面，如图 3.19（a）所示。外卡钳在标准量规上量取尺寸时如图 3.19（b）所示，应调节到使卡钳在稍有摩擦感觉的情况下通过。

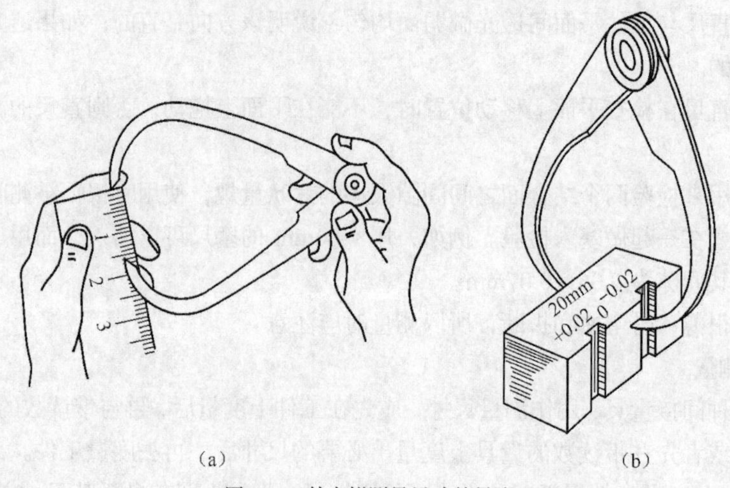

（a）　　（b）

图 3.19　外卡钳测量尺寸的量取

3. 角尺检查

用 90° 角尺或活动角尺检查工件垂直度前，应先用锉刀将工件的锐边倒钝，如图 3.20 所示。检查时，应注意以下几点。

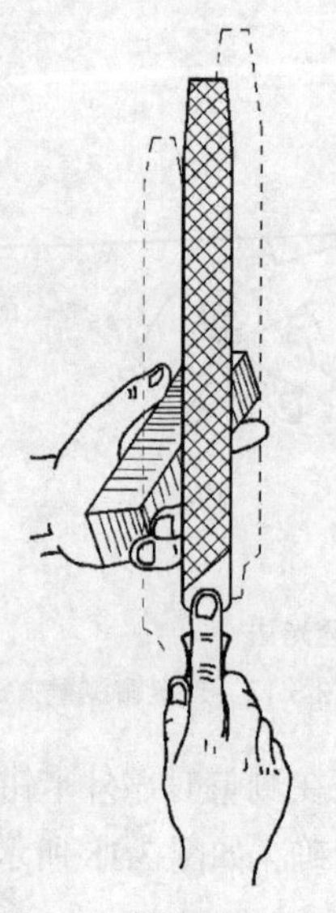

图 3.20　锐边倒钝方法

（1）先将角尺尺座的测量面紧贴工件基准面，然后从上轻轻向下移动，使角尺尺瞄的测量面与工件的被测表面接触，如图 3.21（a）所示。眼光平视观察其透光情况，以此来判断工件被测面与基准面是否垂直。检查时，角尺不可斜放，如图 3.21（b）所示，否则检查结果不准确。

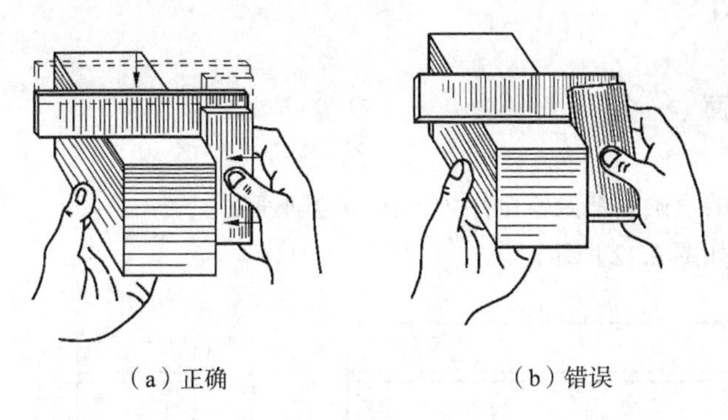

（a）正确　　（b）错误

图 3.21　用 90° 角尺检查工件垂直度

（2）若在同一平面上不同位置进行检查时，角尺不可在工件表面上前后移动，以免磨损，影响角尺本身精度。

（3）使用活动角尺时，因其本身无固定角度，而是在标准角度样板上定取，然后再检查工件，所以在定取角度时应该很精确。

六、锉削的废品分析

锉削的废品形式及产生原因如表 3.3 所示。

表 3.3　锉削的废品分析

废品形式	产生原因
工件表面夹伤或变形	1. 台虎钳未装软钳口 2. 夹紧力过大
工件表面粗糙度超差	1. 锉刀齿纹选用不当 2. 锉纹中间嵌有锉屑未及时清除 3. 粗、精锉削加工余量选用不当 4. 直角边锉削时未选用光边锉刀
工件尺寸超差	1. 划线不准确 2. 未及时测量尺寸或测量不准确
工件平面度超差（中凸、塌边或塌角）	1. 选用锉刀不当或锉刀面中凸 2. 锉削时双手推力、压力应用不协调 3. 未及时检查平面度就改变锉削方法

七、锉削的安全文明生产

（1）锉柄不允许露在钳桌外面，以免掉落地上砸伤脚或损坏锉刀。

（2）没有装手柄的锉刀、锉柄已裂开或没有锉柄箍的锉刀不可使用。

（3）锉削时锉柄不能撞击到工件，以免锉柄脱落造成事故。

（4）不允许用嘴吹锉屑，避免锉屑飞入眼中，也不能用手擦摸锉削表面。

（5）不允许将锉刀当撬棒或手锤使用。

（6）不用的锉刀不要叠放在一起。

八、锉削练习

练习一　锉削平面（一）

1. 练习要求

掌握平面锉削时的正确姿势及锉削用力方法和锉削速度。

锉削平面，工件如图 3.22 所示。

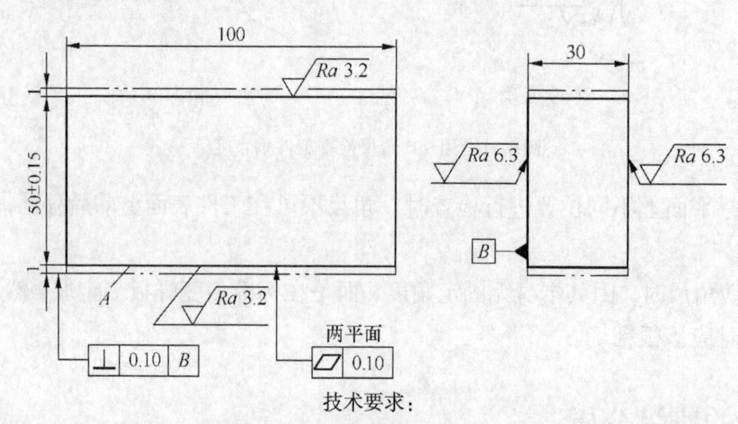

技术要求：

1. 材料 35，179～225HB；
2. 加工部位：组成 50mm 尺寸的两平面；
3. 余量为 2mm。

图 3.22　锉削平面（一）

2. 练习步骤

（1）划锉削面的加工线时，注意余量的合理分配，并选择其中的一面（如 *A* 面）为加工基准面。

（2）粗锉 *A* 面，采用交叉锉削，留 0.2～0.3mm 的余量，表面粗糙度 *Ra*≤12.5μm。

（3）用中锉沿工件的长度方向采用顺向锉削的方法进行锉削，应留有 0.10～0.15mm 的余量，表面粗糙度 *Ra*≤6.3μm。

（4）用细齿锉刀精锉 *A* 面，使 *A* 面的平面度和侧面的垂直度以及表面粗糙度达到图样要求，检查平面度时应兼顾 *A* 面的对应面有无余量。

（5）用刀口形直尺在工件的长边上、两条对角线上和在短边上不少于 5 处检查平面度。检查时通过判断光隙的大小来确定 *A* 面的平面度是否合格。

（6）用 90° 角尺检查 *A* 面对 *B* 面的垂直度是否合格。

（7）按加工线锉削 *A* 面的对应面，重复锉削 *A* 面的操作，保证尺寸、平面度、表面粗糙度符合图样要求。

练习二　锉削平面（二）

1. 练习要求

锉削平面，工件如图 3.23 所示。

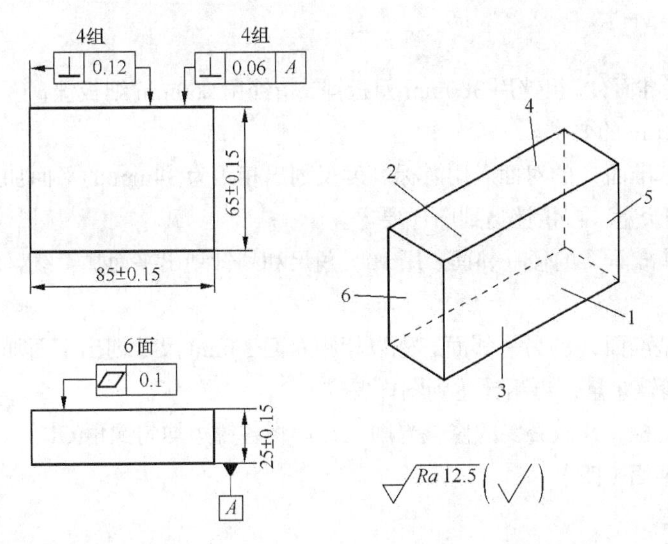

技术要求：

1. 85mm、65mm、25mm 3 处尺寸，其最大与最小尺寸的差值不得大于 0.24mm；
2. 各锐边倒角 *C*0.5。

图 3.23　锉削平面（二）

2. 练习步骤

（1）锉基准面 *A*，达到平面度要求。

（2）按实习件各面的编号顺序，结合划线，依次对各面进行粗、精锉削加工，达到图样要求。

（3）全部精度复检，并做必要的修整锉削，最后将各锐边做 *C*0.5 的均匀倒角。

练习三　锉削平面（三）

1. 备料要求

材料名称：Q235—A

规格：40mm×40mm×90mm

数量：1

2. 练习要求

锉削平面，工件如图 3.24 所示。

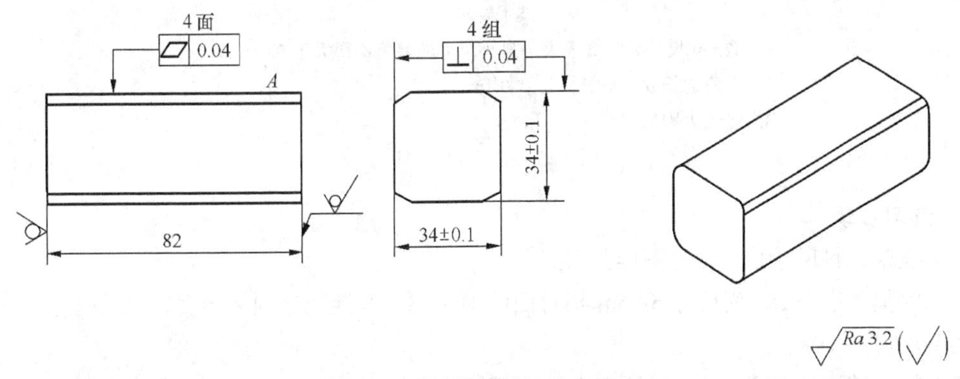

技术要求：

1. 34mm 尺寸处，其最大与最小尺寸的差值不得大于 0.1mm；
2. 各锐边倒角 *C*1。

图 3.24　锉削平面（三）

3. 练习步骤

（1）粗、精锉基准面 *A*。粗锉用 300mm 粗板锉，精锉用 250mm 细板锉，达到平面度 0.04mm，表面粗糙度 *Ra*≤3.2μm 的要求。

（2）粗、精锉基准面 *A* 的对面。用游标高度尺划出相距为 34mm 的平面加工线，先粗锉，留 0.15mm 左右的精锉余量，再精锉达到图样要求。

（3）粗、精锉基准面 *A* 的任一邻面。用 90° 角尺和划针划出平面加工线，然后锉削达到图样有关要求。

（4）粗、精锉基准面 *A* 的另一邻面。先以相距对面 34mm 尺寸划出平面加工线，然后粗锉，留 0.15mm 左右的精锉余量，再精锉达到图样要求。

（5）全部精度复检，并做必要的修整锉削，最后将各锐边均匀倒角 *C*1。

练习四 锉削平面（四）

1. 备料要求

材料名称：45

规格：ϕ40×65mm

数量：1

2. 练习要求

锉削平面，工件如图 3.25 所示。

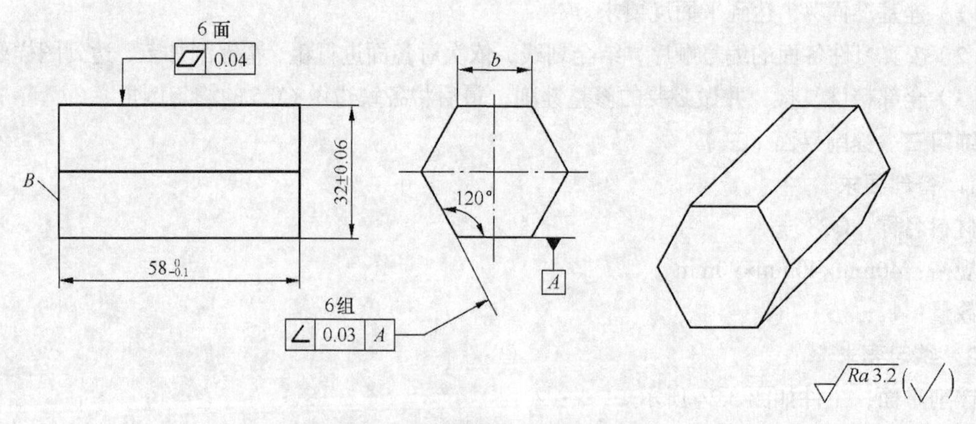

技术要求：

1. 32mm 尺寸处，其最大与最小尺寸的差值不得大于 0.08mm；
2. 六角边长 *b* 应均等，公差 0.1mm；
3. 各锐边均匀倒钝。

图 3.25 锉削平面（四）

3. 练习步骤

（1）检查来料尺寸是否符合图样要求。

（2）锉削基准面 *B*，划尺寸 58mm 相对面的加工线，并锉削达到平面度、尺寸公差及表面粗糙度的要求。

（3）粗、精锉基准面 *A*，达到平面度及表面粗糙度的要求。

（4）以 *A* 面为基准，划 32mm 尺寸相对面的加工线，并粗、精锉达到平面度、尺寸要求、表面粗糙度的要求。

（5）划出六角体的对称中心线和内切圆，并用 120° 角度样板划出六角形体的加工线。

（6）粗、精锉第三、四面，达到 120° 角、边长 b 相等及平面度、表面粗糙度的要求。

（7）粗、精锉第五面，达到图样要求。

（8）粗、精锉第六面，达到图样要求。

（9）按图样要求做全部精度复检，并做必要修整锉削，最后将各锐边均匀倒钝。

练习五　锉削曲面

1. 练习要求

锉削曲面，工件如图 3.26 所示。

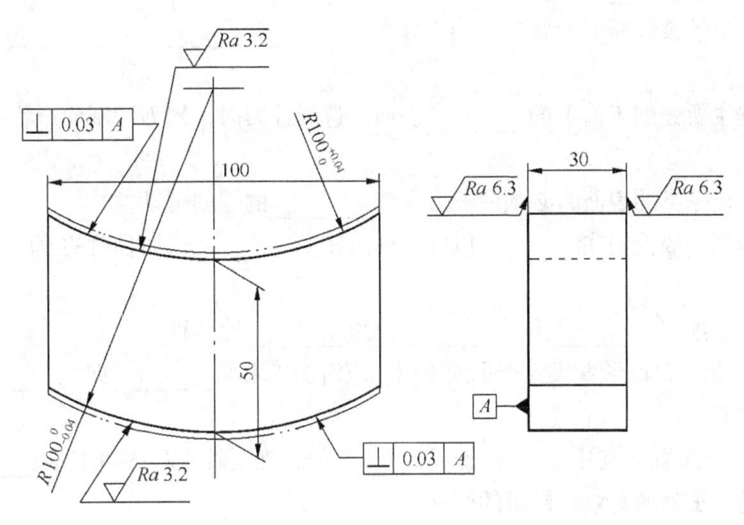

技术要求：

1. 材料 35：179～225HB；
2. 加工部位：组成 50mm 尺寸的两圆弧面；
3. 余量为 2mm。

图 3.26　锉削曲面

2. 练习步骤

（1）先划锉削面的加工线，按线用粗齿锉刀对内、外圆弧进行加工，把被锉部位锉成接近圆弧的多边形，再分别加工凸凹圆弧。

（2）加工凸圆弧，用中粗齿锉刀顺着圆弧面锉，留 0.1mm 的精锉余量，表面粗糙度 $Ra \leqslant 6.3\mu m$，并用样板检查透光的均匀性，沿尺寸 30mm 上测量点不得少于 3 点，并且用 90° 角尺检查圆弧线对 A 面的垂直度，公差在尺寸公差范围内。用细齿锉刀精锉圆弧面，各个截面上的圆弧轮廓均应在尺寸公差内，表面粗糙度达到 $Ra\,3.2\mu m$。

加工凸圆弧面时，可以用摆动锉刀锉削的方法，但弧长度大时应注意圆弧的面轮廓度。

（3）凹圆弧的锉削，因圆弧已经粗锉，此时用中齿锉刀采用推锉削法锉削，留 0.1mm 的精锉余量，表面粗糙度 $Ra \leqslant 6.3\mu m$，并用样板检查透光的均匀性，用 90° 角尺检查圆弧母线与基准面的垂直度，公差在尺寸公差范围内，最后用细齿锉刀精锉圆弧面。各个截面上的圆弧轮廓均应在尺寸公差内，表面粗糙度达到 $Ra\,3.2\mu m$。

思考与练习

一、填空题

（1）锉刀由高碳工具钢________或________制成。

（2）锉刀由________和________两部分组成。

（3）锉刀按其用途不同，分为________锉、________锉和________锉3种。

（4）锉刀规格分为________规格和________规格两种。方锉的尺寸规格以________尺寸表示；圆锉的尺寸规格用________表示；其他锉刀则以________表示。

（5）普通钳工锉按其断面形状的不同，分为________、________、________、________和________5种。

（6）异形锉主要锉削工件上的________表面，选择锉刀时，锉刀的断面形状应和________相适应。

（7）要想锉出平直的表面，必须使锉刀保持________的锉削运动。

（8）锉削速度一般控制在________以内，推出速度________，回程时的速度________，且动作要协调自如。

（9）平面的锉削有________锉、________锉和________锉3种。

（10）用钢直尺、刀口形直尺检查平面度时，应沿加工表面________向、________向和对角线方向逐一进行检查。

（11）锉削内圆弧面应选用________锉或________锉，锉削时锉刀要同时完成________个运动。

二、判断题（正确的画√，错误的画×）

（1）圆锉和方锉的尺寸规格是以锉身长度来表示的。（　）

（2）应根据工件表面的形状和尺寸选择锉刀尺寸规格。（　）

（3）要想锉出平直的表面，使用锉刀时左手压力应由大到小，右手压力应由小到大。（　）

（4）在锉削回程时应加以较小的压力，以减小锉齿的磨损。（　）

（5）推锉一般用来锉削狭长的表面。（　）

（6）在锉削内圆弧面时，锉刀应同时完成任务前进、后退和移动三种运动。（　）

（7）在锉削时，为观察锉削情况，应不断地用嘴吹去或用手擦去工件表面的锉屑。（　）

（8）新锉刀在使用时应先用一个面，待其用钝后再用另一个面。（　）

三、选择题

（1）板锉的主要工作面指的是________。

A. 锉刀上下两面　　B. 两侧面　　C. 全部有锉齿的表面

（2）平锉、方锉、半圆锉和三角锉属________类锉刀。

A. 异形　　B. 整形　　C. 普通

（3）圆锉的规格是用锉的________尺寸表示的。

A. 长度　　B. 直径　　C. 半径

（4）适用于锉削不大平面的锉削方法是________。

A. 交叉　　B. 顺向　　C. 推锉

四、简答题

（1）锉刀的种类有哪些？

（2）如何根据加工对象正确地选择锉刀？

（3）锉刀的粗细规格用什么表示？

（4）锉刀的尺寸规格如何表示？

项目四

锯　削

用手锯把材料或工件进行分割或切槽等的加工方法称锯削。本项目主要介绍锯弓的组成及锯条的选用；锯削时锯弓的握法、锯削姿势、锯削力的大小及锯削速度的选择；锯削的废品分析；锯削的安全文明生产。

知识目标

- 了解手锯的组成及功用。
- 掌握锯条规格及选用。

技能目标

- 掌握锯削姿势、方法。
- 能对各种形体材料进行正确的锯削，操作姿势正确，并能达到一定的锯削精度。
- 根据不同材料正确选用锯条，并能正确装夹。
- 了解有关锯削废品产生的原因和锯削的一些安全文明生产知识

任务一　锯削工具

用手锯把原材料或零件进行分割、锯削工件多余部分或锯槽（见图 4.1）等的加工方法称锯削。钳工常用的手锯是在锯弓上装夹锯条构成的。

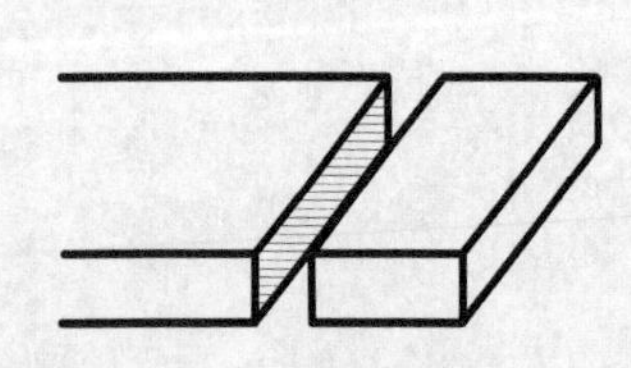

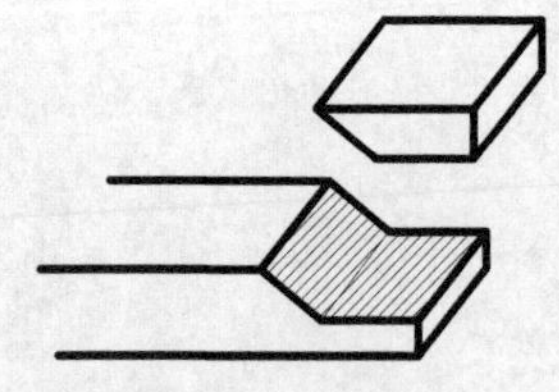

图 4.1　锯削的应用

一、手锯

手锯由锯弓和锯条两部分组成。

锯弓用于安装和张紧锯条，有固定式和可调节式两种，如图 4.2 所示。

固定式锯弓中能安装一种长度的锯条；可调节式锯弓的安装距离可以调节，能安装几种长度的锯条。

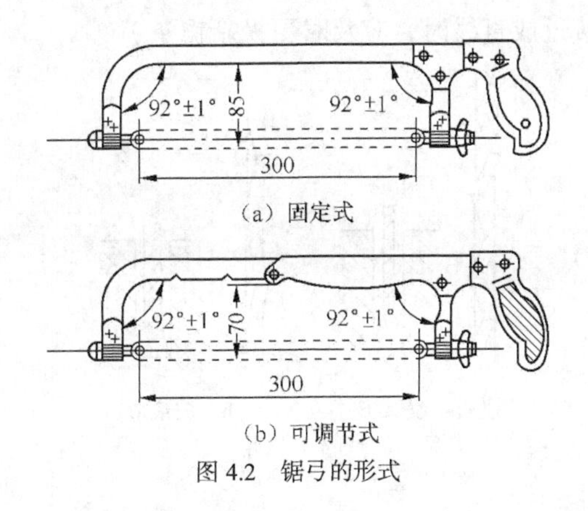

（a）固定式

（b）可调节式

图 4.2 锯弓的形式

锯弓两端都装有夹头，一端是固定的，另一端为活动的。当锯条装在两端夹头的销子上后，旋紧活动夹头上的翼形螺母就可以把锯条拉紧。

二、锯条

锯条一般用渗碳软钢冷轧而成，经热处理淬硬。锯条的长度以两端安装孔中心距来表示，常用的为 300mm。

1. 锯齿角度

锯条的一边有交叉形或波浪形排列的锯齿，它的切削角度如图 4.3 所示。其前角 γ_0=90°，后角α_0=40°，楔角β_0=50°。

2. 锯齿的粗细

锯齿的粗细是以锯条每 25mm 长度内的齿数来表示的。

一般根据锯条锯齿和牙距的大小，锯齿可分为细齿（1.1mm）、中齿（1.4mm）和粗齿（1.8mm）3 种，使用时应根据所锯材料的软硬和厚薄来选用，如表 4.1 所示。

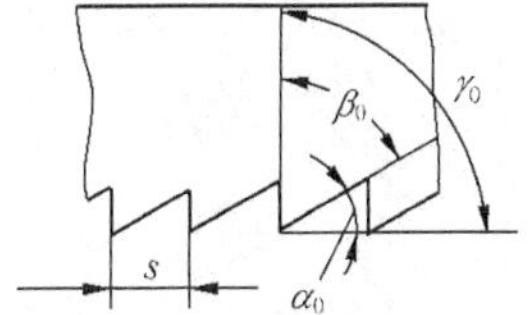

图 4.3 锯齿的切削角度

表 4.1 锯齿的粗细规格及应用

锯齿类别	每 25mm 长度内齿数	应用
粗	14～18	锯削软材料（如紫铜、铝、铸铁、低碳钢、人造胶质材料等）
中	22～24	锯削中等硬度钢、厚壁的钢管、铜管
细	32	薄片金属、薄壁管子
细变中	32～20	一般工厂中用，易于起锯

锯齿的选择主要遵循以下几个原则。

（1）锯削软材料（如纯铜、铝、铸铁、低碳钢、中碳钢等）且较厚的材料时应选用粗齿锯条。

（2）锯削硬材料或薄的材料（如工具钢、合金钢、各种管子、薄板料等）时应选用细齿锯条，否则会因齿距大于板厚，使锯齿被钩住而崩断。

（3）在锯削截面上至少应有 3 个齿能同时参加锯削，这样才能避免锯齿被钩住和崩裂。

3. 锯路

为了减少锯缝两侧面对锯条的摩擦阻力，避免锯条被夹住或折断，锯条在制造时，锯齿按一定的规律左右错开，排列成一定的形状，称为锯路。锯路有交叉形和波浪形等，如图 4.4 所示。（注

意：当锯路成一条直线或接近成直线时，应及时更换新锯条）

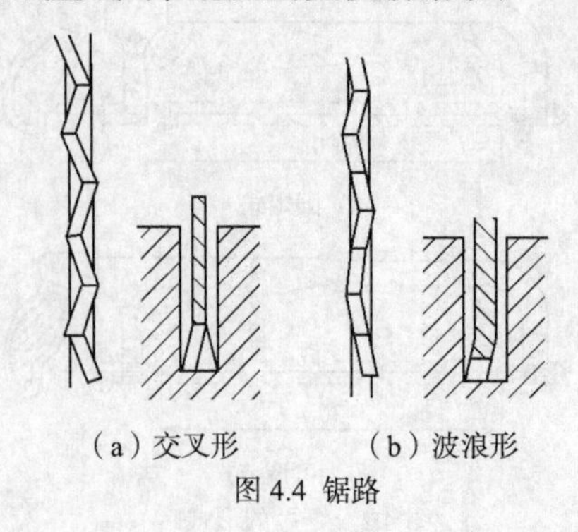

（a）交叉形　　（b）波浪形

图 4.4 锯路

任务二　锯削技能练习

一、手锯握法

手锯握法为右手满握锯柄，左手轻扶在锯弓前端，如图 4.5 所示。

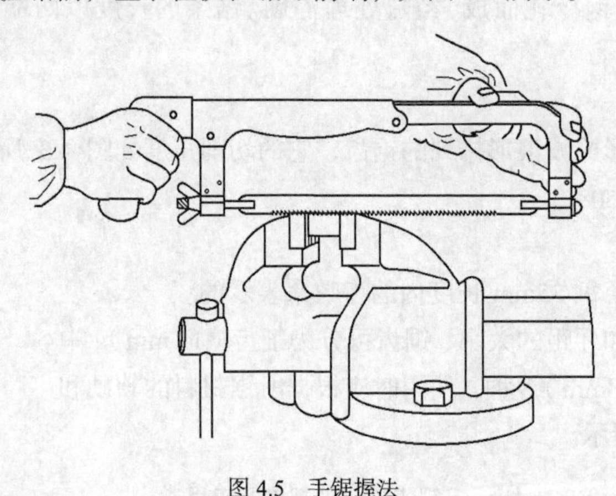

图 4.5　手锯握法

二、锯削姿势

1. 姿势

锯削时的站立位置和身体摆动姿势与锉削基本相似，注意摆动要自然。

2. 锯削压力

锯削运动时，推力与压力由右手控制，左手主要配合右手扶正锯弓，压力不要过大。手锯推出时为切削行程，应施加压力，返回行程时不切削，不施加压力做自然拉回。

工件将锯断时，右手施加的压力要小，避免压力过大时，锯条断裂伤人。

3. 锯削运动

锯削运动是小幅度的上下摆动式运动，手锯推进时，身体略向前倾，双手随着压向手锯的同时，左手上翘，右手下压，回程时右手上抬，左手自然跟回。

锯削运动的速度一般为 40 次/min 左右，锯削硬材料时慢些，锯削软材料时快些，同时，锯削行程应保持均匀，返回行程的速度相对快些。

三、锯削方法

1. 锯条安装

（1）锯条安装时应使齿尖的方向朝前，如果装反了，如图 4.6 所示，则锯齿前角为负值，就不能正常锯削。

（2）在调节锯条松紧时，翼形螺母不宜旋得太紧或太松：太紧时锯条受力太大，在锯削中用力稍有不当，就会折断；太松则锯削时锯条容易扭曲，也易折断，而且锯出的锯缝容易歪斜。翼形螺母旋的松紧程度以用手扳动锯条，感觉硬实即可。

（3）锯条安装后，要保证锯条平面与锯弓中心平面平行，不得倾斜和扭曲，否则，锯削时锯缝极易歪斜，易折断锯条。

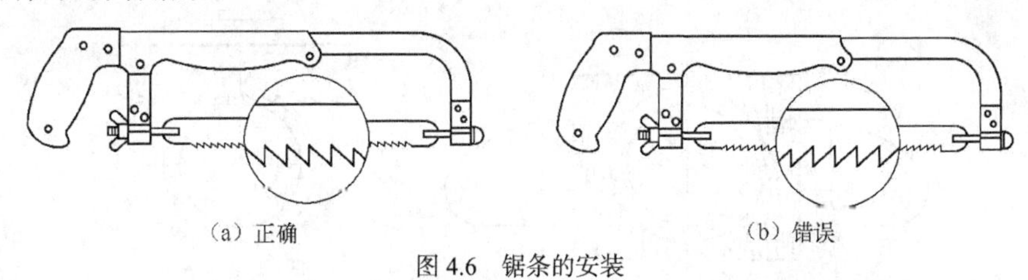

（a）正确　　（b）错误

图 4.6　锯条的安装

2. 装夹工件

（1）工件一般应夹持在台虎钳的左面，以便操作。

（2）工件伸出钳口不应过长，防止工件在锯削时产生振动（应保持锯缝距离钳口侧面 20mm 左右）。

（3）锯缝线要与钳口侧面保持平行，便于控制锯缝不偏离划线线条。

（4）工件夹紧要牢靠，同时要避免将工件夹变形和夹坏已加工表面。

3. 起锯方法

起锯有远起锯和近起锯两种，如图 4.7 所示。一般情况下采用远起锯较好，因为这种方法锯齿不易被卡住。起锯时，左手拇指靠住锯条，使锯条能正确地锯在所需要的位置上，行程要短，压力要小，速度要慢。

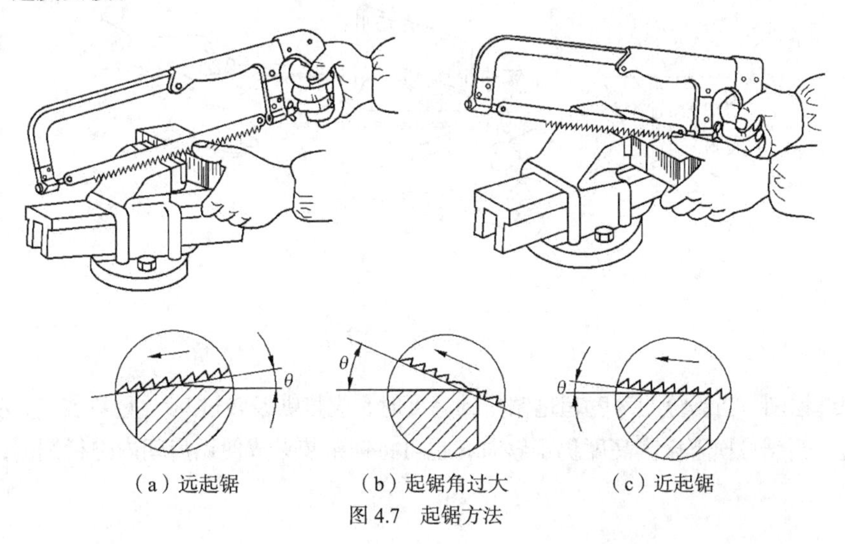

（a）远起锯　　（b）起锯角过大　　（c）近起锯

图 4.7　起锯方法

起锯是锯削工作的开始，起锯质量的好坏，直接影响锯削质量。锯削时常出现锯条跳出锯缝将工件拉毛，引起锯齿崩裂，锯缝与划线位置不一致等现象，使锯削尺寸出现较大偏差。

起锯角 θ 约为 15° 。如果起锯角太大，则起锯不易平稳，尤其是近起锯时锯齿会被工件棱边卡住引起崩裂；但起锯角也不宜太小，否则，由于锯齿与工件同时接触的齿数较多，不易切入材料，多次起锯往往容易发生偏离，使工件表面锯出许多锯痕，影响表面质量。

4. 锯削方法

（1）棒料。若锯削的断面要求平整，应从开始连续锯到结束。若锯出的断面要求不高，可分几个方向锯下，能提高工作效率。

（2）管子。锯削管子前，应划出垂直于轴线的锯削线。锯削时必须把管子夹正，对于薄壁管子和精加工过的管子，应夹在有 V 形槽的两木衬垫之间，如图 4.8 所示，以防将管子夹扁和夹坏表面。

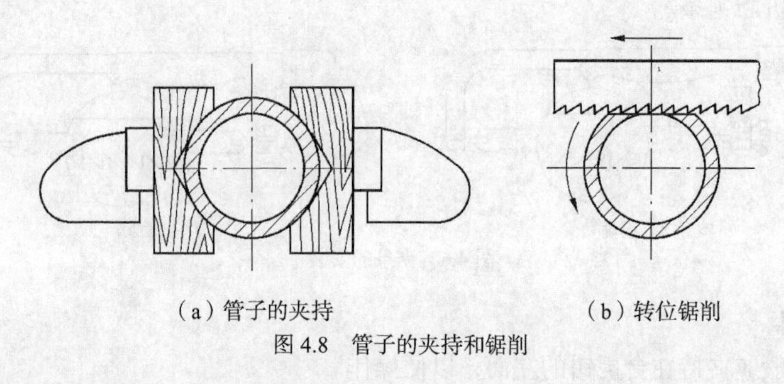

（a）管子的夹持　　（b）转位锯削

图 4.8　管子的夹持和锯削

锯削薄壁管子时，先在一个方向锯到管子内壁处，而后把管子向推锯的方向转过一个角度，并连接原锯缝再锯到管子的内壁处，如此逐渐改变方向不断转锯，直到锯断为止。

（3）薄板料。锯削时应从薄板料宽面上锯下去，若只能在薄板料的狭面上锯下去时，可用两块木板夹持，连木块一起锯下，避免锯齿钩住，同时也增加了薄板料的刚度，使锯削时不发生颤动，如图 4.9 所示。也可以用手锯做横向斜推锯，使锯齿与薄板料接触的齿数增加，避免锯齿崩裂。

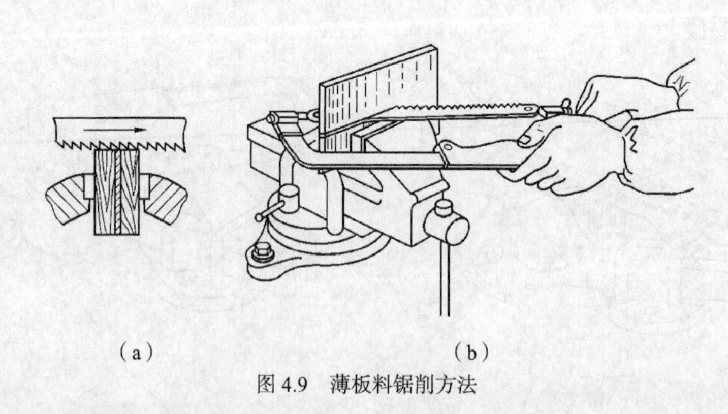

（a）　　（b）

图 4.9　薄板料锯削方法

（4）深缝锯削。当锯缝的深度超过锯弓的高度时，应将锯条转过 90° 重新装夹，使锯弓转到工件的旁边。当锯弓横下来其高度仍不够时，也可将锯条装夹成使锯齿朝内进行锯削，如图 4.10 所示。

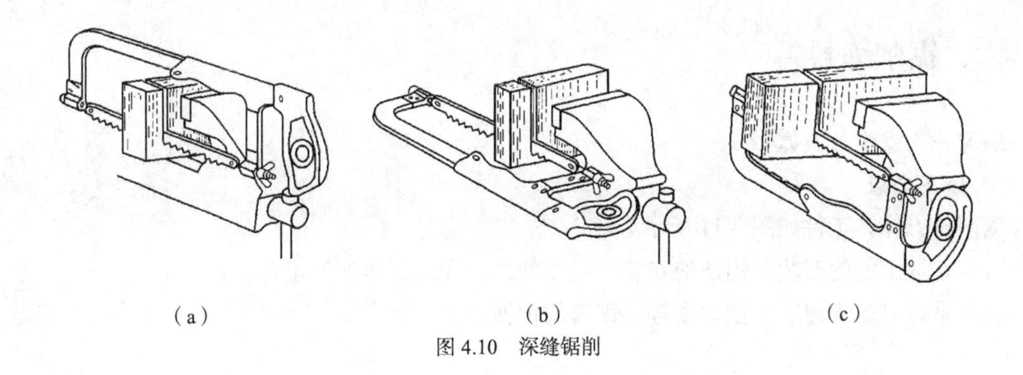

（a）　（b）　（c）

图 4.10　深缝锯削

四、锯削的废品分析

锯削时常出现锯条损坏和工件报废等缺陷，原因如表 4.2 所示。

表 4.2　锯削的废品分析

缺陷形式	产生原因
锯条折断	1. 锯条选用不当或起锯角度不当 2. 锯条装夹过紧或过松 3. 工件未夹紧，锯削时工件有松动 4. 锯削压力太大或推锯过猛 5. 强行矫正歪斜锯缝或换上的新锯条在原锯缝中受卡 6. 工件锯断时锯条撞击工件
锯齿崩裂	1. 锯条装夹过紧 2. 起锯角度太大 3. 锯削中遇到材料组织缺陷，如杂质、砂眼等
锯缝歪斜	1. 工件装夹不正 2. 锯弓未扶正或用力歪斜，使锯条背偏离锯缝中心平面，而斜靠在锯削断面的一侧 3. 锯削时双手操作不协调

五、锯削的安全文明生产

（1）工件装夹要牢固，即将被锯断时，要防止断料掉下，同时防止用力过猛，将手撞到工件或台虎钳上受伤。

（2）注意工件的安装、锯条的安装，起锯方法、起锯角度的正确，以免一开始锯削就造成废品和锯条损坏。

（3）要适时注意锯缝的平直情况，及时纠正。

（4）在锯削钢件时，可加些机油，以减少锯条与锯削断面的摩擦并冷却锯条，提高锯条的使用寿命。

（5）要防止锯条折断后弹出锯弓伤人。

（6）锯削完毕，应将锯弓上张紧螺母适当放松，并将其妥善放好。

六、锯削练习

练习一　锯削长方体

1. 练习要求

锯削长方体，工件如图 4.11 所示。

（1）掌握工件的安装及锯条的安装，起锯的方法和起锯角度的正确。

（2）掌握对锯削速度、摆动姿势、锯缝的把握。

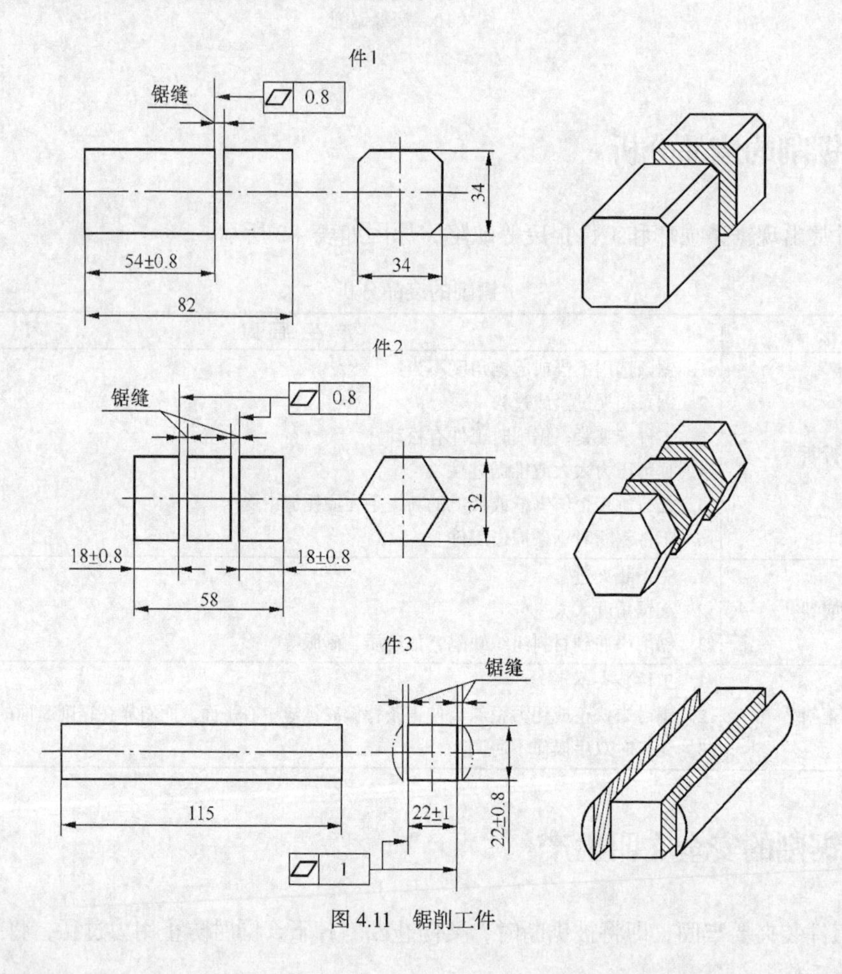

图 4.11　锯削工件

2. 练习步骤

（1）按图样尺寸对三件实习件划出锯削线。

（2）锯件 1 四方铁，达到尺寸（54 ± 0.8）mm，锯削断面平面度 0.8mm 的要求，并保证锯痕整齐。

（3）锯件 2 钢六角件，在角的内侧采用远起锯，达到尺寸（18 ± 0.8）mm，锯削断面平面度 0.8mm 的要求，并保证锯痕整齐。

（4）锯件 3 长方体（要求纵向锯），达到尺寸（22 ± 1）mm，锯削断面平面度 1mm 的要求，并保证锯痕整齐。

练习二 锯削长圆体（一）

1. 练习要求

锯削长圆体（一），工件如图 4.12 所示。

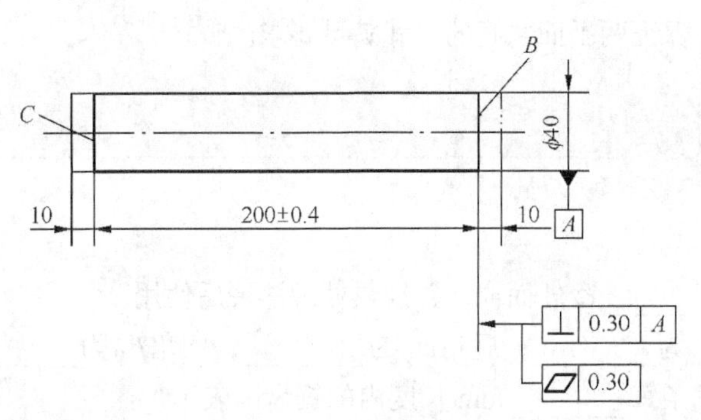

图 4.12 锯削工件

（1）根据材料硬度选择锯条。

（2）锯条装夹合适，锯削姿势正确。

（3）正确使用刀具、量具、辅助工具，包括手锯、钢直尺、游标卡尺、划线工具等。

2. 练习步骤

（1）检查工件毛坯尺寸，划出平面加工线。（划线时可将工件装夹在方箱上，利用方箱的特性，在划线平板上划出工件相应的加工线。）

（2）锯 *B* 面，保证该面垂直度和平面度达到图样要求。

（3）锯 *C* 面，保证两平面之间的尺寸满足要求。

练习三 锯削长圆体（二）

1. 练习要求

锯削长圆体（二），工件如图 4.13 所示。

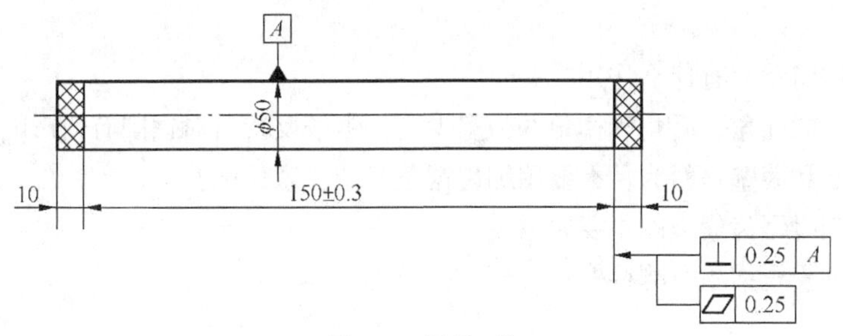

图 4.13 锯削工件

（1）选择合适锯条，起锯正确，运锯得当。

（2）由于精度提高，划线时应选择合适的划线工具。

（3）开始锯割时松紧适度，压力适中，锯削速度选择合理，以此面为基准容易保证尺寸精度要求。

（4）锯条安装松紧适度，压力适中，锯削速度选择合理。

（5）锯削面不允许修锉。

（6）工件在台虎钳上夹持牢固。

2. 练习步骤

（1）检查工件毛坯尺寸，划出平面加工线。

（2）锯一端面，保证该面垂直度和平面度达到图样要求。

（3）锯另一端面，保证两平面之间的尺寸满足要求。

思考与练习

一、填空题

（1）锯条一般用________冷轧而成，并经热处理淬硬后使用。

（2）锯齿的前角 γ_0 为________；后角 α_0 为________；楔角 β_0 为________。

（3）锯齿粗细由锯条每________mm长度内的锯齿来表示。

（4）用________对材料或工件进行________或________等的加工方法称为锯削。

（5）锯路的作用是减小________的摩擦，使锯条在锯削时不被________或折断。

（6）锯削时的速度控制在________以内，推进时速度________，回程时不施加压力，速度是________。

（7）起锯是锯削的开头，起锯的方法有________起锯和________起锯两种。

（8）锯削管子时，薄管子要用________形木夹持，以防止夹扁或夹坏管子表面。

（9）锯削管子和薄板料时，必须用________锯条。

二、判断题（正确的画√，错误的画×）

（1）起锯有远起锯和近起锯两种，一般情况下采用近起锯比较适宜。（ ）

（2）锯削时，锯弓的运动可以取直线运动，也可以取小幅度上下摆动。（ ）

（3）工件将要锯断时锯力要减小，以防断落的工件砸伤脚部。（ ）

（4）锯削推进时的速度应稍慢，并保持匀速；锯削回程时的速度应稍快，且不加压力。（ ）

三、简答题

（1）什么叫锯路？它有什么作用？

（2）常用锯齿的前角、后角和楔角约为多少度？锯条反装后对锯削有何影响？

（3）锯削管子和薄壁材料为什么要用细齿锯条？应注意什么？

（4）试述锯削时锯齿崩裂的主要原因。

（5）锯削时的安全措施有哪些？

孔 加 工

孔是工件上经常出现的加工表面，选择适当的方法对孔进行加工是钳工重要的工作之一。本项目主要介绍钳工常用到的钻孔、扩孔、铰孔、锪孔的方法；钻头的刃磨；钻削用量；铰削用量；钻孔的安全文明生产知识。

知识目标

- 了解麻花钻的组成及作用。
- 明确切削部分的各种参数及对切削的影响。
- 掌握钻削用量的选择方法。
- 了解群钻的结构特点。

技能目标

- 掌握麻花钻的刃磨方法。
- 掌握各种材料的钻削加工方法。
- 掌握钻削时切削液的选择方法。
- 掌握扩孔、铰孔、锪孔的方法并能正确选择刀具。

任务一 钻孔

用钻头在实体材料上加工圆孔的方法称为钻孔。

钻孔时，工件固定，钻头安装在钻床主轴上做旋转运动，称为主运动，钻头沿轴线方向移动称为进给运动。钻削的运动如图 5.1 所示。

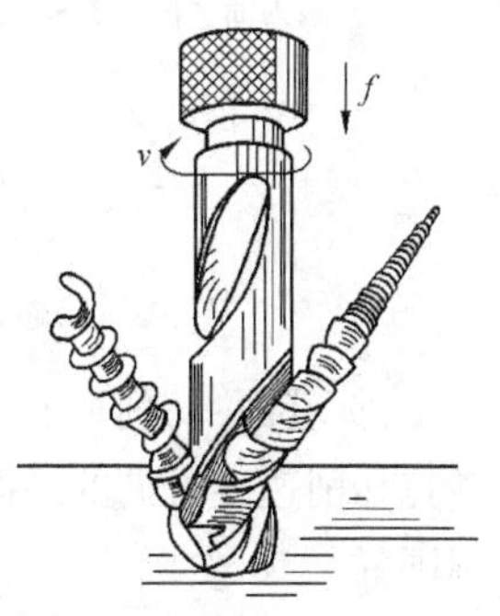

图 5.1 钻削运动

v—主运动；f—进给运动

一、钻头

1. 麻花钻

（1）麻花钻的组成。麻花钻主要由工作部分、颈部和柄部组成。它一般用高速钢（W18Cr4V 或 W9Cr4V2）制成，淬火后硬度为 62～68 HRC。其结构如图 5.2 所示。

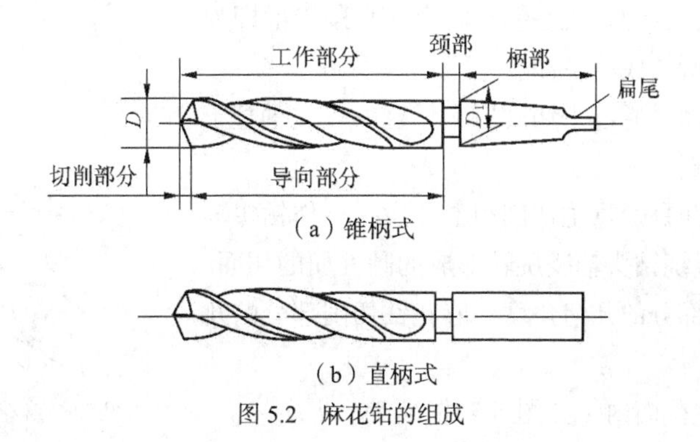

（a）锥柄式

（b）直柄式

图 5.2 麻花钻的组成

柄部是麻花钻的夹持部分，按结构不同分为直柄和锥柄两种。锥柄为莫氏锥度。一般直径小于13mm的钻头做成直柄式；直径大于13mm的钻头做成锥柄式。钻孔时柄部安装在钻床主轴上，用来传递扭矩和轴向力。

颈部是为磨制钻头时供砂轮退刀用。钻头的规格、材料、商标也刻在颈部。

工作部分由切削部分和导向部分组成。导向部分由两条螺旋槽组成，用来保持钻头工作时的正确方向，容纳和排出切屑，也是钻头的备磨部分。

切削部分（见图5.3）是由两条螺旋槽表面形成前刀面。标准麻花钻的切削部分由两条主切削刃、两条副切削刃、一条横刃和两个前刀面、两个后刀面、两个副后刀面组成。

（2）麻花钻的辅助平面。为弄清麻花钻的切削角度，需要先确定表示切削角度的辅助平面：基面、切削平面、主截面、柱截面。如图5.4所示，在主切削刃上任意一点的基面、切削平面、主截面是相互垂直的。

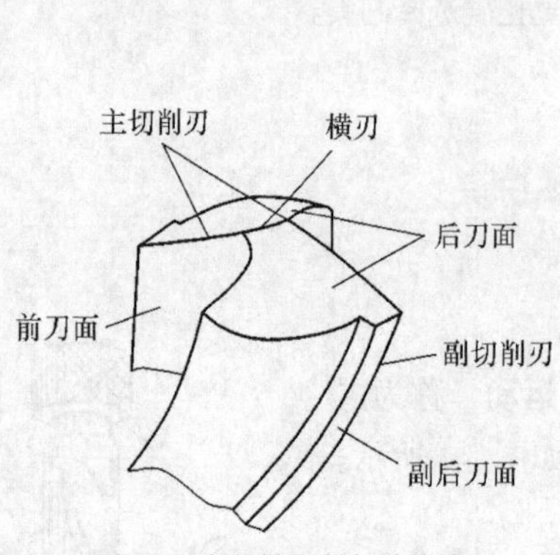

图5.3　麻花钻切削部分构成

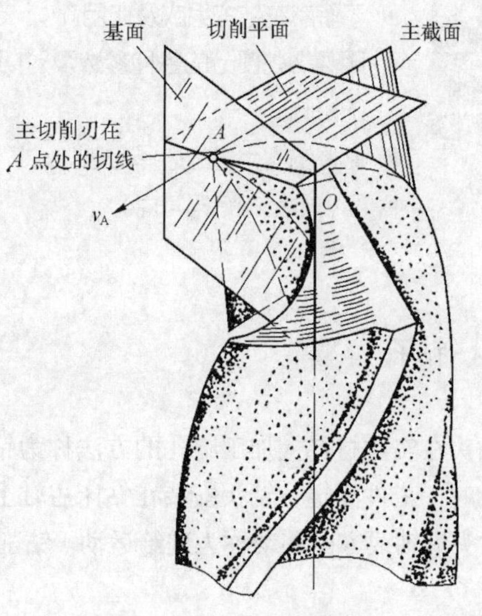

图5.4　麻花钻的辅助平面

① 基面：切削刃上任意一点的基面是通过该点并垂直于该点切削速度方向的平面。麻花钻主切削刃上各点的基面是不同的。

② 切削平面：主切削刃上任意一点的切削平面是由该点切削刃的切线与该点切削速度方向所构成的平面。标准麻花钻的主切削刃为直线，其切线就是钻刃本身，切削平面即为该点切削速度与钻刃所构成的平面。

③ 主截面：主截面是通过主切削刃上任意一点并垂直于切削平面和基面的平面。

④ 柱截面：柱截面是通过主切削刃上任意一点作钻头轴线的平行线，该平行线绕钻头轴线旋转形成的圆柱面的切面。

（3）麻花钻切削部分的几何角度。麻花钻切削部分的几何角度如图5.5所示。

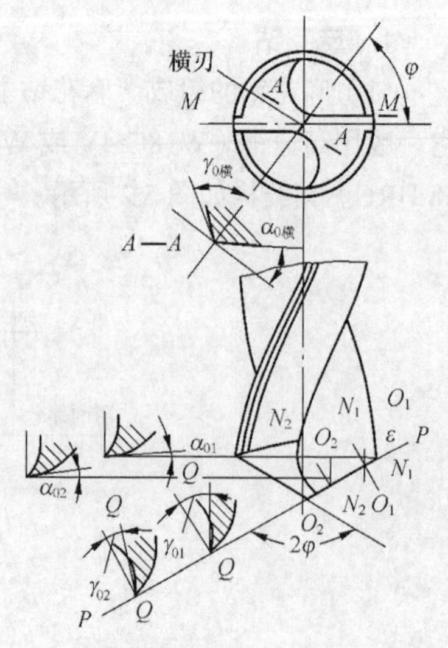

图5.5　麻花钻切削部分的几何角度

① 前角γ_0：在主截面内（如图5.5中N_1–N_1或N_2–N_2）

前刀面与基面之间的夹角称为前角。标准麻花钻的前刀面为螺旋面，在主切削刃上各点的倾斜方向均不相同，因此，主切削刃上各点的前角各不相同，近外缘处前角最大在 $D/3$ 至钻心范围内为负值。前角的大小，决定切除材料的难易程度和切屑在前刀面上的阻力大小。前角越大，切削越省力。

② 后角 α_0：在柱截面内，后刀面与切削平面的夹角称为后角。在主切削刃上各点的后角不等，外侧后角小，越接近钻心，后角越大。

③ 顶角 2φ：两主切削刃在其平行平面上的投影之间的夹角称为顶角。标准麻花钻的顶角 $2\varphi=118° \pm 2°$，顶角的大小直接影响到主切削刃上轴向力的大小。

④ 横刃斜角 ψ：横刃与主切削刃在钻头端面投影的夹角称为横刃斜角。它是刃磨钻头时自然形成的角度，其大小与后角、顶角的大小有关。

（4）麻花钻结构上的缺陷。

① 横刃较长，横刃处前角为负值，切削时，横刃处于挤刮状态，轴向力大，易产生振动，定心作用差。

② 主切削刃上各点前角不同，使各点切削性能不同，近横刃处前角为负值，处于挤刮状态，切削性能差，切削热大，磨损严重。

③ 主切削刃长，且全宽参加切削，各点切屑流出速度相差很大，容易堵塞容屑槽，造成排屑困难，切削液不易进入切削区。

④ 主切削刃外缘处刀尖角较小，前角大，刀齿薄弱，而此处的切削速度最高，产生的切削热最多，磨损严重。

⑤ 副后角为零，靠近切削部分的棱边与孔壁摩擦严重，容易发热和磨损。

（5）麻花钻的刃磨要点。为改善标准麻花钻的切削性能，通常要对钻头的切削部分进行刃磨。根据钻孔的具体要求，往往要对钻头的以下几部分进行修磨。

① 修磨横刃：如图 5.6 所示，将横刃磨短并增加靠近钻心处的前角，减小轴向阻力，增加定心作用。一般直径在 5mm 以上的钻头，要将横刃磨到原长的 1/5～1/3。

② 修磨主切削刃：如图 5.7 所示，主要是磨出双重顶角（$2\varphi_0=70°\sim75°$），在钻头外缘处磨出过渡刃（$f_0=0.2d$），以加大外缘处的刀尖角，改善散热条件，强化刀尖角，提高耐磨性，延长钻头寿命，还有利于减小孔的粗糙度。

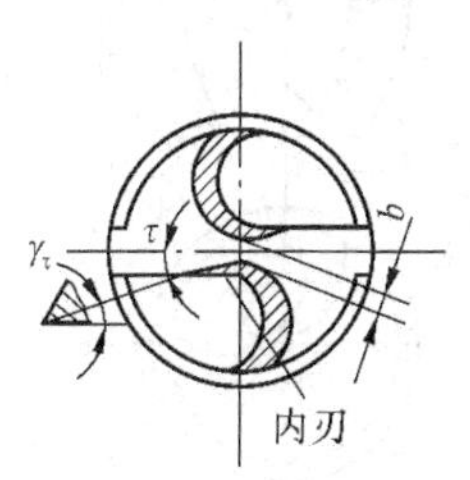

图 5.6　修磨横刃

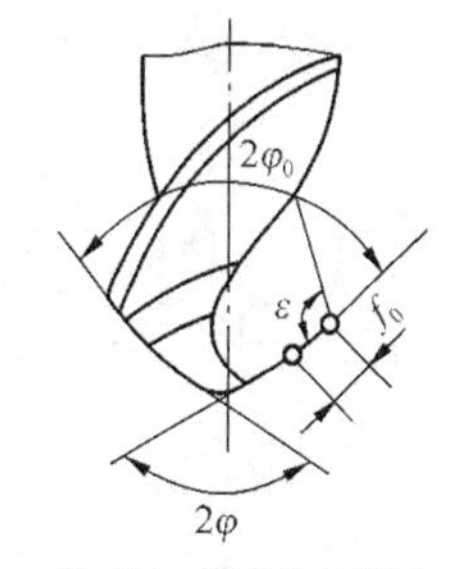

图 5.7　修磨主切削刃

③ 修磨棱边：如图 5.8 所示，在棱边前端靠近主切削刃的一段上修磨出副后角，使之从 0° 增大到 6°～8°，并保留棱边宽度为原来的 1/3～1/2，可减小棱边对孔壁的摩擦，延长钻头的使用寿命。

④ 修磨前刀面：如图 5.9 所示，将主切削刃外缘处的前刀面磨去一块，可以减小此处的前角，

在钻削铜合金时，避免“扎刀”现象。“扎刀”就是钻头在旋转过程中，自动切入工件的现象。

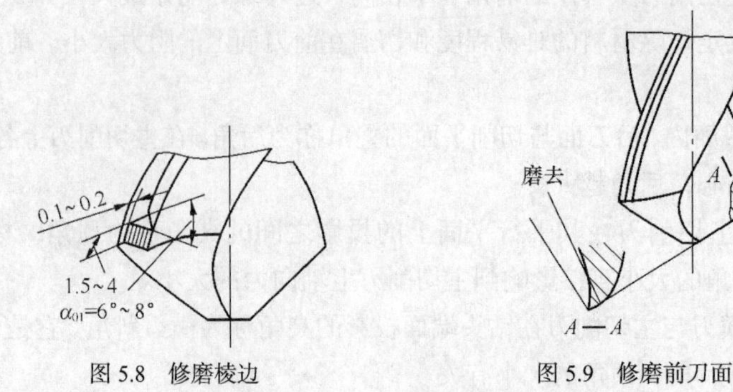

图 5.8 修磨棱边　　　图 5.9 修磨前刀面

⑤ 修磨分屑槽：如图 5.10 所示，在钻头的两个后刀面上修磨出几条错开的分屑槽，以利于分屑、排屑。

2. 群钻

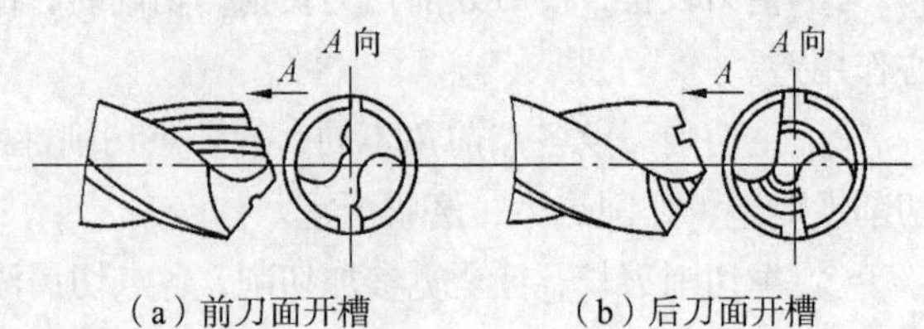

（a）前刀面开槽　（b）后刀面开槽

图 5.10 修磨分屑槽

群钻是用标准麻花钻头经刃磨而成的高加工精度、高生产效率、高寿命、适应性强的新型钻头。

（1）标准群钻。标准群钻主要用来钻削碳钢和各种合金钢，如图 5.11 所示。其结构特点为：三尖七刃、两种槽。三尖是由于在后刀面上磨出了月牙槽，使主切削刃形成三个尖；七刃是两条外刃、两条内刃、两条圆弧刃和一条横刃；两种槽是月牙槽和单面分屑槽。

（2）其他群钻。

① 钻薄板群钻：在薄板上钻孔时，因麻花钻钻尖高，当钻尖钻穿薄板时钻头立刻失去定心作用，轴向力也同时减小，使孔不圆，孔口毛边很大，甚至扎刀或折断钻头，所以不能使用麻花钻。

钻薄板群钻是将麻花钻的两个主切削刃磨成圆弧形切削刃，外缘处磨出两个锋利的刀尖，并将钻尖高度磨低，与外缘两个刀尖相差 0.5～1.5mm，形成三尖，如图 5.12 所示。

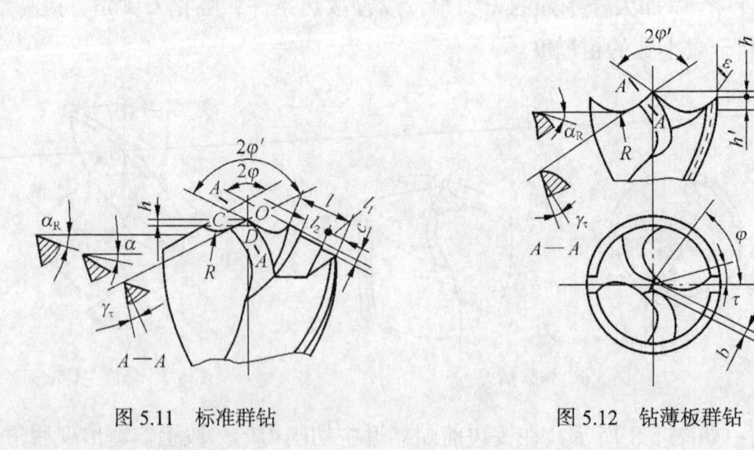

图 5.11 标准群钻　　　图 5.12 钻薄板群钻

② 钻铸铁群钻：由于铸铁较脆，钻削时切屑呈崩碎状，挤压在钻头后刀面、棱边与孔壁之间，不易排屑，易产生摩擦，使钻头磨损。

钻铸铁群钻应磨出两重顶角（2φ =70°），对于较大的钻头甚至可以磨出三重顶角，另外，还应加大后角，磨短横刃，以减小轴向抗力，提高耐磨性，如图 5.13 所示。

③ 钻青铜或黄铜群钻：青铜或黄铜的硬度较低，切削阻力小，用标准麻花钻钻削时，易产生“扎刀”现象。

钻青铜或黄铜的群钻刃磨时应将钻头外缘处前角磨小，横刃磨短，主、副切削刃交接处磨成 0.5～1mm 的过渡圆弧，如图 5.14 所示。

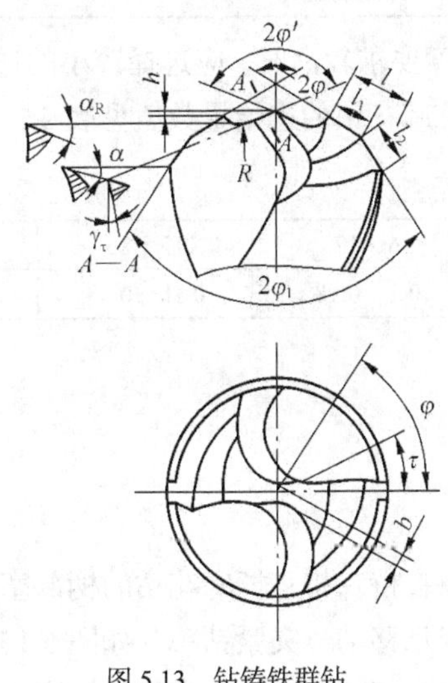

图 5.13　钻铸铁群钻

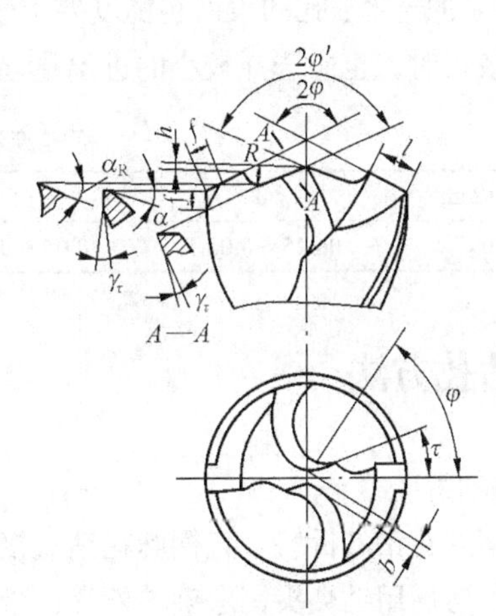

图 5.14　钻青铜或黄铜群钻

二、钻削用量

1. 钻削用量组成

钻削用量包括切削速度、进给量和切削深度三要素。

（1）切削速度（v）：指钻孔时钻头直径上一点的线速度。其计算公式为

$$v=\pi Dn/1\,000(\text{m/min}) \tag{5.1}$$

式中，D——钻头直径，mm；

n——钻床主轴转速，r/min。

（2）钻削时的进给量（f）：主轴每转一转，钻头沿轴线的相对移动量，单位是 mm/r。

（3）切削深度（α_p）：指已加工表面与待加工表面之间的垂直距离，对钻削而言，$\alpha_p=D/2$（mm）。

2. 钻削用量的选择

（1）钻削用量的选择原则。选择钻削用量的目的，是在保证加工精度和表面粗糙度及刀具合理使用寿命的前提下，使生产效率得到提高。

钻孔时，由于切削深度已经由钻头直径确定，因此只需要选择钻削速度和进给量即可，二者对钻孔生产效率的影响是相同的。对钻头寿命的影响，钻削速度比进给量大；对孔的表面粗糙度的影响，进给量比钻削速度大。因此选择钻削用量的基本原则是：在允许的范围内，尽量选择较大的进给量，当进给量受到工件表面粗糙度和钻头刚度限制时，再选用较大的钻削速度。

（2）钻削用量的选择方法。

① 钻削速度的选择：钻削速度对钻头的寿命影响较大，应选取一个合理的数值，在实际应用

中，钻削速度往往按经验数值选取，如表 5.1 所示，而将选定的钻削速度换算为钻床转速 n。$n=1\,000v\ /\ \pi D$（r/min）。

表 5.1　　标准麻花钻的钻削速度

钻 削 材 料	钻削速度/（m·min^{-1}）	钻 削 材 料	钻削速度/（m·min^{-1}）
铸铁	12～30	合金钢	10～18
中碳钢	12～22	铜合金	30～60

② 进给量的选择：孔的表面粗糙度要求较小和精度要求较高时，应选择较小的进给量；钻孔较深、钻头较长时，也应选择较小的进给量。常用标准麻花钻的进给量数值见表 5.2。

表 5.2　　标准麻花钻的进给量

钻头直径 D/mm	<3	3～6	6～12	12～25	>25
进给量/（mm·r^{-1}）	0.025～0.05	0.05～0.1	0.1～0.18	0.18～0.38	0.38～0.62

三、钻孔方法

1. 钻头的拆装

（1）直柄麻花钻的拆装。直柄麻花钻直接用钻夹头夹持。将直柄麻花钻的柄部塞入钻夹头的三个卡爪内，然后用钻夹头钥匙旋转外套，带动三只卡爪移动，夹紧钻头，如图 5.15 所示。

（2）锥柄麻花钻的拆装。锥柄麻花钻的安装是用其柄部的莫氏锥体直接与钻床主轴连接。在安装时必须将钻头的柄部与主轴锥孔擦拭干净，并使钻头锥柄上的矩形舌部与主轴上腰形孔的方向一致。安装时用手握住钻头，利用向上的冲力一次安装完成，如图 5.16（a）所示。当钻头锥柄小于主轴锥孔时，可添加锥套来连接，如图 5.16（b）所示。锥柄钻头的拆卸是利用斜铁来完成的。斜铁使用时，斜面要放在下面，利用斜铁斜面向下的分力，使钻头与锥套或主轴分离，如图 5.16（c）所示。

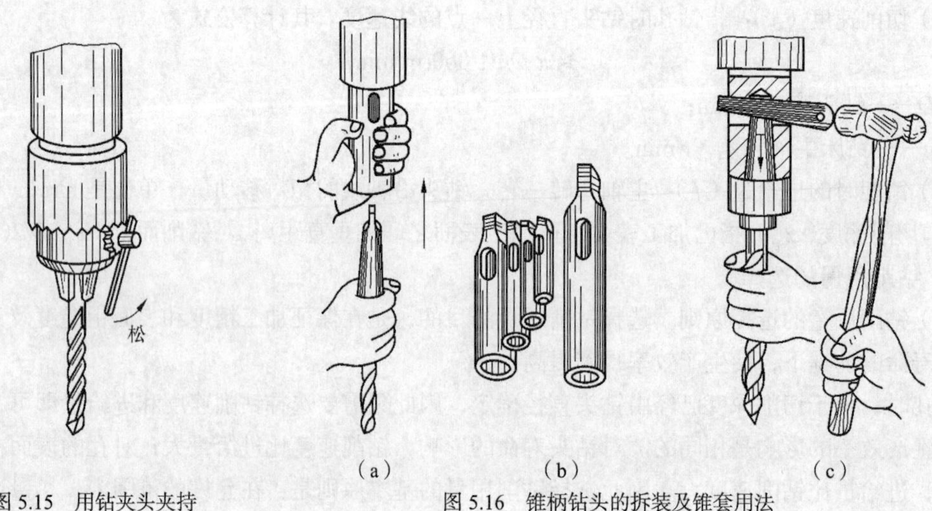

图 5.15　用钻夹头夹持　　图 5.16　锥柄钻头的拆装及锥套用法

2. 工件的装夹

工件在钻孔时，为保证钻孔的质量和安全，应根据工件的不同形状和钻削力的大小，采用不同的装夹方法。

（1）外形平整的工件可用平口钳装夹，如图 5.17（a）所示。

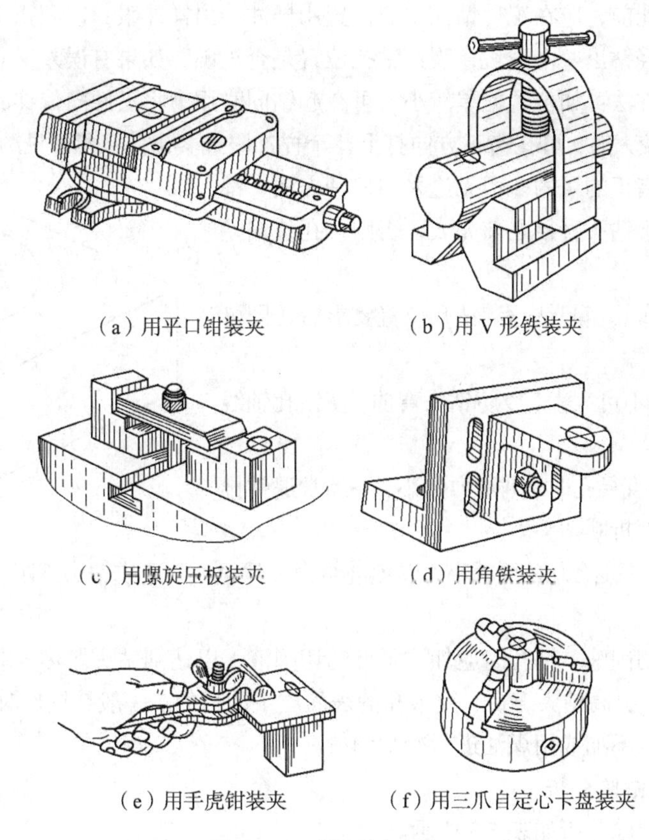

（a）用平口钳装夹　（b）用 V 形铁装夹

（c）用螺旋压板装夹　（d）用角铁装夹

（e）用手虎钳装夹　（f）用三爪自定心卡盘装夹

图 5.17　工件的装夹方法

注意事项：

① 装夹时，应使工件表面与钻头轴线垂直。

② 钻孔直径小于 12mm 时，平口钳可以不固定，钻大于 12mm 的孔时，必须将平口钳固定。

③ 用平口钳夹持工件钻通孔时，工件底部应垫上垫铁，空出钻孔部位，以免钻坏平口钳。

（2）对于圆柱形工件，可用 V 形铁进行装夹，如图 5.17（b）所示。但钻头轴心线必须与 V 形铁的对称平面垂直，避免出现钻孔不对称的现象。

（3）较大工件且钻孔直径在 12mm 以上时，可用压板夹持的方法进行钻孔，如图 5.17（c）所示。在使用压板装夹工件时应注意以下几点。

① 压板厚度与锁紧螺栓直径的比例应适当，不要造成压板弯曲变形而影响夹紧力。

② 锁紧螺栓应尽量靠近工件，垫铁高度应略超过工件夹紧表面，以保证对工件有较大的夹紧力，并可避免工件在夹紧过程中产生移动。

③ 当夹紧表面为已加工表面时，应添加衬垫，防止压出印痕。

（4）对于加工基准在侧面的工件，可用角铁进行装夹如图 5.17（d）所示。由于此时的轴向钻削力作用在角铁安装平面以外，因此角铁必须固定在钻床工作台上。

（5）在薄板或小型工件上钻小孔，可将工件放在定位块上，用手虎钳夹持，如图 5.17（e）所示。

（6）在圆柱形工件端面钻孔，可用三爪自定心卡盘进行装夹，如图 5.17（f）所示。

3. 钻孔方法

（1）起钻。钻孔前，应在工件钻孔中心位置用样冲冲出样冲眼，以利找正。钻孔时，先使钻头对准钻孔中心轻轻钻出一个浅坑，观察钻孔位置是否正确，如果有误差，应及时校正，使浅坑与中心同轴。借正方法：如位置偏差较小，可在起钻同时用力将工件向偏移的反方向推移，逐步借正；当位置偏差较大时，可在借正方向打上几个样冲眼或錾出几条槽（见图 5.18），以减少此处的钻削阻力，达到借正的目的。但无论采用何种方法，都必须在锥坑外圆小于钻头直径之前完成，否则，孔位偏差将很难校正过来。

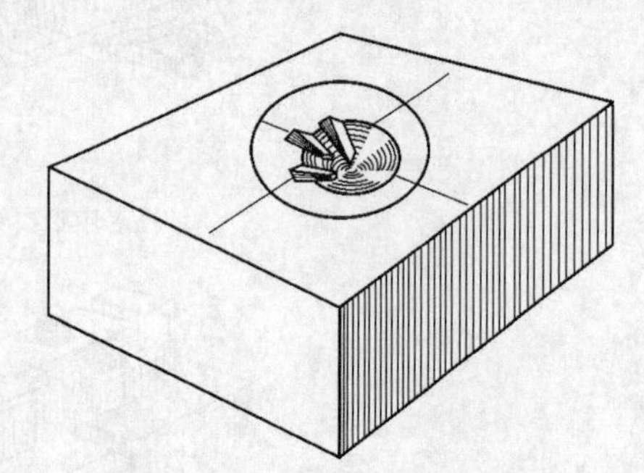

图 5.18　用錾槽来纠正钻偏的孔

（2）手进给操作。当起钻达到钻孔位置要求后，即可进行钻孔。

① 进给时用力不可太大，以防钻头弯曲，使钻孔轴线歪斜。

② 钻深孔或小直径孔时，进给力要小，并经常退钻排屑，防止切屑阻塞而折断钻头。

③ 孔将钻通时，进给力必须减小，以免进给力突然过大，造成钻头折断，或使工件随钻头转动造成事故。

（3）钻孔时的切削液。钻孔时应加注足够的切削液，以达到钻头散热，减少摩擦，消除积屑瘤，降低切削阻力，提高钻头寿命，改善孔的表面质量的目的。一般钻钢件时用 3%～5% 的乳化液；钻铸铁时，可以不加或用煤油进行冷却润滑。

4. 钻孔时常见缺陷分析

钻孔时的常见缺陷分析如表 5.3 所示。

表 5.3　　钻孔中常见缺陷分析

出现的问题	产生的原因
孔径大于规定尺寸	1. 钻头两切削刃长度不等，高低不一致 2. 钻床主轴径向偏摆或工作台未锁紧有松动 3. 钻头本身弯曲或装夹不好，使钻头有过大的径向跳动现象
孔壁粗糙	1. 钻头两切削刃不锋利 2. 进给量太大 3. 切屑堵塞在螺旋槽内，擦伤孔壁 4. 切削液供应量不足或选用不当 5. 钻头过短，排屑不畅
孔位超差	1. 工件划线不正确 2. 钻头横刃太长定心不准 3. 起钻过偏而没有校正
孔的轴线歪斜	1. 钻孔平面与钻床主轴不垂直 2. 工件装夹不牢，钻孔时产生歪斜 3. 工件表面有气孔、砂眼 4. 进给量过大，使钻头产生变形
孔不圆	1. 钻头两切削刃不对称 2. 钻头后角过大

续表

出现的问题	产生的原因
钻头寿命低或折断	1. 钻头已经磨损还继续使用 2. 切削用量选择过大 3. 钻孔时没有及时退屑，使切屑阻塞在钻头螺旋槽内 4. 工件未夹紧，钻孔时产生松动 5. 孔将钻通时没有减小进给量 6. 切削液供给不足

四、钻孔的安全文明生产

（1）钻孔前，清理好工作场地，检查钻床安全设施是否齐备，润滑状况是否正常。

（2）扎紧衣袖，戴好工作帽，严禁戴手套操作钻床。

（3）开动钻床前，检查钻夹头钥匙或斜铁是否插在钻床主轴上。

（4）工件应装夹牢固，不能用手扶持工件钻孔。

（5）清除切屑时不能用嘴吹、手拉，要用毛刷清扫，缠绕在钻头上的长切屑，应停车用铁钩去除。

（6）停车时应让主轴自然停止，严禁用手制动。

（7）严禁在开车状态下测量工件或变换主轴转速。

（8）清洁钻床或加注润滑油时应切断电源。

五、钻头刃磨练习

1. 钻头刃磨方法

（1）两手握法。右手握住钻头切削部分，左手握住钻头柄部，如图 5.19 所示。

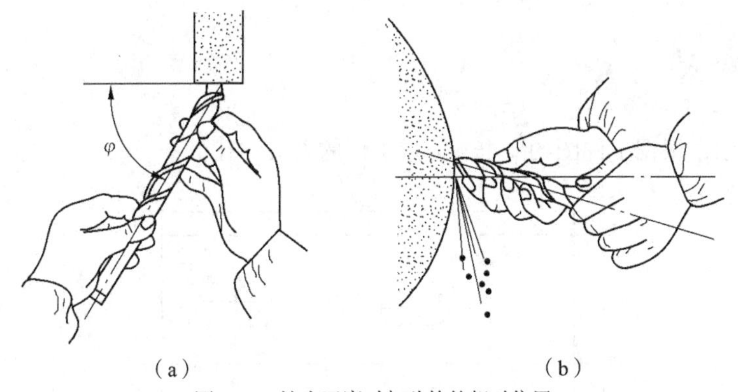

图 5.19　钻头刃磨时与砂轮的相对位置

（2）钻头与砂轮的相对位置。钻头中心线与砂轮外圆母线在水平面内的夹角等于钻头顶角 2φ 的一半，被刃磨的主切削刃处于水平位置，如图 5.19（a）所示。

（3）刃磨动作。主切削刃应放在略高于砂轮的水平中心平面处，如图 5.19（b）所示，右手缓慢地使钻头绕自身轴线由下向上转动，并施加一定的压力，以刃磨整个后刀面；左手配合右手做同步的下压动作，以便磨出后角，下压动作的速度和幅度要随后角大小而变。为保证钻心处磨出较大后角，还应做适当的右移运动。刃磨时两后刀面应经常轮换，以保证两主切削刃对称。刃磨时两手配合应协调、自然，压力不可过大，并要经常蘸水冷却，防止过热退火，降低硬度。

（4）砂轮选择。刃磨钻头用的砂轮一般选择粒度为46～80、硬度为中软级的氧化铝砂轮。砂轮运转必须平稳，如果跳动量过大，则应进行必要的修整。

2. 钻头刃磨检验

钻头的几何角度及两主切削刃的对称要求，可通过检验样板进行检验（见图5.20）。但在实际操作中，经常采用目测法进行检验。目测时，把钻头切削部分向上竖立，两眼平视钻头尖部，由于两主切削刃一前一后会产生视觉误差，会感觉前刃高，后刃低，所以旋转180°后应反复观察，结果一样，才能说明对称。钻头外缘处的后角，可以通过目测外缘处靠近刃口部分的后刀面的倾斜情况来判断。靠近中心处的后角，可通过观察横刃斜角来判断。

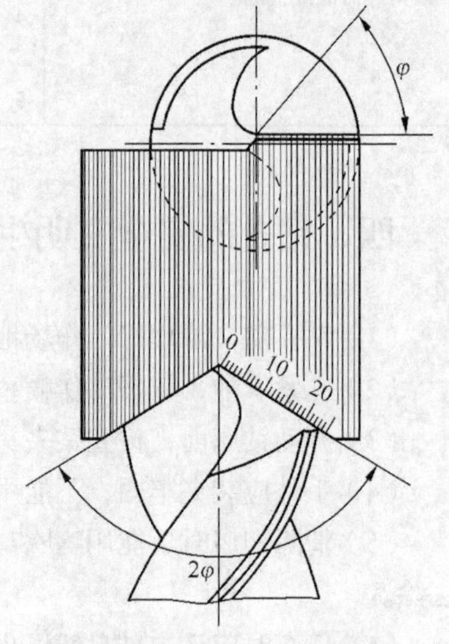

图5.20　用样板检查钻头刃磨角度

3. 钻头刃磨练习

选择练习用钻头或废钻头进行刃磨练习。

技术要求如下。

（1）顶角2φ为118° ±2′。

（2）外缘处后角α_0为9°～12°。

（3）横刃斜角ψ为50°～55°。

（4）两主切削刃长度相等。

4. 注意事项

（1）钻头刃磨技能是练习中的重点和难点之一，必须反复练习，做到姿势规范，钻头角度正确。

（2）注意按操作规程进行训练。

六、钻孔练习

如图5.21所示，根据工件图的要求，完成工件的划线钻孔。

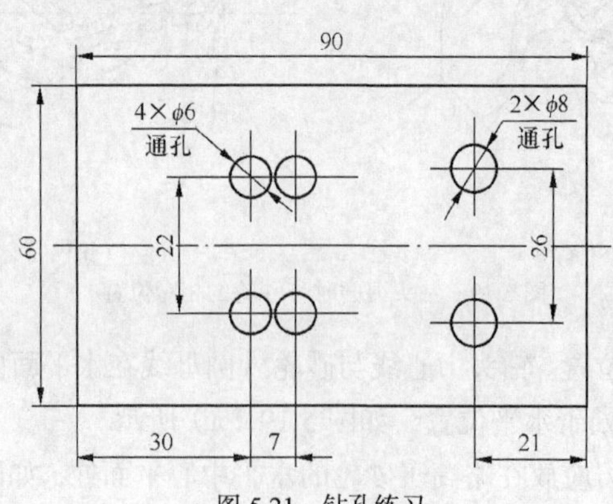

图5.21　钻孔练习

材料：HT150。

1．训练步骤

（1）练习钻床的调整，钻头及工件的装夹。

（2）练习钻床的空车操作。

（3）在练习件上进行划线钻孔。

2．注意事项

（1）用钻夹头装夹钻头时要用钻夹头钥匙，不得用扁铁和手锤敲击，以免损坏钻夹头。工件装夹时应牢固、可靠。

（2）钻孔时，手进给的压力应根据钻头的实际工作情况，用感觉进行控制。

（3）钻头用钝时应及时修磨，保证锋利。

（4）掌握钻孔时的安全文明生产要求。

任务二 扩孔

用扩孔工具将工件上已加工孔径扩大的操作称为扩孔。扩孔具有切削阻力小；产生的切屑小、排屑容易；避免了横刃切削所引起的不良影响的特点。扩孔公差可达 IT9～IT10 级，表面粗糙度可达 $Ra3.2\mu m$。因此，扩孔常作为孔的半精加工和铰孔前的预加工。

一、扩孔钻

1．扩孔钻的种类

扩孔钻按刀体结构可分为整体式和镶片式两种；按装夹方式可分为直柄、锥柄和套式三种，如图 5.22 所示。

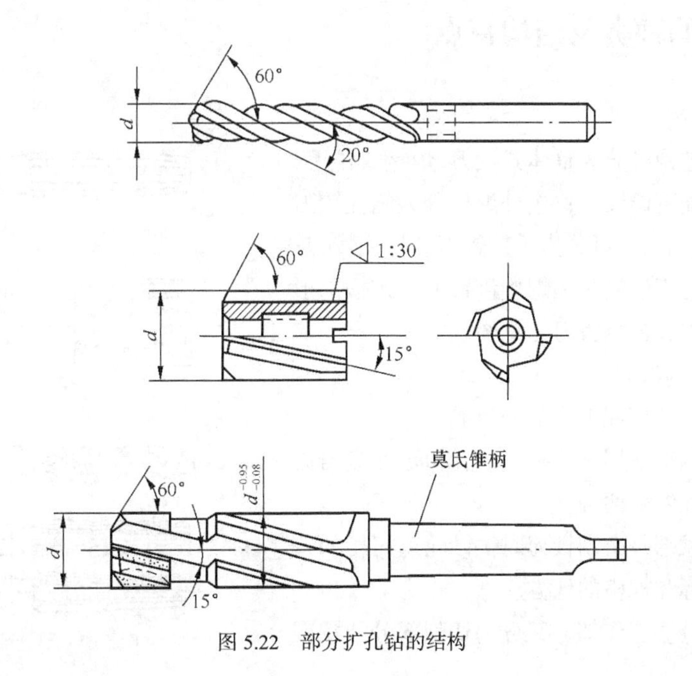

图 5.22 部分扩孔钻的结构

2．扩孔钻的结构特点

由于扩孔条件的改善，扩孔钻与麻花钻存在较大的不同（见图5.23）。

（1）由于扩孔钻中心不用来切削，因此没有横刃，切削刃只有外缘处的一小段。

（2）钻心较粗，可以提高刚性，使切削更加平稳。

（3）因扩孔产生的切屑体积小，容屑槽也浅，因此扩孔钻可做成多刀齿，以增强导向作用。

（4）扩孔时切削深度小，切削角度可取较大值，使切削省力。

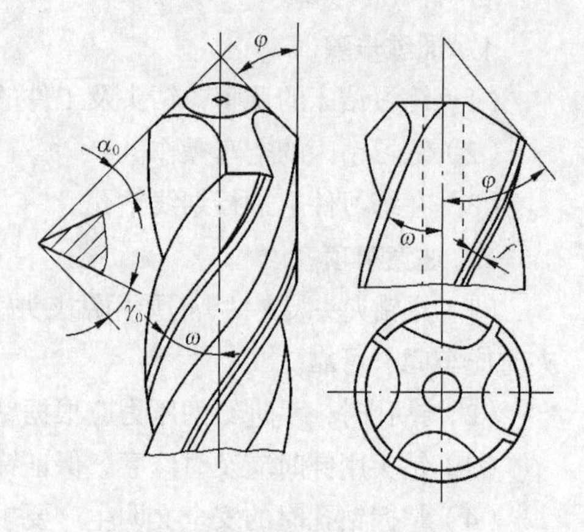

图5.23　扩孔钻的工作部分

二、扩孔练习

用扩孔钻扩孔时，必须选择合适的预钻孔直径和切削用量。一般预钻孔直径为扩孔直径的0.9倍，进给量为钻孔的1.5～2倍，切削速度为钻孔的1/2。

扩孔练习可根据实际情况，选择钻孔练习件进行。

任务三　铰孔

用铰刀从工件孔壁上切除微量的金属层，以提高孔的尺寸精度和降低表面粗糙度的加工方法称为铰孔。铰孔属于对孔的精加工，一般铰孔的尺寸公差可达到IT9～IT7级（手铰甚至可达IT6级），表面粗糙度可达$Ra3.2$～0.8μm。

一、铰刀的种类及结构特点

1．铰刀的种类

铰刀按刀体结构可分为整体式铰刀、焊接式铰刀、镶齿式铰刀和装配可调铰刀；按外形可分为圆柱铰刀和圆锥铰刀；按使用场合可分为手用铰刀和机用铰刀；按刀齿形式可分为直齿铰刀和螺旋齿铰刀；按柄部形状可分为直柄铰刀和锥柄铰刀（见图5.24）。

2．铰刀的结构特点

铰刀由柄部、颈部和工作部分组成。

（1）柄部。柄部是用来装夹、传递扭矩和进给力的部分，有直柄和锥柄两种。

（2）颈部。颈部是磨制铰刀时供砂轮退刀用的，同时也是刻制商标和规格的地方。

（3）工作部分。工作部分又分为切削部分和校准部分。

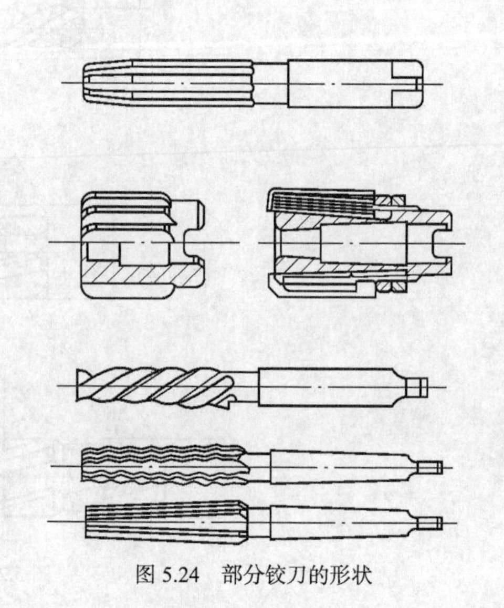

图5.24　部分铰刀的形状

① 切削部分：在切削部分磨有切削锥角 2φ。切削锥角决定铰刀切削部分的长度，对切削时进给力的大小、铰削质量和铰刀寿命也有较大的影响。

一般手用铰刀的$\varphi=30'\sim1°30'$，以提高定心作用，减小进给力。机用铰刀铰削碳钢及塑性材料通孔时，取$\varphi=15°$；铰削铸铁及脆性材料时，取$\varphi=3°\sim5°$；铰不通孔时，取$\varphi=45°$。

② 校准部分：校准部分主要用来导向和校准铰孔的尺寸，也是铰刀磨损后的备磨部分。

③ 铰刀齿数一般为 6～16 齿，可使铰刀切削平稳、导向性好。为克服铰孔时出现的周期性振纹，手用铰刀采用不等距分布刀齿。

3. 可调节手用铰刀

普通铰刀主要用来铰削标准系列的孔。在单件生产和修配工作中，经常需要铰削非标准的孔，此时采用可调节手用铰刀（见图 5.25），通过调节两端的螺母，使楔形刀片沿刀体上的斜底槽移动，以改变铰刀的直径尺寸。

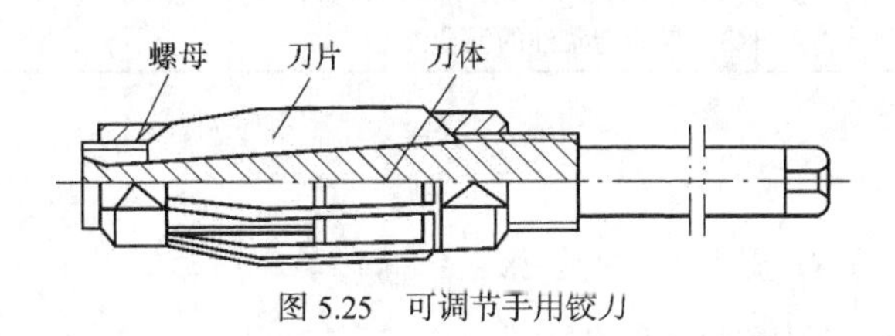

图 5.25 可调节手用铰刀

二、铰削用量

1. 铰削余量

铰削余量是指上道工序（钻孔或扩孔）留下的直径方向上的加工余量。铰削余量不宜过大，因为铰削余量过大，会使铰刀刀齿负荷增加，加大切削变形，使工件被加工表面产生撕裂纹，降低尺寸精度，增大表面粗糙度数值，同时也会加速铰刀的磨损。但铰削余量也不宜过小，否则，上道工序残留的变形难以纠正，无法保证铰削质量。

选择铰削余量时，应考虑孔径尺寸、工件材料、精度和表面粗糙度的要求、铰刀类型以及上道工序的加工质量等因素的综合影响。具体选择如表 5.4 所示。

表 5.4 铰削余量的选用

铰刀直径/mm	<8	8～20	21～32	33～50	51～70
铰削余量/mm	0.1	0.15～0.25	0.25～0.3	0.35～0.5	0.5～0.8

2. 机铰切削用量

机铰切削用量包括切削速度和进给量。当采用机动铰孔时，应选择适当的切削用量。铰削钢材时，切削速度应小于 8m/min，进给量控制在 0.4mm/r；铰削铸铁材料时，切削速度应小于10m/min，进给量控制在 0.8mm/r。

三、铰孔时切削液的选用

铰孔时因产生的切屑细碎易黏附在刀刃上或挤在铰刀与孔壁之间，使孔壁表面产生划痕，影响表面质量，因此，铰孔时应选用适当的切削液进行清洗、润滑和冷却。选用原则如表5.5所示。

表5.5　铰孔时切削液的选用

工件材料	切削液
钢材	1. 10%～20%乳化液 2. 铰孔精度要求较高时，采用30%菜油加70%乳化液 3. 高精度铰孔时，用菜油、柴油、猪油
铸铁	1. 可以不用 2. 煤油，但会引起孔径缩小，最大收缩量可达0.02～0.04mm 3. 低浓度乳化液
铜	1. 2号锭子油 2. 乳化液
铝	1. 2号锭子油 2. 2号锭子油与蓖麻油的混合油 3. 煤油与菜油的混合油

四、铰孔方法

铰孔的方法分为手动铰孔和机动铰孔两种。

1. 铰刀的选用

铰孔时，首先要使铰刀的直径规格与所铰孔相符合，其次还要确定铰刀的公差等级。标准铰刀的公差等级分为h7、h8、h9三个级别。若铰削精度要求较高的孔，必须对新铰刀进行研磨，然后再进行铰孔。

2. 铰削操作方法

（1）在手铰起铰时，应用右手沿铰孔轴线方向上施加压力，左手转动铰刀。两手用力要均匀、平稳，不应施加侧向力，保证铰刀能够顺利引进，避免孔口成喇叭形或孔径扩大。

（2）在铰孔过程中和退出铰刀时，为防止铰刀磨损及切屑挤入铰刀与孔壁之间，划伤孔壁，铰刀不能反转。

（3）铰削盲孔时，应经常退出铰刀，清除切屑。

（4）机铰时，应尽量使工件在一次装夹过程中完成钻孔、扩孔、铰孔的全部工序，以保证铰刀中心与孔的中心的一致性。铰孔完毕后，应先退出铰刀，然后再停车，防止划伤孔壁表面。

3. 铰孔常见缺陷分析

铰孔中经常出现的问题及产生的原因如表5.6所示。

表5.6　铰孔缺陷分析

缺陷形式	产生原因
加工表面粗糙度超差	1. 铰孔余量留得不当 2. 铰刀刃口有缺陷 3. 切削液选择不当 4. 切削速度过高 5. 铰孔完成后反转退刀 6. 没有及时清除切屑

续表

缺陷形式	产生原因
孔壁表面有明显棱面	1. 铰孔余量留得过大 2. 底孔不圆
孔径缩小	1. 铰刀磨损，直径变小 2. 铰铸铁时未考虑尺寸收缩量 3. 铰刀已钝
孔径扩大	1. 铰刀规格选择不当 2. 切削液选择不当或量不足 3. 手铰时两手用力不均 4. 铰削速度过高 5. 机铰时主轴偏摆过大或铰刀中心与钻孔中心不同轴 6. 铰锥孔时，铰孔过深

五、铰孔练习

1. 练习图样

铰孔的练习图样如图 5.26 所示。

材料：HT150。

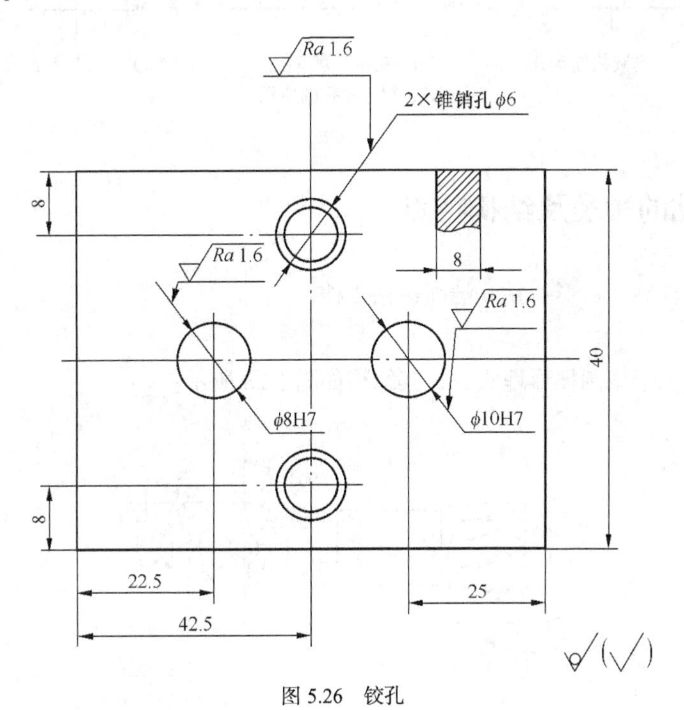

图 5.26　铰孔

2. 练习步骤

（1）在练习件上按要求划线。

（2）钻孔、扩孔，预留适当的铰孔余量。

（3）铰孔，须符合图样要求。

3. 注意事项

（1）铰刀是精加工工具，要避免碰撞，对刀刃上的毛刺或积屑瘤，可用油石磨去。

（2）熟悉铰孔中常出现的问题及其产生原因，在练习中应加以注意。

任务四 锪孔

用锪孔钻（或经改制的钻头）对工件孔口进行形面加工的操作，称为锪孔。常见锪孔的应用如图5.27所示。

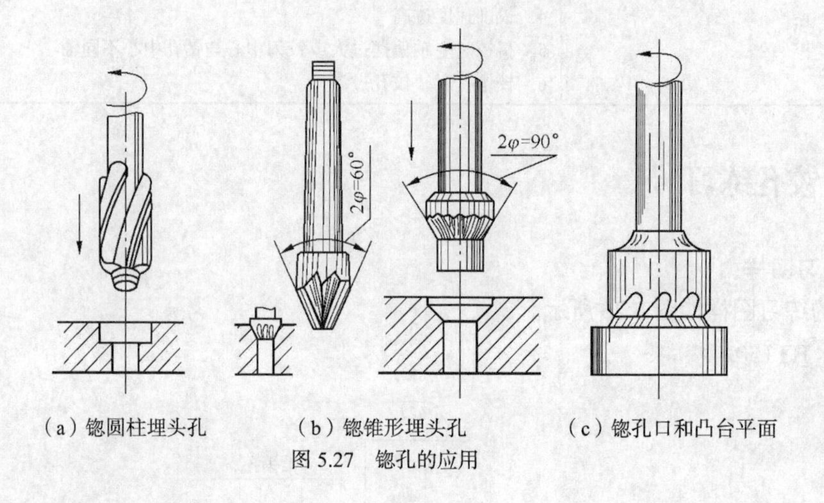

（a）锪圆柱埋头孔　（b）锪锥形埋头孔　（c）锪孔口和凸台平面

图5.27 锪孔的应用

一、锪孔钻的种类及结构特点

锪孔钻分柱形锪钻、锥形锪钻和端面锪钻3种。

1. 柱形锪钻

柱形锪钻主要用于锪圆柱形埋头孔，其结构如图5.28所示。

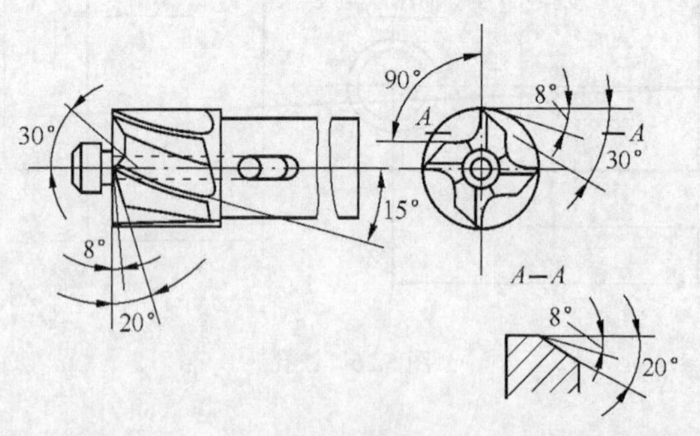

图5.28 柱形锪钻

柱形锪钻前端结构有带导柱、不带导柱和带可换导柱之分。导柱与工件已有孔为间隙配合，起定心和导向作用。柱形锪钻的螺旋槽斜角就是它的前角（$\gamma_0=\beta_0=15°$），后角$\alpha_0=8°$，端面刀刃起主要切削作用。

2. 锥形锪钻

锥形锪钻主要用于锪锥形埋头孔，其结构如图 5.29 所示。

锥形锪钻的锥角按工件的不同加工要求，分为 60°、75°、90°、120° 四种。锥形锪钻的前角 γ_0=0°，后角 α_0=6°～8°，齿数为 4～12 个。为改善钻尖处的容屑条件，钻尖处每隔一齿将刀刃磨去一块。

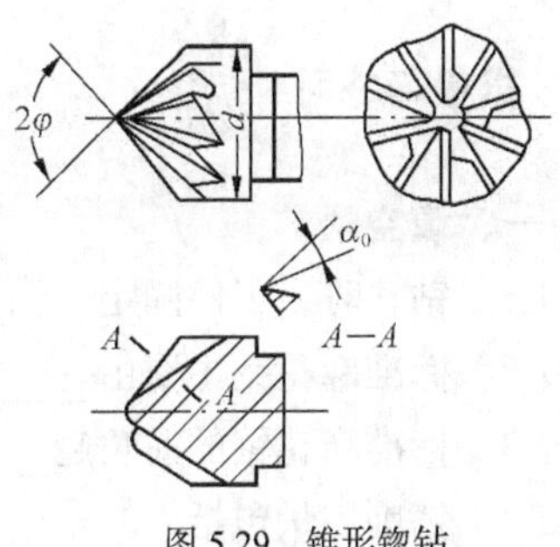

图 5.29　锥形锪钻

3. 端面锪钻

端面锪钻专门用于锪平孔口的端面，如图 5.27（c）所示。其端面刀齿为切削刃，前端的导柱起定心与导向的作用，以保证孔的端面与孔中心线的垂直度。

二、锪孔练习

1. 锪孔工作要点

在锪孔过程中，由于锪钻的振动，会使锪出的端面出现振纹，为克服这种现象，锪孔时应注意以下事项。

（1）尽量减小锪钻的前角和后角。例如，采用麻花钻改制锪钻，要尽量选择短钻头，并适当修磨前刀面，防止“扎刀”和振动。

（2）应选择较大的进给量（一般取钻孔的 2～3 倍）和较小的切削速度（一般取钻孔的 1/3～1/2）。精锪时，可利用钻床停车的惯性来锪孔。

（3）锪钢件时，应保证导柱与切削表面有良好的冷却和润滑。

2. 练习图样

锪孔的练习图样如图 5.30 所示。

材料：HT150。

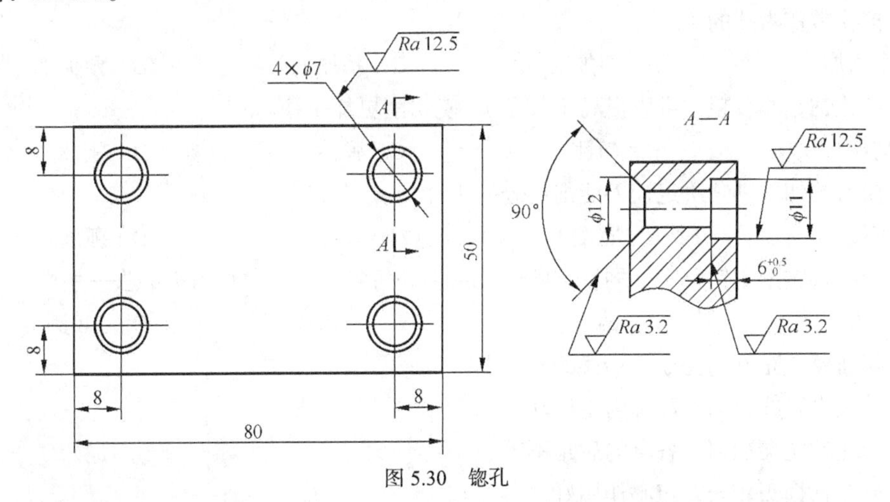

图 5.30　锪孔

3. 注意事项

（1）调整好工件底孔与锪钻的同轴度，再将工件夹紧。调整时，可用手旋转钻床主轴试钻，使工件能自然定位。为减小振动，工件夹紧必须稳固。

（2）为控制锪孔深度，可利用钻床上的深度标尺或定位螺母来保证尺寸。

（3）要做到安全和文明生产。

思考与练习

一、填空题

（1）钻孔时，工件固定，钻头安装在钻床主轴上做旋转运动，称为________运动。

（2）标准麻花钻主要由________、颈部和柄部组成。

（3）标准麻花钻的前角越________，切削越省力。

（4）钻削用量包括________、进给量和切削深度三要素。

（5）清洁钻床或加注润滑油时应________。

（6）孔将钻通时，进给力必须________，以免进给力突然过大，造成钻头折断，或使工件随钻头转动造成事故。

（7）扩孔钻按刀体结构可分为________和镶片式两种。

（8）铰削余量是指上道工序留下的________方向上的加工余量。

（9）普通铰刀主要用来铰削________的孔。

（10）锥形锪钻的锥角按工件的不同加工要求，分为 60°、75°、________、120° 四种。

二、选择题

（1）标准麻花钻直径小于（　　）的做成直柄式。

A. 13mm　　B. 10mm　　C. 15mm　　D. 20mm

（2）麻花钻主切削刃上任意一点的基面、切削平面、主截面是相互（　　）的。

A. 平行　　B. 垂直　　C. 交叉　　D. 没有关系

（3）麻花钻顶角的大小直接影响到主切削刃上（　　）的大小。

A. 背向力　　B. 进给力　　C. 切削力　　D. 阻力

（4）扩孔常作为孔的（　　）。

A. 半精加工　　B. 粗加工　　C. 精加工　　D. 预加工

（5）扩孔钻钻心较粗，可以提高（　　），使切削更加平稳。

A. 韧性　　B. 塑性　　C. 弹性　　D. 刚性

（6）铰刀的切削锥角决定铰刀切削部分的（　　）。

A. 直径　　B. 宽度　　C. 长度　　D. 弧度

（7）为改善锥形锪钻钻尖处的容屑条件，钻尖处每隔（　　）将刀刃磨去一块。

A. 一齿　　B. 两齿　　C. 三齿　　D. 1/3 圆

三、判断题（正确的画√，错误的画×）

（1）钻头沿轴线方向移动称为主运动。（　　）

（2）麻花钻主切削刃上各点的后角不等。（　　）

（3）麻花钻横刃较长，定心作用好。（　　）

（4）标准群钻主要是用来钻削碳钢和各种合金钢的。（　　）

（5）对钻头寿命的影响，钻削速度比进给量大。（　　）

（6）钻孔进给时用力应尽可能大。（　　）

（7）钻孔时严禁戴手套操作钻床。（　　）

（8）扩孔时切削阻力很大。（　　）

（9）铰孔时，铰刀从工件孔壁上切除较多的金属层。（　　）

（10）锪钢件时，应保证导柱与切削表面有良好的冷却和润滑。（　　）

四、简答题

（1）试述钻孔时切削液的作用及其选用原则。

（2）扩孔钻的结构特点是什么？

（3）如何确定铰削余量？

（4）锪孔的工作要点是什么？

五、操作题

根据图纸（见图 5.31）要求完成规定的钻孔、锪孔、铰孔任务。

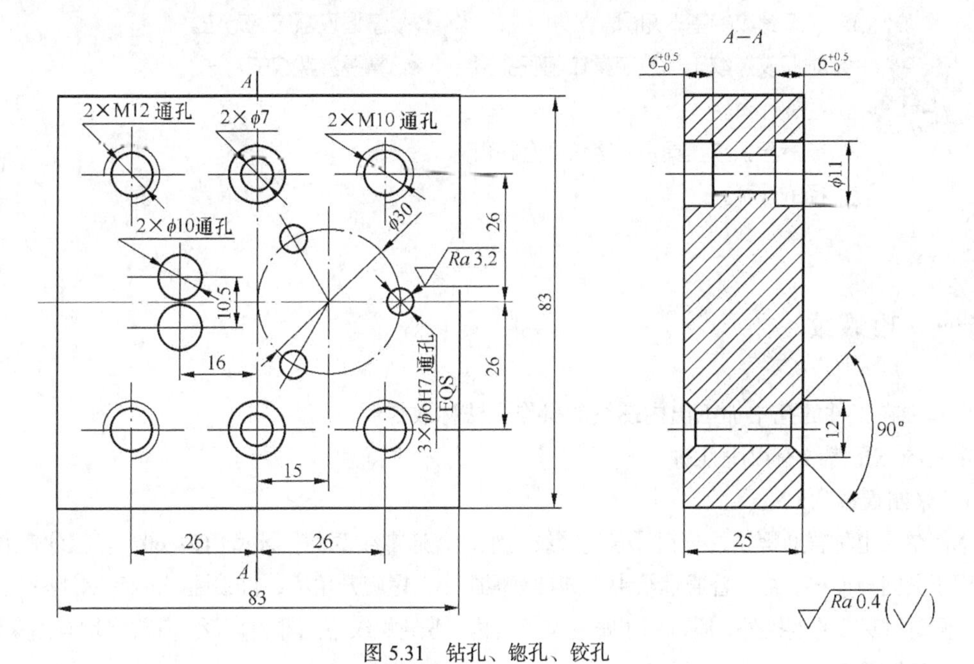

图 5.31　钻孔、锪孔、铰孔

攻、套螺纹

螺纹被广泛应用于各种机械设备、仪器仪表中，作为连接、紧固、传动、调整的一种机构。本项目主要介绍攻、套螺纹的方法；攻、套螺纹的工具；底孔直径的计算方法；攻、套螺纹直径的确定。

知识目标

- 了解螺纹的基本知识。
- 掌握攻螺纹工具及攻螺纹前底孔直径的计算。
- 掌握套螺纹工具及套螺纹前圆杆直径的计算。

技能目标

- 掌握攻螺纹的方法。
- 掌握套螺纹的方法。

任务一　攻螺纹

用丝锥在工件的孔中加工出内螺纹的操作方法称攻螺纹。

常用的三角螺纹有以下几种。

1. 米制螺纹

米制螺纹也称普通螺纹，分粗牙普通螺纹与细牙普通螺纹两种，牙型角为 60°。粗牙普通螺纹主要用于紧固与连接。细牙普通螺纹由于其具有螺距小，螺旋升角小，自锁性好的特点，除用于承受冲击、振动和变载的连接外，还可用于螺旋调整机构。普通螺纹应用非常广泛，其规格均有国家标准。

2. 英制螺纹

英制螺纹的牙型角为 55°，目前只用于修配等场合，新产品已不再使用。

3. 管螺纹

管螺纹是用于管道连接的一种英制螺纹，其公称直径是指管子的内径。

4. 圆锥管螺纹

圆锥管螺纹也是用于管道连接的一种英制螺纹，牙型角有 55° 和 60° 两种，锥度为 1∶16。

一、攻螺纹工具

1. 丝锥

丝锥是加工内螺纹的工具，主要分为机用丝锥与手用丝锥。

（1）丝锥的构造。丝锥的主要构造如图 6.1 所示，由工作部分和柄部构成，其中工作部分包括切削部分和校准部分。

丝锥沿轴线方向开有几条容屑槽，用于排屑并形成切削部分锋利的切削刃，起主切削作用。切削部分的前角 γ_0=8°～10°，后角磨成 α_0 = 6°～8°（机用丝锥 α_0=10°～12°）。工作部分前端磨出切削锥角，切削力分布在几个刀齿上，使切削省力，便于切入。

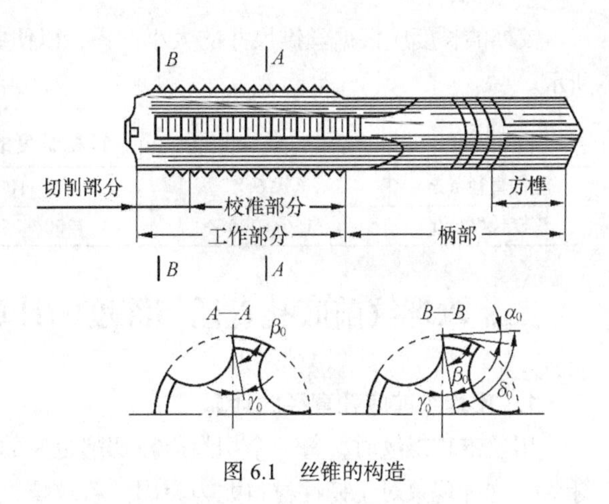

图 6.1　丝锥的构造

丝锥校准部分有完整的牙型，用于修正和校准已切出的螺纹，并引导丝锥沿轴向前进。其后角 α_0=0°。丝锥校准部分的大径、中径、小径均有（0.05～0.12）/100 的倒锥，以减小丝锥与螺孔的摩擦，减小螺孔的扩张量。

丝锥的柄部做有方榫，可便于夹持。

（2）丝锥的选用。丝锥的种类很多，常用的有机用丝锥、手用丝锥、圆柱管螺纹丝锥、圆锥管螺纹丝锥等。

机用丝锥由高速钢制成，其螺纹公差带分 H_1、H_2 和 H_3 三种；手用丝锥是指碳素工具钢的滚牙丝锥，其螺纹公差带为 H_4。丝锥的选用原则参见表 6.1。

表 6.1　丝锥的选用

丝锥公差带代号	被加工螺纹公差等级	丝锥公差带代号	被加工螺纹公差等级
H1	5H、6H	H3	7G、6H、6G
H2	6H、5G	H4	7H、6H

（3）丝锥的成组分配。为减少切削阻力，延长丝锥的使用寿命，一般将整个切削工作分配给几只丝锥来完成。通常 M6～M24 的丝锥每组有两只；M6 以下和 M24 以上的丝锥每组有三只；细牙普通螺纹丝锥每组有两只。圆柱管螺纹丝锥与手用丝锥相似，只是其工作部分较短，一般每组有两只。

2. 铰杠

铰杠是手工攻螺纹时用来夹持丝锥的工具，分普通铰杠（见图 6.2）和丁字铰杠（见图 6.3）两类。各类铰杠又分为固定式和活络式两种。丁字铰杠主要用于攻工件凸台旁的螺纹或箱体内部的螺纹。活络式铰杠可以调节夹持丝锥方榫。

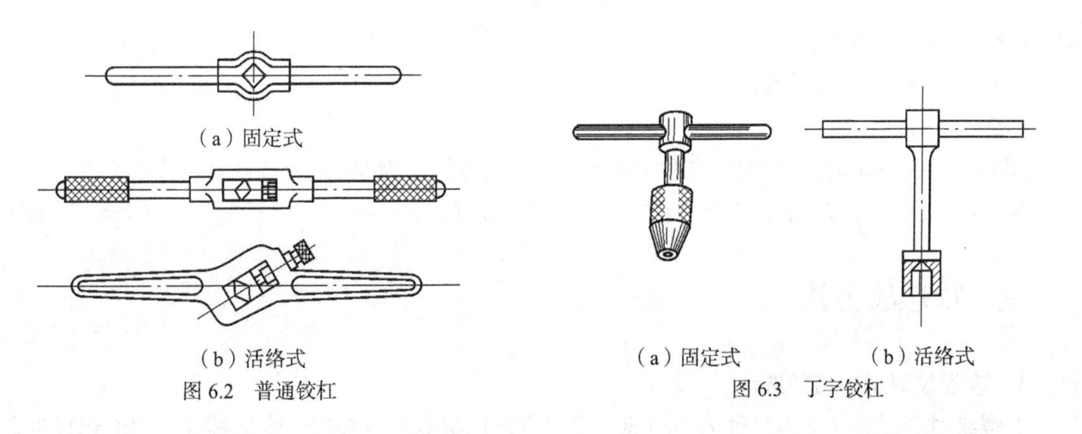
（a）固定式
（b）活络式
图 6.2　普通铰杠

（a）固定式　（b）活络式
图 6.3　丁字铰杠

铰杠的长度应根据丝锥尺寸的大小选择，以便更好地控制攻螺纹时的扭矩，选择方法如表 6.2 所示。

表 6.2　　铰杠长度的选择

丝锥直径/mm	≤6	8～10	12～14	≥16
铰杠长度/mm	150～200	200～250	250～300	400～450

二、攻螺纹前底孔直径与深度的计算

1. 攻螺纹前底孔直径的计算

用丝锥攻螺纹时，每一个切削刃在切削金属的同时，也在挤压金属，因此会将金属挤到螺纹牙尖，这种现象对于韧性材料尤为突出。若攻螺纹前钻孔直径等于螺纹小径，被丝锥挤出的金属会卡住丝锥甚至将其折断，因此，底孔直径应略大于螺纹小径，这样，挤出的金属正好形成完整的螺纹，且不易卡住丝锥。但底孔尺寸也不宜过大，否则会使螺纹牙型高度不够，降低螺纹强度。对于普通螺纹来说，底孔直径可根据式（6.1）和式（6.2）计算得出。

脆性材料　　$D_{底}=D-1.05P$　　（6.1）

韧性材料　　$D_{底}=D-P$　　（6.2）

式中，$D_{底}$——底孔直径；

D——螺纹大径；

P——螺距。

【例 6.1】分别在中碳钢和铸铁上攻 M16×2 的螺纹，求各自的底孔直径。

解：因为中碳钢是韧性材料

所以底孔直径为

$$D_{底}=D-P=（16-2）\text{mm}=14\text{mm}$$

因为铸铁是塑性材料，所以底孔直径为

$$D_{底}=D-1.05P=（16-1.05\times2）\text{mm}=13.9\text{mm}$$

2. 攻螺纹前底孔深度的计算

攻不通孔螺纹时，由于丝锥切削部分有锥角，前端不能切出完整的牙型，所以钻孔深度应大于螺纹的有效深度。可按式（6.3）计算。

$$H_{钻}=h_{有效}+0.7D \quad （6.3）$$

式中，$H_{钻}$——底孔深度；

$h_{有效}$——螺纹有效深度；

D——螺纹大径。

【例 6.2】在中碳钢上攻 M10 的不通孔螺纹，其有效深度为 50mm，求底孔深度为多少？

解：底孔深度为 $H_{钻}=h_{有效}+0.7D=（50+0.7\times10）\text{mm}=57\text{mm}$

三、攻螺纹方法

1. 攻螺纹时切削液的选用

攻螺纹时合理选择适当品种的切削液，可以有效地提高螺纹精度，降低螺纹的表面粗糙度。

具体选择切削液的方法如表 6.3 所示。

表 6.3　攻螺纹时切削液的选用

零件材料	切削液
结构钢、合金钢	乳化液
铸铁	煤油、75%煤油+25%植物油
铜	机械油、硫化油、75%煤油+25%矿物油
铝	50%煤油+50%机械油、85%煤油+15%亚麻油、煤油、松节油

2. 攻螺纹方法

（1）在螺纹底孔的孔口处要倒角，通孔螺纹的两端均要倒角，这样可以保证丝锥比较容易地切入，并防止孔口出现挤压出的凸边。

（2）起攻时应使用头锥。用手掌按住铰杠中部，沿丝锥轴线方向施加压力，另一手配合做顺时针旋转；或两手握住铰杠两端均匀用力，并将丝锥顺时针旋进（见图 6.4）。一定要保证丝锥中心线与底孔中心线重合，不能歪斜。在丝锥旋入 2 圈时，应用 90° 角尺在前后、左右方向进行检查（见图 6.5），并不断校正。当丝锥切入 3～4 圈时，不能继续校正，否则容易折断丝锥。

（3）当丝锥切削部分全部进入工件时，不要再施加压力，只需靠丝锥自然旋进切削。此时，两手要均匀用力，铰杠每转 1/2～1 圈，应倒转 1/4～1/2 圈断屑。

（4）攻螺纹时必须按头锥、二锥、三锥的顺序攻削，以减小切削负荷，防止丝锥折断。

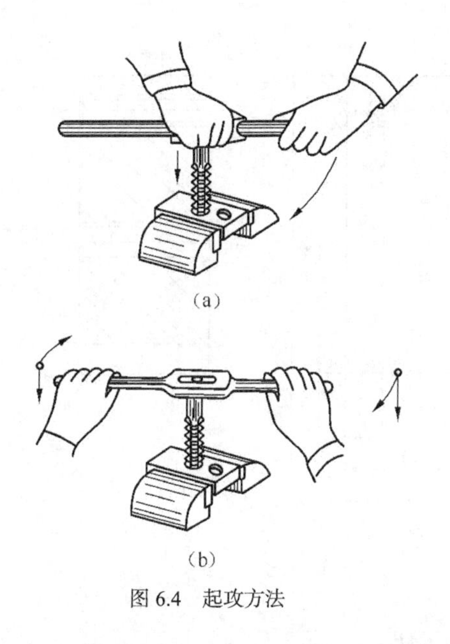

图 6.4　起攻方法

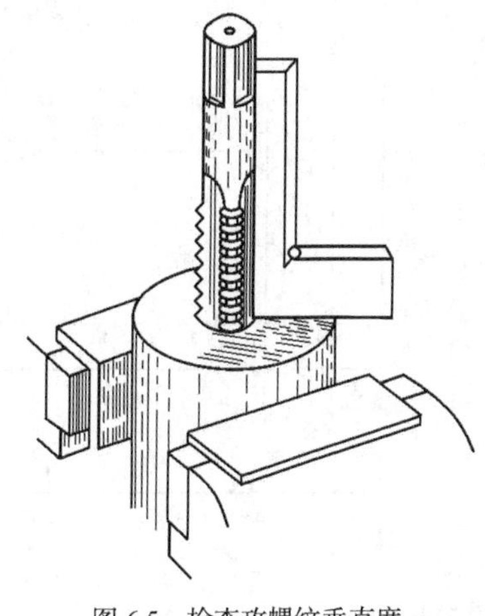

图 6.5　检查攻螺纹垂直度

（5）攻不通孔螺纹时，可在丝锥上做上深度标记，并经常退出丝锥，将孔内切屑清除，否则会因切屑堵塞而折断丝锥或攻不到规定深度。

3. 攻螺纹时常见缺陷分析

攻螺纹时常见缺陷分析如表 6.4 所示。

表 6.4　　攻螺纹时常见缺陷分析

缺陷形式	产生原因
丝锥崩刃、折断	1. 底孔直径小或深度不够 2. 攻螺纹时没有经常倒转断屑，使切屑堵塞 3. 用力过猛或两手用力不均 4. 丝锥与底孔端面不垂直
螺纹烂牙	1. 底孔直径小或孔口未倒角 2. 丝锥磨钝 3. 攻螺纹时没有经常倒转断屑
螺纹中径超差	1. 螺纹底孔直径选择不当 2. 丝锥选用不当 3. 攻螺纹时铰杠晃动
螺纹表面粗糙度超差	1. 工件材料太软 2. 切削液选用不当 3. 攻螺纹时铰杠晃动 4. 攻螺纹时没有经常倒转断屑

四、攻螺纹练习

1. 练习图纸

攻螺纹的练习图纸如图 6.6 所示。

材料：HT150

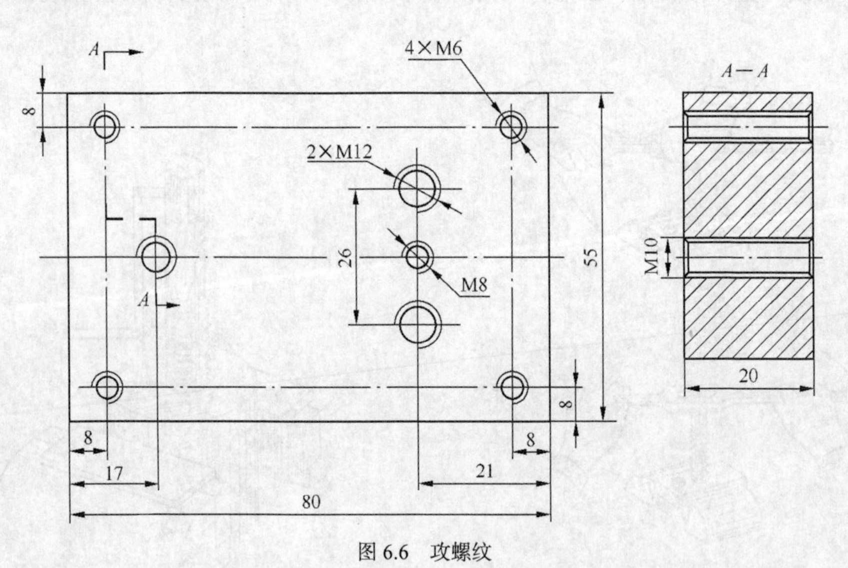

图 6.6　攻螺纹

2. 练习步骤

（1）按图纸要求依次完成划线、钻孔、倒角的工作。

（2）分别攻制 M6、M8、M10、M12 螺纹，并用相应的螺栓进行检验。

3. 注意事项

（1）起攻时，一定要从两个方向检验垂直度并及时校正，这是保证螺纹质量的重要环节。

（2）攻螺纹时如何控制两手用力均匀是攻螺纹的基本功，必须努力掌握。

任务二　套螺纹

用板牙在圆杆上加工出外螺纹的操作方法称套螺纹。

一、套螺纹工具

1. 板牙

板牙是加工外螺纹的工具。它由合金工具钢制作而成，并经淬火处理。

板牙结构如图 6.7 所示，由切削部分、校准部分和排屑孔组成。

切削部分是板牙两端有切削锥角的部分，它不是圆锥面，而是经铲磨加工而成的阿基米德螺旋面，能形成后角。板牙两端面均有切削部分，一面磨损后，可换另一面使用。

校准部分是板牙中间的一段，也是套螺纹时的导向部分。

在板牙的前面对称钻有四个排屑孔，用以排出套螺纹时产生的切屑。

2. 板牙架

板牙架是装夹板牙用的工具，其结构如图 6.8 所示。板牙放入后，用螺钉紧固。

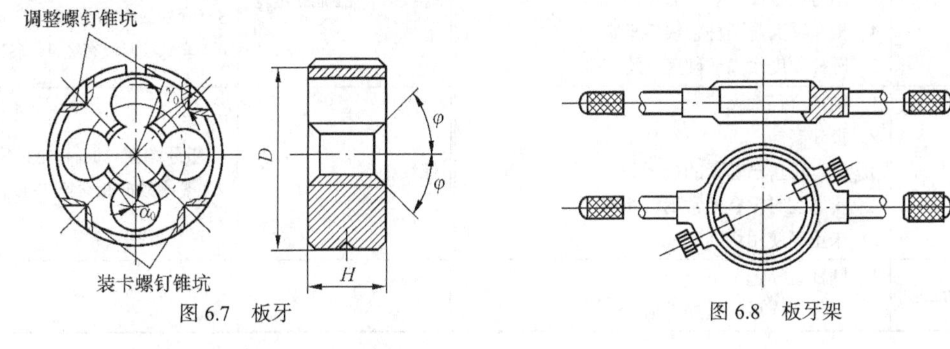

图 6.7　板牙　　图 6.8　板牙架

二、套螺纹前圆杆直径的确定

与攻螺纹一样，用板牙套螺纹的切削过程中也同样存在挤压作用。因此，圆杆直径应小于螺纹大径，其直径尺寸可通过下式计算得出：

$$d_{杆}=d-0.13P \tag{6.4}$$

式中，$d_{杆}$——圆杆直径；

d——螺纹大径；

P——螺距。

【**例 6.3**】加工 M10 的外螺纹，求圆杆直径是多少？

解：圆杆直径为 $d_{杆}=d-0.13P=(10-0.13\times1.5)\text{ mm}=9.805\text{mm}$

三、套螺纹方法

1. 套螺纹方法

（1）为使板牙容易切入工件，在起套前，应将圆杆端部做成 15°～20° 的倒角，且倒角小端直径应小于螺纹小径。

（2）由于套螺纹的切削力较大，且工件为圆杆，套削时应用V形夹板或在钳口上加垫铜钳口，保证装夹端正、牢固。

（3）起套方法与攻螺纹的起攻方法一样，用一手手掌按住铰杠中部，沿圆杆轴线方向加压用力，另一手配合做顺时针旋转，动作要慢，压力要大，同时保证板牙端面与圆杆轴线垂直。在板牙切入圆杆2圈之前及时校正。

（4）板牙切入4圈后不能再对板牙施加进给力，让板牙自然引进。套削过程中要不断倒转断屑。

（5）在钢件上套螺纹时应加切削液，以降低螺纹表面粗糙度和延长板牙寿命。一般选用机油或较浓的乳化液，精度要求高时可用植物油。

2. 套螺纹时常见缺陷分析

套螺纹时常见缺陷分析如表6.5所示。

表6.5　　套螺纹时常见缺陷分析

缺陷形式	产生原因	缺陷形式	产生原因
板牙崩齿或磨损太快	1. 圆杆直径偏大或端部未倒角 2. 套螺纹时没有经常倒转断屑，使切屑堵塞 3. 用力过猛或两手用力不均 4. 板牙端面与圆杆轴线不垂直 5. 圆杆硬度太高或硬度不均匀	螺纹表面粗糙度超差	1. 工件材料太软 2. 切削液选用不当 3. 套螺纹时板牙架左右晃动 4. 套螺纹时没有经常倒转断屑
螺纹烂牙	1. 圆杆直径太大 2. 板牙磨钝 3. 强行矫正已套歪的板牙 4. 套螺纹时没有经常倒转断屑 5. 未正确使用切削液	螺纹歪斜	1. 板牙端面与圆杆轴线不垂直 2. 套螺纹时板牙架左右晃动
螺纹中径超差	1. 圆杆直径选择不当 2. 板牙切入后仍施加进给力		

四、套螺纹练习

1. 练习图纸

套螺纹的练习图纸如图6.9所示。

材料：45

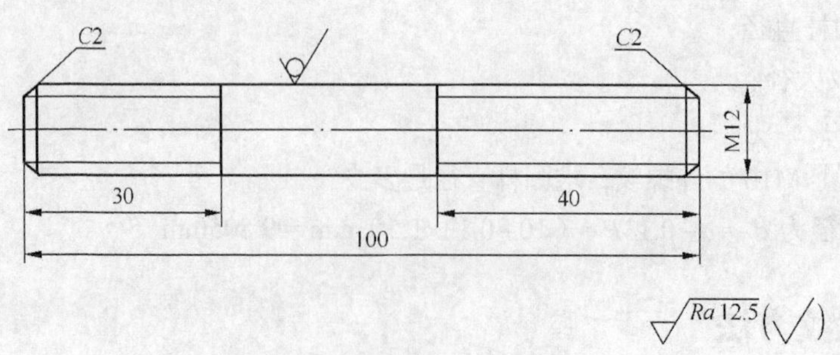

技术要求：

1. 螺纹石应有乱扣、滑牙；

2. M12与螺杆倾斜度不大于1/150。

图6.9　套螺纹

2. 练习步骤

（1）按图纸要求下料、倒角。

（2）套削 M12 螺纹，并用相应的螺母进行检验。

3. 注意事项

（1）起套时，一定要从两个方向检验垂直度并及时校正，这是保证螺纹质量的重要环节。

（2）套螺纹时如何控制两手用力均匀是套螺纹的基本功，必须认真掌握。

（3）选择适当的切削液。

思考与练习

一、填空题

（1）米制螺纹也称普通螺纹，分为________普通螺纹与________普通螺纹两种。

（2）细牙普通螺纹除用于承受冲击、振动和变载的连接外，还可用于________机构。

（3）丝锥的主要结构由________和柄部构成。

（4）铰杠是手工攻螺纹时用来夹持丝锥的工具，分________和丁字铰杠。

（5）攻不通孔螺纹时，钻孔深度应________螺纹的有效深度。

（6）用板牙套螺纹时圆杆直径应________螺纹大径。

（7）在套螺纹前，应将圆杆端部做成 15°～20° 的倒角，且倒角小端直径应________螺纹小径。

（8）套螺纹时，应保证板牙端面与圆杆轴线________。

（9）板牙切入________圈后不能再对板牙施加进给力，让板牙自然引进。

二、选择题

（1）普通螺纹牙型角为（　　）。

A. 30°　　B. 45°　　C. 60°　　D. 90°

（2）圆锥管螺纹锥度为（　　）。

A. 1∶10　　B. 1∶16　　C. 1∶20　　D. 2∶16

（3）丝锥的柄部做有方榫，便于（　　）。

A. 切削　　B. 导向　　C. 刃磨　　D. 夹持

（4）手用丝锥是指（　　）的滚牙丝锥。

A. 碳素工具钢　　B. 高速钢　　C. 结构钢　　D. 合金钢

（5）在攻螺纹时，起攻应使用（　　）。

A. 三锥　　B. 二锥　　C. 头锥　　D. 无所谓

（6）切削部分是板牙两端有切削锥角的部分，它不是（　　）面。

A. 圆锥　　B. 圆柱　　C. 平　　D. 阶台

（7）板牙架是装夹板牙用的工具，板牙放入后，用（　　）紧固。

A. 销钉　　B. 铆钉　　C. 焊接　　D. 螺钉

三、判断题（正确的画√，错误的画×）

（1）英制螺纹的牙型角为 60° 。（　　）

（2）管螺纹是用于管道连接的一种米制螺纹。（　　）

（3）为减少切削阻力，延长丝锥的使用寿命，通常 M6～M24 的丝锥每组有两只。（　　）

（4）铰杠的长度不应根据丝锥尺寸的大小选择。（　　）

（5）当丝锥切削部分全部进入工件时，不要再施加压力，只需靠丝锥自然旋进切削。（　　）

（6）在攻螺纹时，螺纹底孔的孔口处要倒角。（　　）

（7）板牙是加工内螺纹的工具。（　　）

（8）板牙的校准部分也是套螺纹时的导向部分。（　　）

（9）用板牙套螺纹的切削过程中不存在挤压作用。（　　）

（10）用板牙套螺纹的过程中要不断倒转断屑。（　　）

四、简答题

（1）简述丝锥的成组分配原则。

（2）简述攻螺纹的方法。

（3）简述板牙切削部分的结构。

（4）简述套螺纹方法。

五、计算题

在钢件上攻 M12 的不通孔螺纹，其螺纹有效深度为 40mm，求底孔直径和深度各是多少？

六、操作题

根据图纸（见图 6.10）要求完成规定任务。

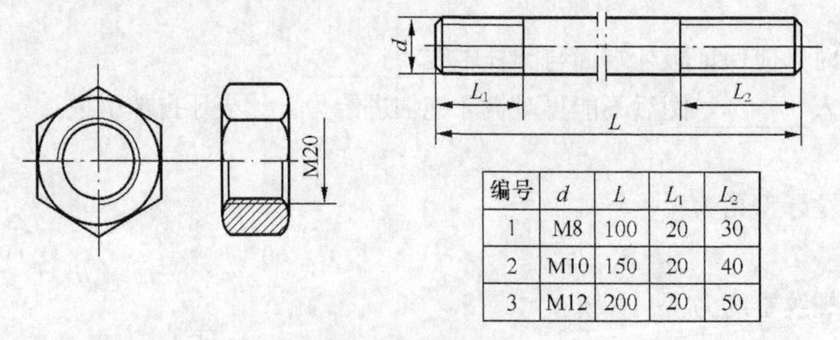

编号	d	L	L_1	L_2
1	M8	100	20	30
2	M10	150	20	40
3	M12	200	20	50

螺纹加工的表面粗糙度为 Ra 12.5μm

图 6.10　攻、套螺纹

项目七

锉　配

锉配是钳工的一项重要操作技能。本项目主要通过3个锉配任务，凸凹体锉配、四方件锉配、六方件锉配的练习来介绍相关的锉配工艺知识、操作步骤及要点，从而进一步掌握和提高读者的锉配技能。

知识目标

- 掌握锉配的一些相关工艺知识。
- 掌握锉配的一般加工步骤。

技能目标

- 按图纸的公差要求，正确掌握具有对称度要求的工件加工和测量方法。
- 熟练掌握锉、锯、钻的技能，并达到一定的加工精度。
- 正确地检查修补各配合面的间隙，并达到锉配要求。

任务一　锉配凸凹体

通过凸凹体的锉配练习可以进一步提高锉削技能，而掌握正确的加工和检查方法可以提高锉配技能，提高锉配加工质量，为今后更好地从事钳工装配技术打下一个良好的基础。

一、工艺知识

1. 对称度相关概念

（1）对称度误差是指被测表面的对称平面与基准表面的对称平面间的最大偏移距离Δ，如图7.1所示。

（2）对称度公差带是距离为公差值 t，且相对基准中心平面对称配置的两平行平面之间的区域，如图7.2所示。

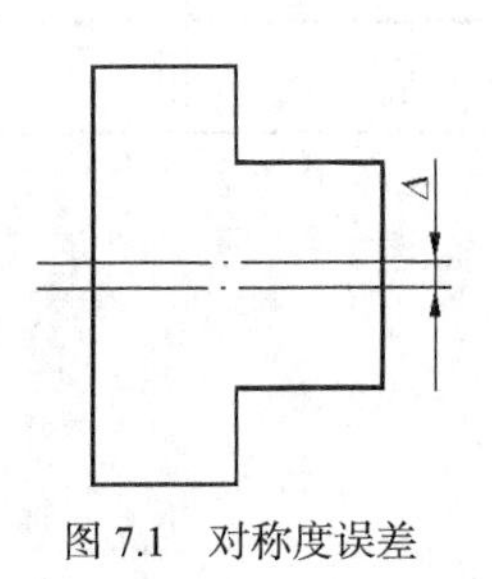

图7.1　对称度误差

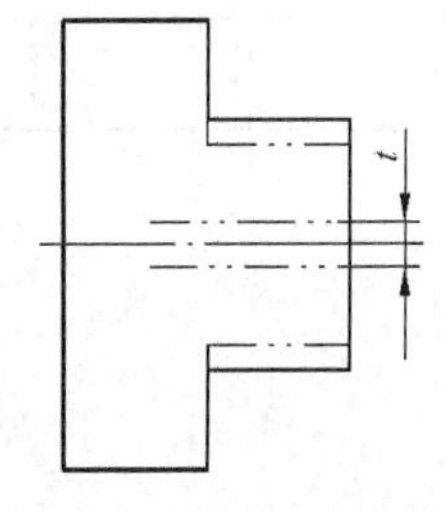

图7.2　对称度公差带

2. 对称度误差的测量

测量被测表面与基准面的尺寸 A 和 B，其差值之半即为对称度的误差值。图 7.3 所示为对称度误差的测量示意。

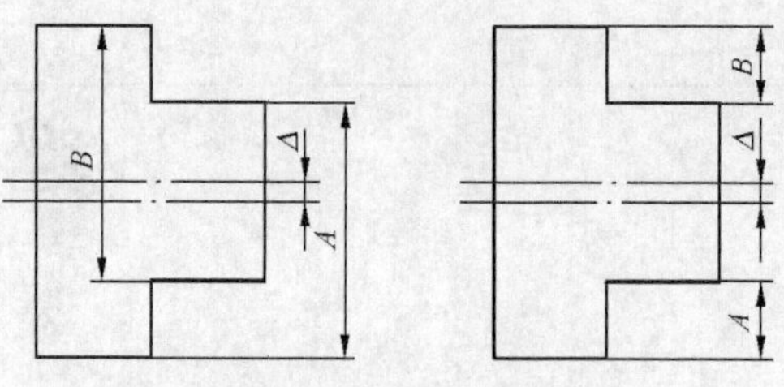

图 7.3 对称度误差的测量

3. 对称度误差对工件互换精度的影响

如图 7.4 所示，如果凸凹件都有对称度误差 0.05mm，并且在同方向位置上锉配达到要求间隙后，得到两侧基准面对齐，而调换 180° 后做配合就会产生两侧面基准面偏位误差，其总差值为 0.1mm。

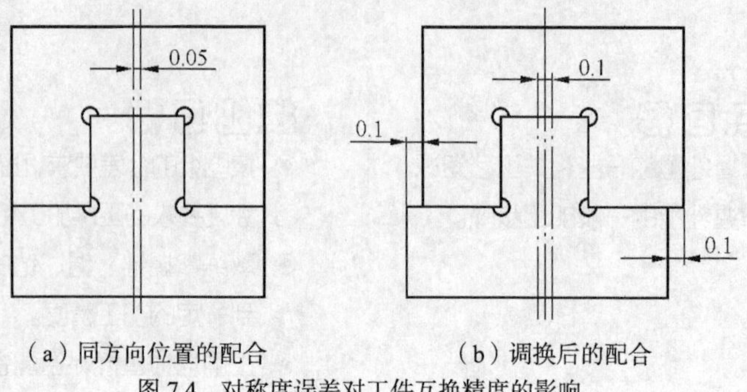

（a）同方向位置的配合　（b）调换后的配合

图 7.4 对称度误差对工件互换精度的影响

二、练习件图样

练习图如图 7.5 所示。

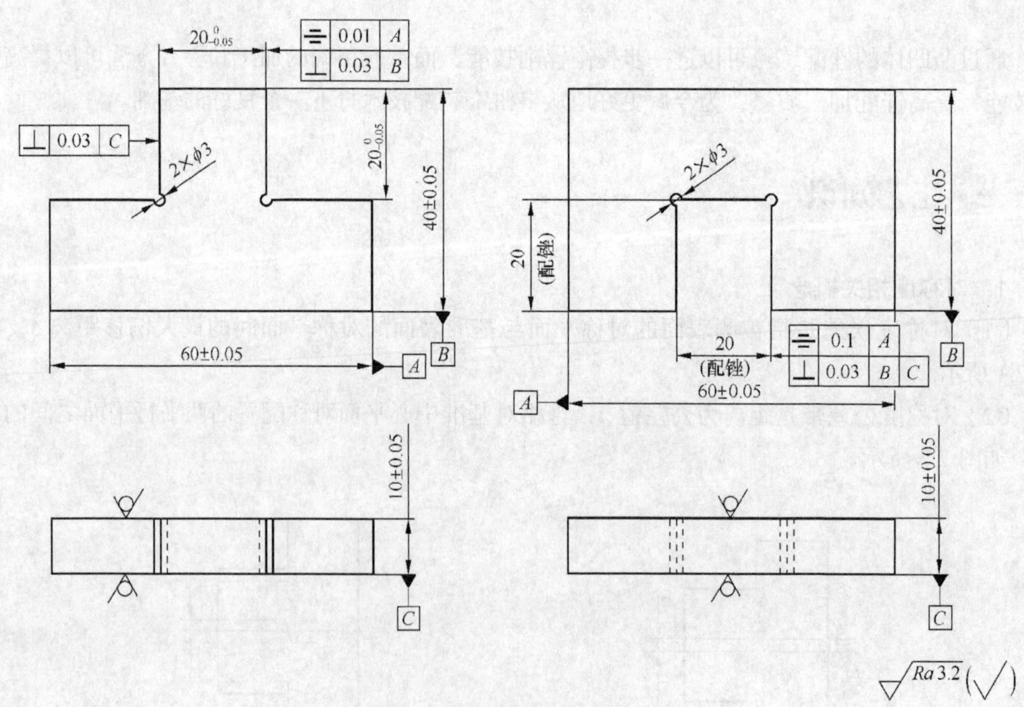

技术要求：
锉配间隙<0.06mm。

图 7.5 凸凹体锉配

三、操作步骤

1. 加工凸件

(1)按图样要求锉削外轮廓基准面,并达到尺寸 60mm ± 0.05mm、40mm ± 0.05mm 和给定的垂直度与平行度要求。

(2)按要求划出凸件加工线,并钻工艺孔 2×ϕ3mm,如图 7.6 所示。

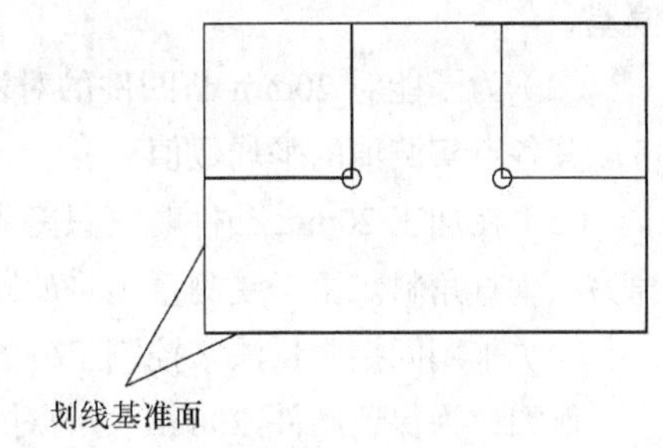

图 7.6　凸件的划线

(3)按划线锯去垂直一角,粗、细锉两垂直面,并达到图纸要求,如图 7.7 所示。

(4)按划线锯去另一垂直角,粗、细锉两垂直面,并达到图纸要求,如图 7.8 所示。

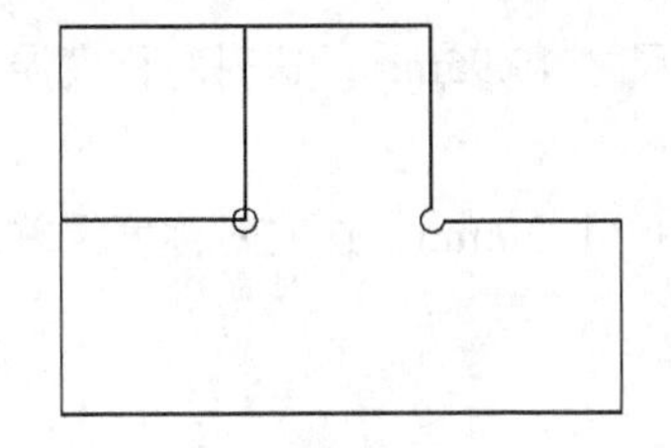

图 7.7　去掉凸件一角

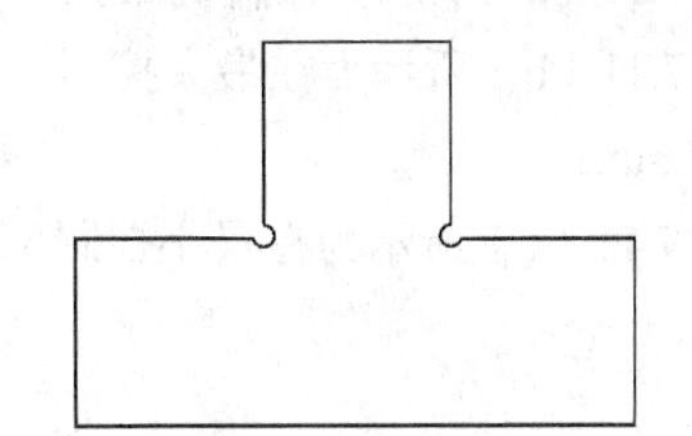

图 7.8　加工完的凸件

2. 加工凹件

(1)按图样要求锉削外轮廓基准面,并达到尺寸 601mm ± 0.05mm、40mm ± 0.05mm 和给定的垂直度与平行度要求。

(2)按要求划出凹件加工线,并钻工艺孔 2×ϕ3mm,如图 7.9 所示。

(3)用钻头钻出排孔,并锯除凹件的多余部分,然后粗锉至接触线条,如图 7.10 所示。

(4)细锉凹件各面,并达到图纸要求。

① 先锉左侧面,保证尺寸 151mm ± 0.03mm。

② 按凸件锉配右侧面,保证间隙 0.06mm。

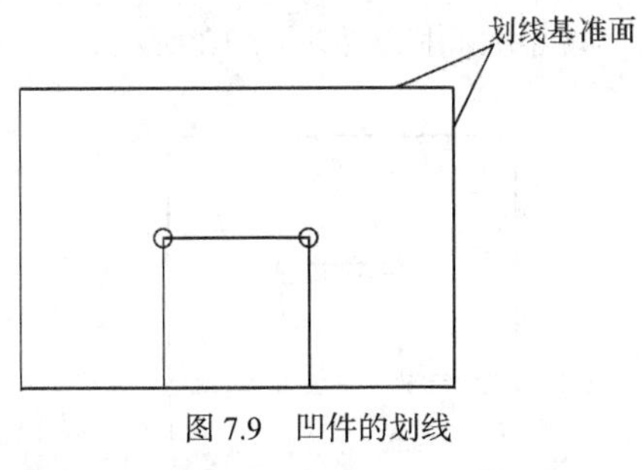

图 7.9　凹件的划线

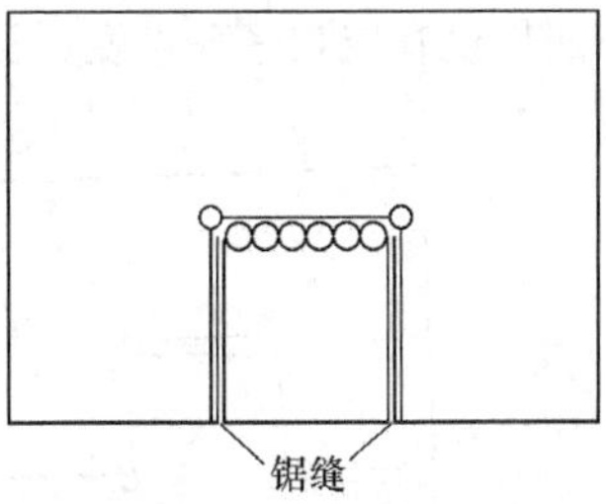

锯缝

图 7.10　去掉凹件多余料

③ 按凸件锉配底面,保证间隙 0.06mm。

3. 锉配修正

对凸凹件进行锉配修正,以达到间隙要求。

四、操作要点

（1）为了给最后的锉配留有一定的余量，在加工凸凹件外轮廓尺寸时，应控制到尺寸的上极限偏差。

（2）为了能对 20mm 凸凹件的对称度进行测量控制，60mm 处的实际尺寸必须测量准确，并应取其各点实测值的平均数值。

（3）在加工 20mm 凸件时，只能先去掉一垂直角料，待加工至所要求的尺寸公差后，才能去掉另一垂直角料。由于受测量工具的限制，只能采用间接测量法，以得到所需要的尺寸公差。

（4）采用间接测量法来控制工件的尺寸精度，必须控制好有关的工艺尺寸。

例如，为保证凸件 20mm 处的对称度要求，用间接测量法控制有关工艺尺寸（见图 7.11），用图解说明如下：

① 图 7.11（a）所示为凸件的最大与最小控制尺寸；

② 图 7.11（b）所示为在最大控制尺寸下，取得的尺寸 19.95mm，这时对称度误差最大左偏差值为 0.05mm；

③ 图 7.11（c）所示为在最小控制尺寸下，取得的尺寸 20mm，这时对称度误差最大右偏值为 0.05mm。

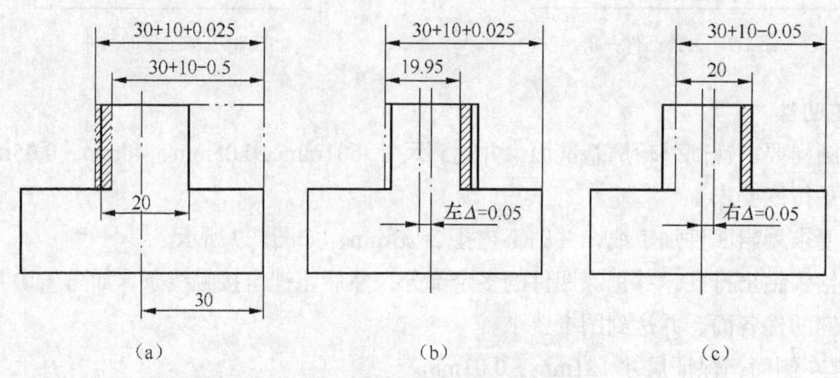

图 7.11　间接测量法控制时的尺寸

（5）为达到配合后换位互换精度，在凸凹件各面加工时，必须把垂直度误差控制在最小范围内。如果凸凹件没有控制好垂直度，互换配合就会出现很大间隙，如图 7.12 所示。

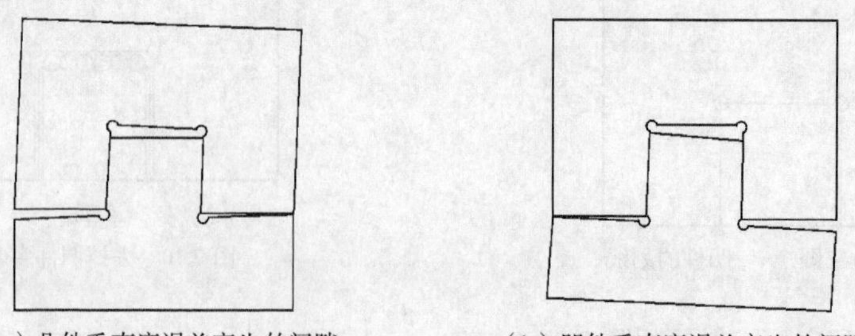

（a）凸件垂直度误差产生的间隙　　（b）凹件垂直度误差产生的间隙

图 7.12　垂直度误差对配合间隙的影响

（6）在加工各垂直面时，为了防止锉刀侧面碰坏另一垂直侧面，应将锉刀一侧面在砂轮上进行修磨，并使其与锉刀面夹角略小于 90°（锉内垂直面时）。

五、练习记录及成绩评定

总得分________

项目	项目与技术要求	实测记录		单次配分	实得分
1	尺寸要求 $20_{-0.05}^{\ 0}$ mm（2 处）			10	
2	尺寸要求 60mm ± 0.05mm（2 处）			10	
3	尺寸要求 40mm ± 0.05mm（2 处）			10	
4	配合间隙<0.06mm（5 处）			4	
5	配合后对称度 0.05mm			8	
6	配合表面粗糙度 Ra≤3.2μm（10 面）			1	
7	ϕ3 工艺孔位置正确（4 个）			0.5	
8	文明生产与安全生产			违者每次扣 5 分	
9	时间定额 8h	开始时间		每超额 30min 扣 5 分	
		结束时间			
		实际工时			

任务二　四方件锉配

通过四方件的锉配练习，可以进一步掌握四方体的锉配方法；了解影响锉配精度的因素并掌握锉配误差的检查和修正方法；同时可以掌握锉配工具的正确使用和修整。

一、工艺知识

1. 四方体锉配方法

（1）先锉配外四方体，后配锉内四方体。内四方体锉配时，为便于控制尺寸，应按图样要求选择有关的垂直外形面作测量基准，锉配前必须首先保证所选定基准面的必要精度。

（2）加工过程中内四方体各表面之间的垂直度，可采用自制量角样板检验，此样板还可用于检查内表面直线度，如图 7.13 所示。

（3）在内四方体的锉削中，为获得内棱角清角，必须修磨好锉刀边，锉削时应使锉刀略小于 90°，一边紧靠内棱角进行直锉。

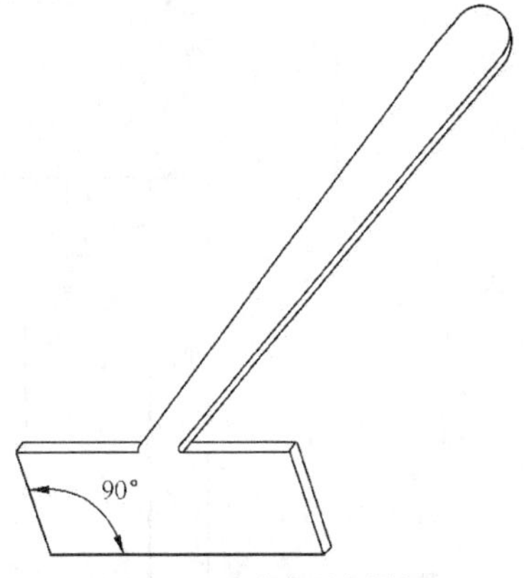

图 7.13　内直角量角样板

2. 四方体的形状误差对锉配的影响

（1）当锉削后的四方体各边尺寸出现误差时，如当配合面的一边加工尺寸为 25mm，另一边加工尺寸为 24.95mm，且在一个位置锉配后取得零间隙，则转位 90° 作配入修正后，配合面之间将引起间隙扩大，其值最小为 0.05mm，如图 7.14（a）所示。

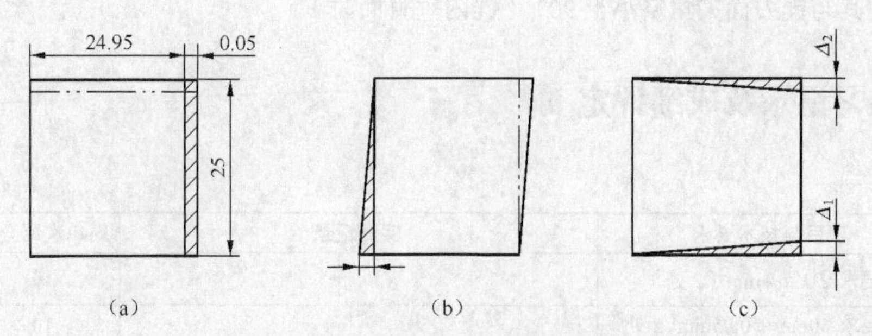

图 7.14　基准件误差对锉配精度的影响

（2）当四方体一面有垂直度误差，且在一个位置锉配后取得零间隙，则在转位 180° 作配入修正后，产生了附加间隙Δ，将使四方形成为“平行四边形”，如图 7.14（b）所示。

（3）当四方体有平行度误差时，在一个位置锉配后取得零间隙，则在转位 180° 作配入修正后，使四方体小尺寸一处产生配合间隙Δ_1和Δ_2，如图 7.14（c）所示。

（4）当四方体有平面度误差时，则锉配后将产生喇叭口。

二、练习件图样

练习图如图 7.15 所示。

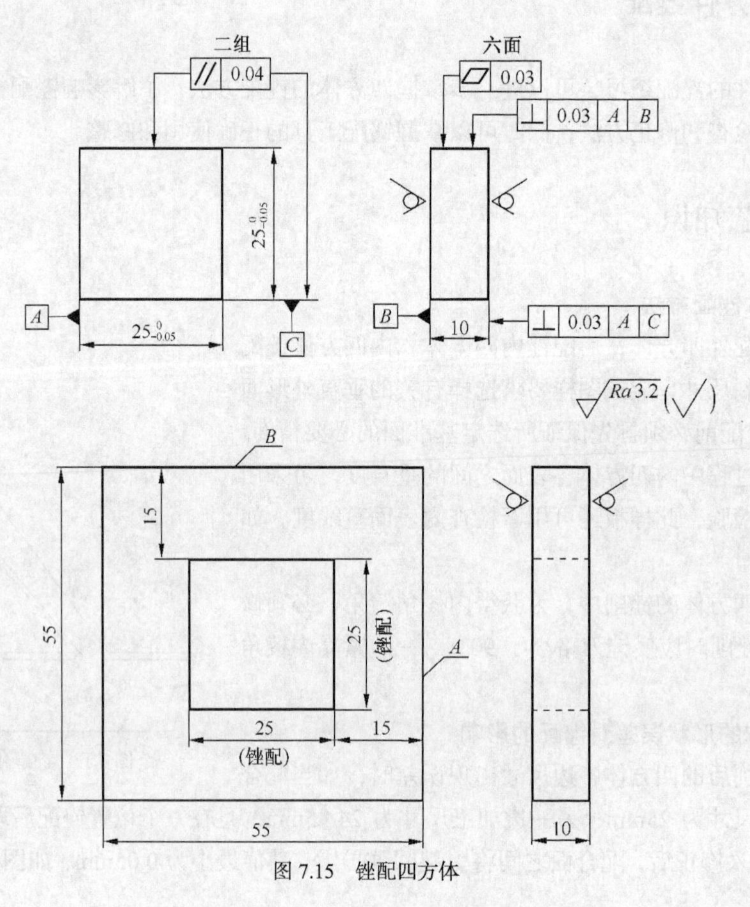

图 7.15　锉配四方体

三、操作步骤

（1）按图样要求，加工四方体4个面，达到尺寸及形状、位置精度的要求。加工步骤可参照前面章节讲过的锉削四方体的方法。

（2）锉配内四方体。

① 修正外形基准面 *A*、*B*，使其相互垂直，并与大平面垂直。

② 以 *A*、*B* 两面为基准，按图样尺寸划线，并用加工好的四方体校核所划线条的正确性。

③ 钻排孔，用扁錾沿四周錾去余料，然后用方锉粗锉余量，每边留 0.1～0.2mm 作细锉用量。

④ 细锉第一面（可取靠近平行于 *A* 面的面），锉至接触划线线条，达到平面纵横平直，并与 *A* 面平行与大平面垂直。

⑤ 细锉第二面（第一面的对面），达到与第一面平行，尺寸 25 可用四方体试配方法进行，使其能较紧地塞入即可，以留有修正余量。

⑥ 细锉第三面（靠近平行于外形基准 *B* 面的面），锉至接触划线线条，达到平面纵横平直，并与大平面垂直，以及通过千分尺测量控制该面与 *B* 面的距离（15）一致（至少测量 3 点），最后用自制角度样板检查修正，达到与第一、二面的垂直度和清角要求。

⑦ 细锉第四面，达到与第三面平行，并用四方体试配，达到能较紧地塞入。

⑧ 精锉修整各面。即用四方体认向配锉，先用透光法检查接触部位，进行修正。当四方体塞入后采用透光和涂色相结合的方法检查接触部位，然后逐步修锉达到配合要求。最后依转位互换的要求操作，并用手将四方体推出、推进毫无阻滞，转位互换顺畅，配合面间隙≤0.1mm。

⑨ 各锐边去除毛刺、倒角。检查配合精度，用塞尺检查锉配间隙是否符合锉配要求。

四、操作要点

（1）配锉件的划线要准确，线条要细而清晰。两口端线必须一次划出。

（2）为得到转位互换的配合精度，基准四方体的二组尺寸误差值应尽可能控制在最小范围内（必须控制在配合间隙的 1/2 范围内），其垂直度、平行度误差也尽量控制在最小范围内，并且要求将尺寸公差做在上限，使锉配时有可能做微量的修正。

（3）配锉件外形基准面 *A*、*B* 的相互垂直及与大平面的垂直度，应控制在较小的差值（<0.02mm），以保证在划线时的准确性和锉配时有较好的测量基准。

（4）锉配时的修锉部位，应在透光与涂色检查后，再从整体情况考虑，合理确定（特别要注意四角的接触）。避免仅根据局部试配情况就进行修锉，造成配合面局部出现过大间隙。

（5）当整体试配时，四方体轴线必须垂直于配锉件的大平面，否则不能反映正确的修正部位。

（6）注意掌握内四方清角的情况，防止修成圆角或锉坏相邻面。

（7）在试配过程中，不能用硬金属敲击，以防止将配锉面咬毛和锉配工件敲毛。敲击时可用榔头反端的木柄敲击，遇阻时退出，观察相碰亮点，并锉去相碰点，再反复配锉，直至全部进入。

五、练习记录及成绩评定

总得分____

项目	项目与技术要求		实测记录			单次配分	得分
1	四方	尺寸要求 $25_{-0.05}^{0}$ mm（2组）				8	
2		平行度 0.04mm（2组）				5	
3		平面度 0.03mm（4面）				3	
4		垂直度 0.03mm（4面）				3	
5		表面粗糙度 Ra≤3.2μm（4面）				1	
6	锉配	间隙 0.06mm（4面）				5	
7		喇叭口<0.10mm（4面）				2	
8		角清晰（4角）				1	
9		表面粗糙度 Ra≤3.2μm（4面）				1	
10		转位互换				10	
11	其他	文明生产与安全生产				违者每次扣除5分	
12	工时定额 8h		开始时间			每超额30min扣5分	
			结束时间				
			实际工时				

任务三　六方件锉配

通过六方件的锉配练习，可以进一步掌握六方体的锉配方法，以达到锉配精度要求，并掌握正确的六边形画线、锉配误差检查和修正方法，同时可以提高对锉配工具的正确使用和修整。

一、工艺知识

1. 六方件的划线方法

（1）在圆料工件上划内接正六边形方法。将工件放在V形体上，调整高度游标划线尺至中心位置，划出中心线如图7.16（a）所示，并记下高度尺的尺寸数值，按图样六边形对边距离，调整高度尺划出与中心线平行的六边形两对边线如图7.16（b）所示，然后顺次连接圆上各交点即可，如图7.16（c）所示。

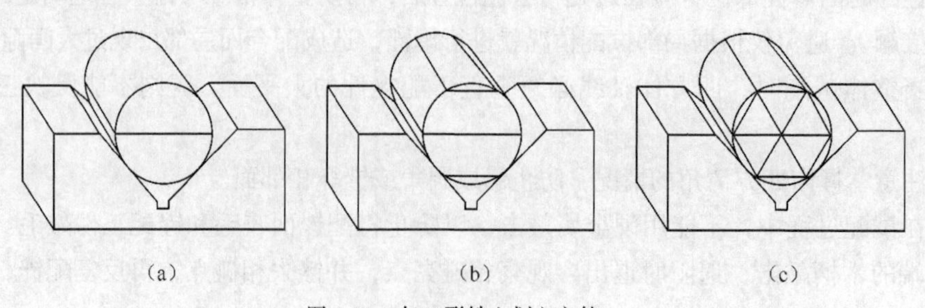

图7.16　在V形铁上划六方件

（2）在直角形工件上划正六边形方法。分别以直角基准面 *A*、*B* 作划线基准，按给定尺寸在标准平板上用高度游标尺，划出六边形各点对两基准面的坐标尺寸线，然后连接各交点即可，如图 7.17 所示。

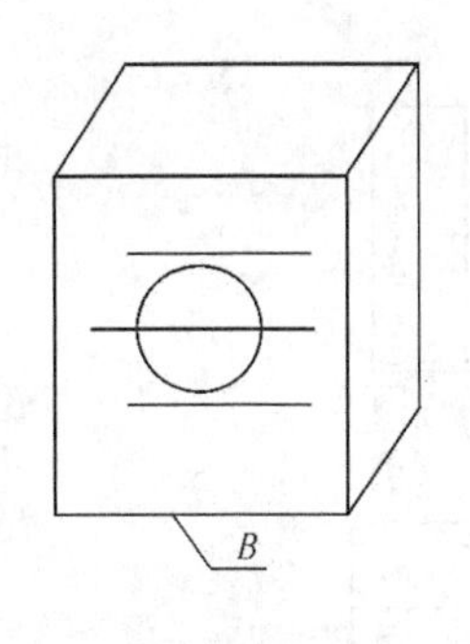

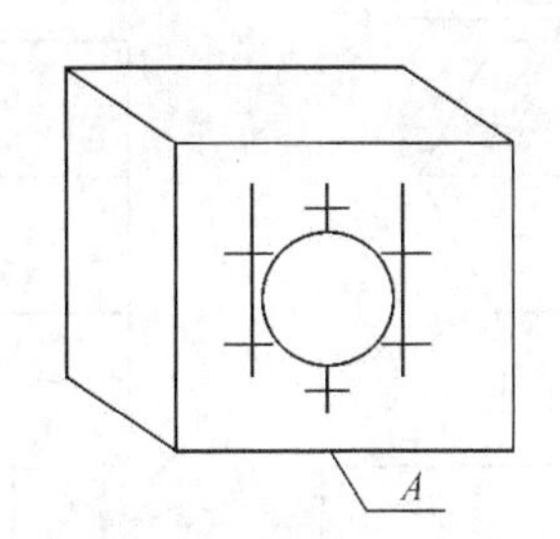

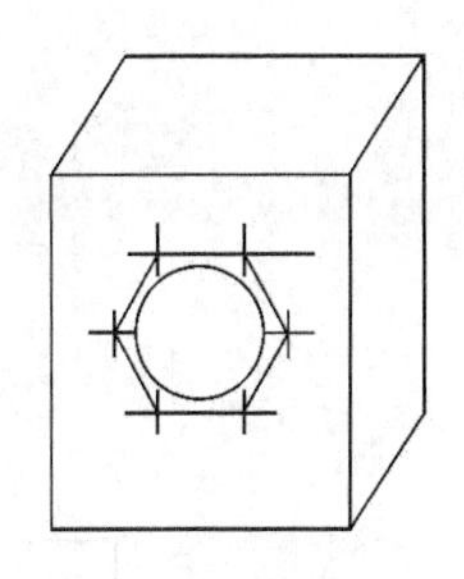

图 7.17　在直角形工件上划正六边形

2．六方体的锉配方法

（1）要实现锉配的内、外六方体能转位互换，达到配合精度，其关键在于外六方体要加工得精确，不但边长相等，而且各个尺寸、角度的误差也要控制在最小范围内。

（2）锉配内、外六方体有两种加工顺序，一种是按前面锉配四方体的方法，先锉配一组对面，然后依次将 3 组试配后，做整体修锉配入；另一种方法是可以先配锉 3 个邻面，用 120° 样板（见图 7.18）检查和用外六方体试配检查 3 面 120° 的角度与等边边长的准确性，并按划线线条锉至接触线，然后再同时锉 3 个面的对组面，使六边形 3 组面用角都能塞入，再做整体修锉配入。

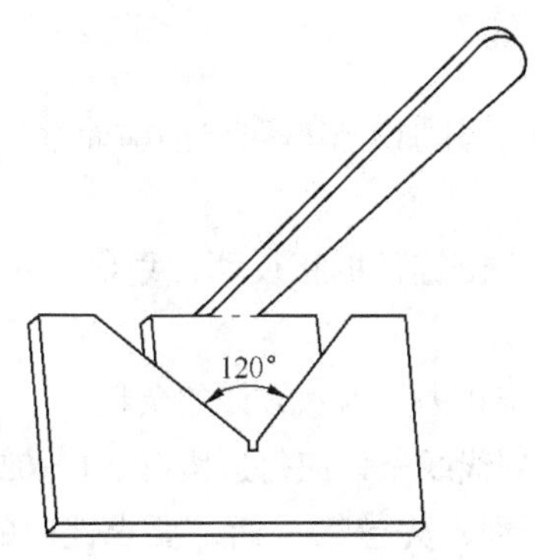

图 7.18　内、外 120° 量角样板

（3）对内六边形棱角线的直线度控制方法与四方体相同，必须用板锉按划线仔细直锉，使棱角线直而清晰。

（4）六方件在锉配过程中，若某一面产生配合间隙增大时，对其间隙面的两个邻面可做适当修正，即可减小该面的间隙。采用这种方法要从整体来考虑其修正部位和余量，不可贸然动手。

二、练习件图样

练习图如图 7.19 所示。

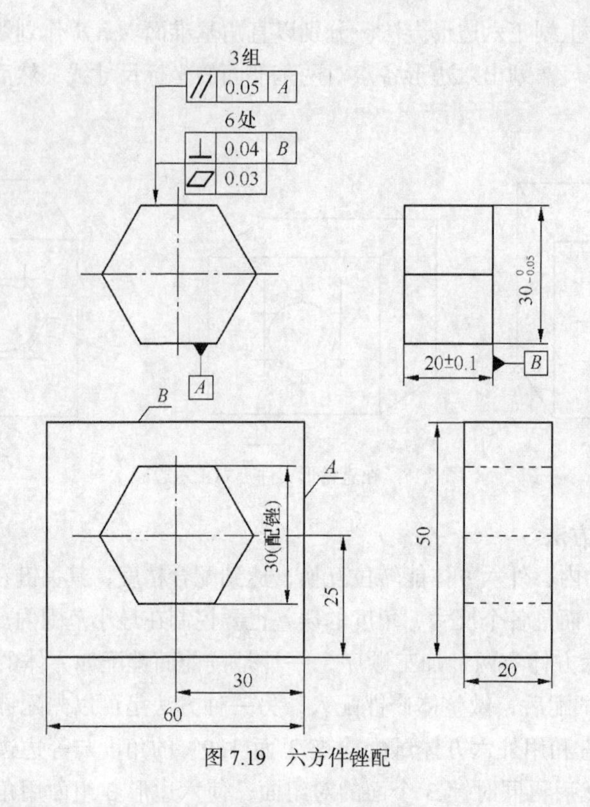

图 7.19　六方件锉配

三、操作步骤

（1）按图样要求加工外六方体，其加工步骤可参照前面章节讲过的锉削六方体的方法。

（2）锉配内六方体。

① 按外六方体的实际尺寸，在配锉件的正反两面划出内六方体加工线，并用外六方体进行校核。

② 在内六方体中心扩钻或用排孔去除内六方体的余料。

③ 粗锉内六方体各面至接近划线线条，使每边留有 0.1～0.2mm，作细锉用量。

④ 细锉内六边形相邻的 3 个面：先锉第一面，要求锉削的面要平直，并与基准大平面垂直；锉第二面时要达到与第一面相同的要求，并用 120° 量角样板检查清角与 120° 的角度；锉第三面也要达到上述要求。锉削时除用 120° 量角样板检查外，还要用外六方体做认面试配，检查 3 面的 120° 的角度和边长情况，修锉到符合要求，3 个邻面都应该锉至接触正反两面的划线线条。

⑤ 细锉 3 个邻面的各自对面，用同样方法检查达到本身 3 面之间的要求，并认面定向将外六方体的三组面，用角部在内六角的正反两面试配，达到均能较紧地塞入。

⑥ 用外六方体做认面定向整体试配，利用透光和涂色法来检查和精修各面，使外六方体配入后透光均匀，推进、推出滑动自如。最后做转位试配，按涂色修正，达到互换配合要求。

⑦ 各棱边均匀倒棱，全面检查。

四、操作要点

（1）划线要准确，线条要细而清楚，在连接各交点时要特别注意准确性。

（2）外六方体是锉配的基准件，为达到转位互换配合精度，必须将外六方体各尺寸、几何公差，尽量控制在最小允差范围内。

（3）在锉内六边形清角时，锉削要慢而稳，紧靠邻边直锉，以防锉坏邻面或锉成豁角。

（4）锉配时应认面定向进行，故必须做好标记，为取得转位互换配合精度，不能按配合情况修正外六方体。当修正外六方体时，应进行单件准确测量，找出误差后加以适当修正。

（5）在锉配实习中，仍应着眼于锉削基本技能的训练，对使用的锉刀规格、锉削方法都应按锉削要求进行。

五、练习记录及成绩评定

总得分＿＿＿＿＿

项目	项目与技术要求		实测记录		单次配分	得分
1	外六角	尺寸要求 $30_{-0.05}^{\ 0}$ mm（3 组）			5	
2		3 组尺寸差 0.05mm			6	
3		垂直度 0.04mm（6 面）			2	
4		平行度 0.05mm（3 组）			2	
5		平面度 0.03mm（6 面）			2	
6		表面粗糙度 Ra≤3.2μm（6 面）			1	
7	锉配	间隙<0.08mm（6 面）			2	
8		喇叭口 0.12mm（6 面）			2	
9		角清晰（6 角）			1	
10		表面粗糙度 Ra≤3.2μm（6 面）			1	
11		转位互换			7	
12	其他	文明生产与安全生产			违者每次扣除 5 分	
13	工时定额 12h		开始时间		每超额 30min 扣 5 分	
			结束时间			
			实际时间			

项目八

弯形与矫正

弯形与矫正是钳工工作中经常会遇到的任务。本项目主要介绍弯形与矫正的方法，常用工具及弯形毛坯的相关尺寸计算；手工绕制弹簧的方法；矫正工具。

知识目标

- 掌握弯形的概念和弯形时相关尺寸的计算方法。
- 明确手工绕制弹簧时心棒直径的计算。
- 掌握矫正的概念。

技能目标

- 掌握板料与管材弯形的方法。
- 了解手工绕制弹簧的方法。
- 掌握各种材料的矫正方法。

任务一　弯形

将各种坯料弯成所需尺寸形状的加工方法称为弯形。

弯形分为冷弯与热弯两种，冷弯是把材料在常温状态下进行弯曲成形，热弯则是将材料预热后进行的。根据加工手段的不同，弯形又可分为机械弯形与手工弯形两种，钳工是以手工弯形为主的。

弯形是通过使材料产生塑性变形来实现弯形的目的，因此只有塑性好的材料才能进行弯形。

一、弯形坯料长度的计算

工件弯曲后外层材料受拉伸作用而伸长，内层材料受挤压作用而缩短，只有中间一层材料长度不变，称为中性层。图 8.1 所示为钢板弯形前后的断面情况，图中 *c*—*c* 层即为中性层。

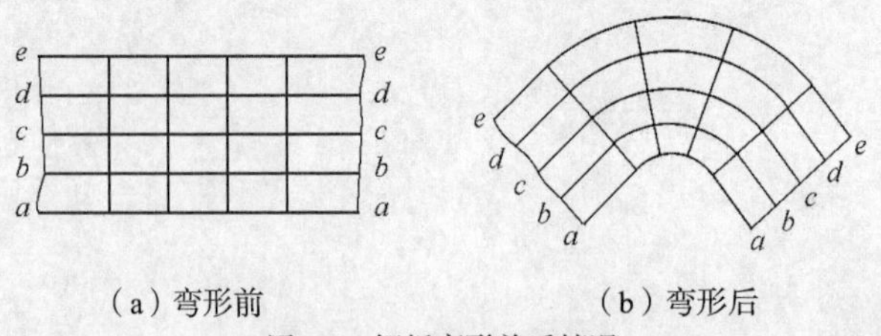

（a）弯形前　　（b）弯形后

图 8.1　钢板弯形前后情况

工件弯形前坯料的长度可以按中性层的长度计算。中性层位置一般不在材料厚度的正中，而是偏向材料内层一边，实际位置取决于材料的弯形半径 r 和材料厚度 t 的比值 r/t。设 X_0 为中性层位置系数，不同的比值 r/t 对应不同的 X_0。

表 8.1 所示为中性层位置系数 X_0 的数值。从表中 r/t 的比值可知，当弯形半径 $r \geqslant 16t$ 时，中性层在材料的正中。在一般情况下，为简化计算，当 $r/t \geqslant 8$ 时，即可按 $X_0=0.5$ 计算。

表 8.1　弯形中性层位置系数 X_0

r/t	0.25	0.5	0.8	1	2	3	4	5	6	7	8	10	12	14	≥16
X_0	0.2	0.25	0.3	0.35	0.37	0.4	0.41	0.43	0.44	0.45	0.46	0.47	0.48	0.49	0.5

图 8.2 所示为几种常见的弯形形式。图 8.2（a）、（b）、（c）所示为内边带圆弧的工件，图 8.2（d）所示为内边不带圆弧的直角工件。

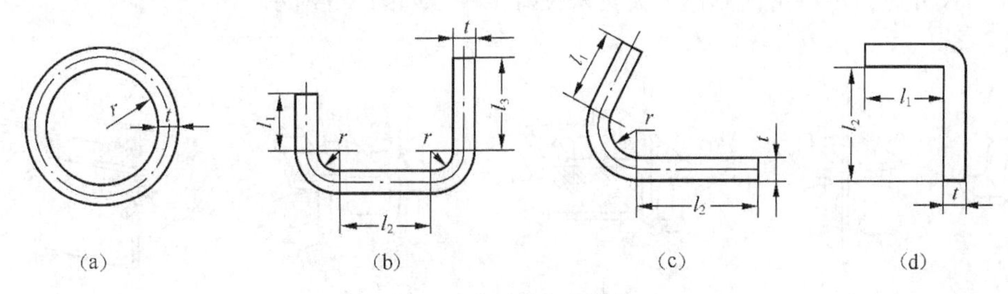

图 8.2　常见的弯形形式

内边带圆弧的工件，其坯料长度尺寸等于直线部分长度（不变形部分）与圆弧中性层（弯形部分）之和。其中，圆弧部分中性层长度可按式（8.1）计算：

$$A=\pi(r+X_0t)\alpha/180 \tag{8.1}$$

式中，A——圆弧部分中性层长度，mm；

r——弯形半径，mm；

X_0——中性层位置系数；

t——材料厚度，mm；

α——弯形角（°），即弯形中心角，如图 8.3 所示。

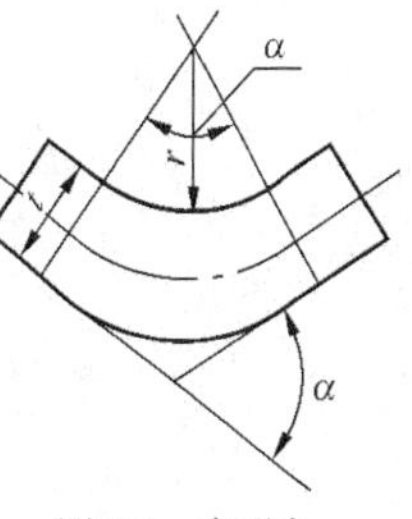

图 8.3　弯形角

【例 8.1】如图 8.2（c）所示，已知弯形角 $\alpha=120°$，内弯形半径 $r=14$mm，材料厚度 $t=2$mm，边长 $l_1=40$mm，$l_2=100$mm，求毛坯总长度 L。

解： $r/t=14/2=7$，查表得 $X_0=0.45$

$L=l_1+l_2+A$

$=l_1+l_2+\pi(r+X_0t)\alpha/180°$

$=40+100+3.14(14+0.45\times2)120°/180°$

≈ 171.19（mm）

当内边弯形成直角不带圆弧时，直角部分中性层长度可按式（8.2）计算：

$$A=0.5t \tag{8.2}$$

【例 8.2】如图 8.2（d）所示，已知材料厚度 $t=4$mm，边长 $l_1=60$mm，$l_2=90$mm，求毛坯总长度 L。

解：图示工件内边为直角的弯形制件

所以 $L=l_1+l_2+A$

$=l_1+l_2+0.5t$

$=60+90+0.5\times4$

$=152$（mm）

二、弯形方法

1. 直角形工件弯形

（1）板料在厚度方向上的弯形。对材料厚度在 5mm 以下的工件弯形，可直接在台虎钳上操作。先在需弯形的地方划好线，然后将工件夹在台虎钳上，使弯形线与钳口齐平，在接近划线处锤击。弯制多直角工件时，可选择适当的垫块作辅助工具，分步弯形，如图 8.4 所示。当工件尺寸超过钳口尺寸时，可用角铁制作的夹具来夹持工件，如图 8.5 所示。

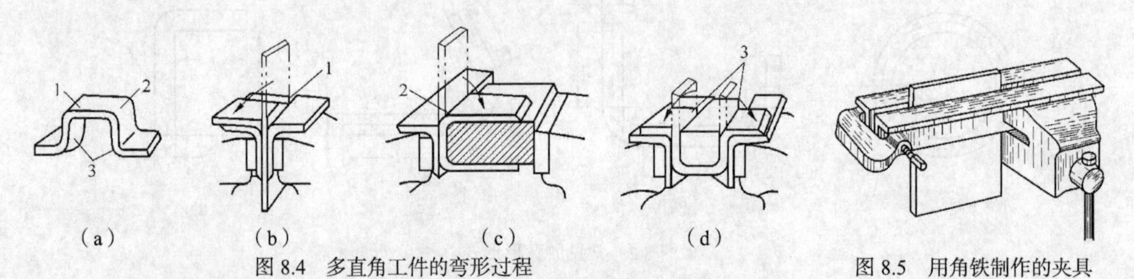

图 8.4　多直角工件的弯形过程

1—夹持板料的部分；2—弯制工件的凸起部分；3—弯制工件的边缘部分

图 8.5　用角铁制作的夹具

（2）板料在宽度方向上的弯形。可利用金属材料的延伸性能，锤击弯形的外弯部分，使材料向相反方向逐渐延伸，达到弯形的目的，如图 8.6（a）所示；较窄的板料可在 V 形铁或专用弯形模上锤击，使工件变形，如图 8.6（b）所示；还可在专用弯形工具上进行弯形，如图 8.6（c）所示。

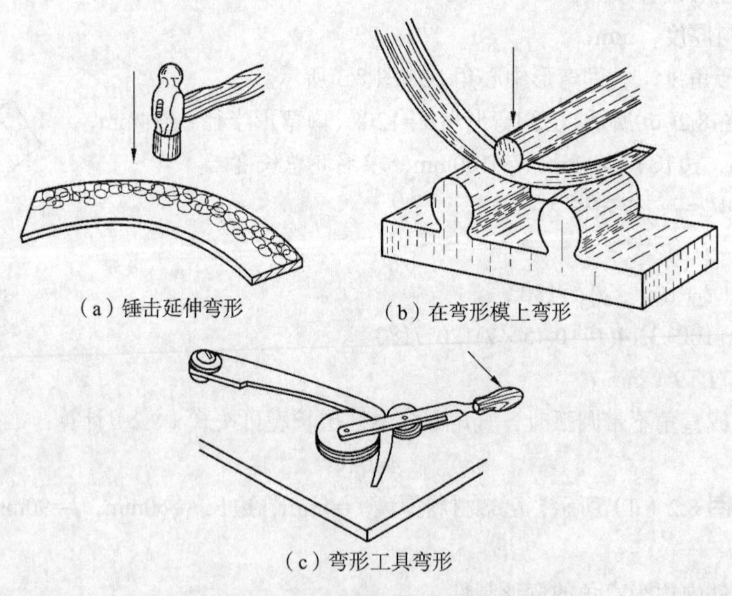

（a）锤击延伸弯形

（b）在弯形模上弯形

（c）弯形工具弯形

图 8.6　板料在宽度方向上的弯形

2. 圆弧形工件弯形

如图 8.7 所示，弯制圆弧形工件时，先在坯料上划好线，按划线位置将工件夹在台虎钳上，用锤子初步锤击成形，然后用半圆模修整，使其符合图纸要求。

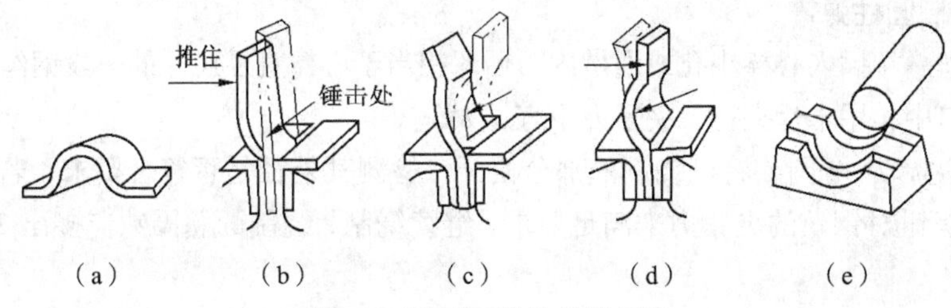

图 8.7　圆弧形工件的弯形过程

3. 管件弯形

直径大于 12mm 的管子一般采用热弯，直径小于 12mm 的管子则采用冷弯。弯形前，必须将管子内灌满干的沙子，两端用木塞堵住管口，以防止弯形部位发生凹瘪。焊接管弯形时，应将焊缝放在中性层位置，以减小变形，防止焊缝开裂。手工弯管通常在专用工具上操作，如图 8.8 所示。

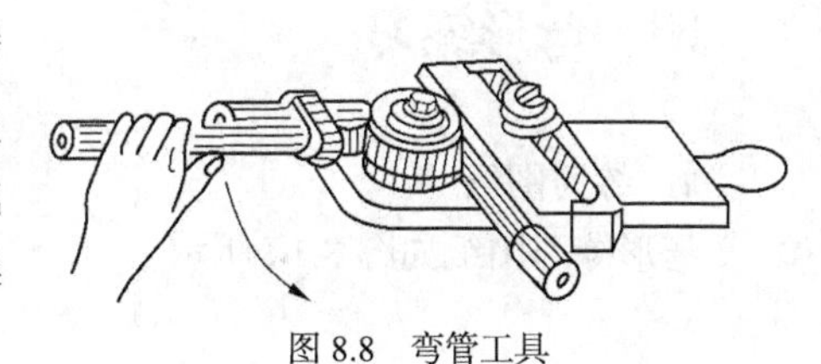
图 8.8　弯管工具

三、绕弹簧

弹簧是利用材料的弹性和结构特点，通过储存能量和弹性变形来进行工作的一种机械工件。

1. 弹簧的种类

弹簧按受力情况可分为压缩弹簧、拉伸弹簧和扭转弹簧；按形状可分为圆柱弹簧、圆锥弹簧、平面涡卷弹簧和板弹簧等。其中最常用的是圆柱弹簧。

2. 心棒直径的确定

手工绕制圆柱弹簧时应先根据弹簧尺寸制作一根一端钻有小孔或开有通槽的心棒，另一端弯成直角形手柄，如图 8.9 所示。

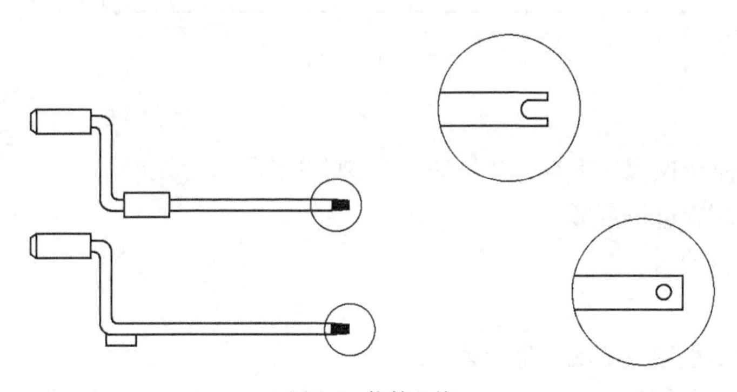
图 8.9　绕簧心棒

一般情况下，心棒直径应小于弹簧内径，其尺寸可用下式计算得出。

$$D_0=(0.75\sim0.8)D_1 \tag{8.3}$$

式中，D_0——心棒直径，mm；

　　D_1——弹簧内径，mm。

当弹簧内径与其他工件相配时，取大系数；当弹簧外径与其他工件相配时，取小系数。

3. 手工绕制圆柱弹簧

（1）把钢丝一端插入心棒小孔或通槽内，预留相当于心棒直径尺寸的一段钢丝，并将其夹持在台虎钳的钳口中，用木片夹持，夹紧力不宜过大。

（2）转动心棒 2～3 圈，将已绕制的部分松开，检测其外径是否符合要求，若不符合要求，可通过调整台虎钳对钢丝的夹紧力来满足要求，继续绕制，绕制的总圈数应多出 2～3 圈作为修整余量。

（3）将钢丝尾端夹紧在台虎钳上，向前推动心棒，控制节距均匀成形。

（4）按弹簧长度尺寸要求截断，压平后修磨两端。

四、弯形练习

1. 练习图纸

弯形练习图纸如图 8.10 所示。

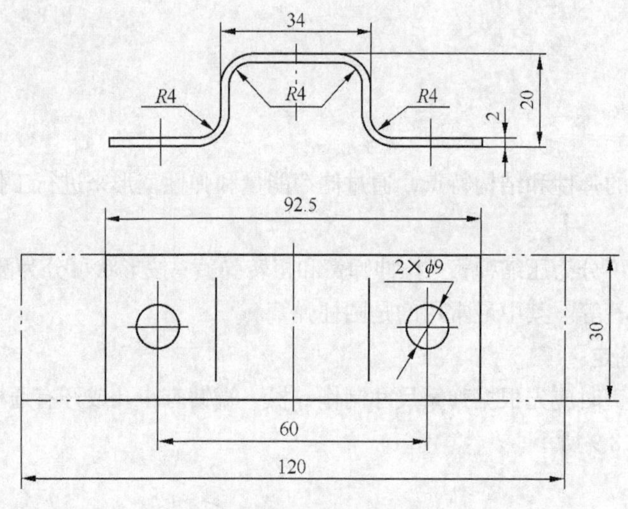

图 8.10　弯形

2. 练习步骤

（1）按图纸要求依次完成下料、锉外形、划线的工作。

（2）用手锤对坯料进行弯形。

（3）钻孔并进行倒角。

3. 注意事项

（1）在板料上尽量避免出现大量的锤痕。

（2）板料钻孔前必须倒棱和倒角，钻孔必须使用台虎钳夹持以免划伤手。

任务二　矫正

为消除材料的弯曲、翘曲等缺陷而采取的操作方法称为矫正。按矫正时被矫正工件的温度分类，可分为冷矫正和热矫正。根据矫正时产生矫正力的方法可分为手工矫正、机械矫正、火焰矫正和高频热点矫正。钳工操作主要以手工矫正为主。

一、矫正工具

1. 支撑和夹紧工具

支撑和夹紧工具是指用以支撑和夹紧矫正件的工具，如矫正平板、铁砧、台虎钳和V形架等。

2. 施力工具

施力工具是指用以对矫正件施加矫正力的工具，如各种锤子、抽条和拍板以及螺旋压力机等。矫正一般材料，通常使用铁锤；矫正已加工表面、板料、有色金属等工件应使用铜锤、木锤或橡皮锤等软手锤。抽条是用条形板料弯制成的简易手工工具，用于抽打面积较大的板料如图8.11所示。拍板是用质地较硬的檀木制成的专用工具，也用于敲打板料。螺旋压力机用于矫正较大的轴类工件，如图8.12所示。

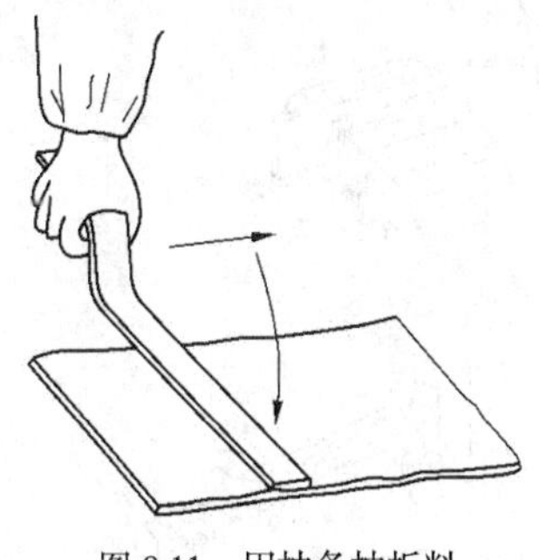

图8.11　用抽条抽板料

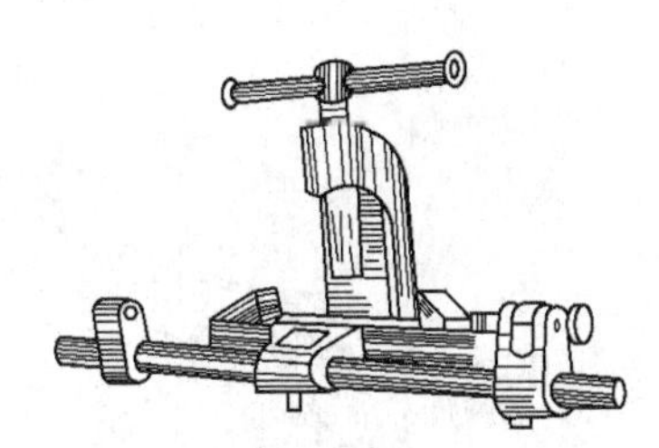

图8.12　螺旋压力机矫正轴类工件

3. 检验工具

检验工具是用以检验矫正后的工件是否符合要求的工具，如检验平板、90°角尺、直尺、百分表等。

二、矫正方法

手工矫正根据材料变形的类型常采用的方法有扭转法、伸张法、弯形法和延展法。

1. 扭转法

扭转法是用来矫正扭曲变形的条料的方法，如图8.13所示。先将条料夹持在台虎钳上，再用扳手将其扭转复原，如图8.13所示。

2. 伸张法

伸张法是用来矫正各种细长的线材的方法，如图8.14所示。将线材一端固定，然后将线材绕圆木一圈，从固定处开始，握紧圆木向后拉，线材即可校直。

3. 弯形法

弯形法是用来矫正各种棒料和在宽度方向上弯曲的条料的方法，如图8.15所示。小直径的棒料和薄的条料一般可夹在台虎钳上，利用台虎钳的夹紧力或用扳手将材料初步校平，再放在平板上用锤子校直。直径大的棒料和厚的条料，常采用螺旋压力机校直。

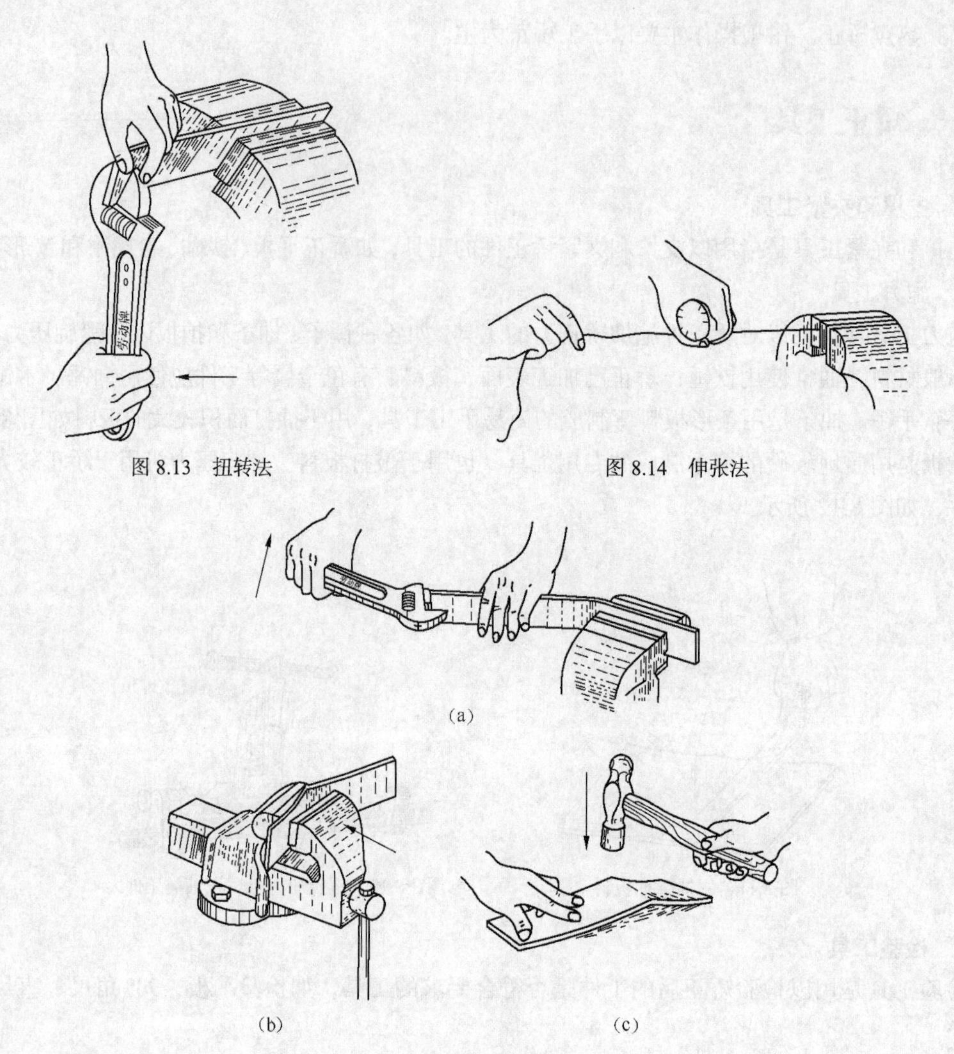
图 8.13　扭转法

图 8.14　伸张法

（a）

（b）

（c）

图 8.15　弯形法

4. 延展法

延展法是用来矫正各种翘曲的板料和型材的方法。这种方法是通过用锤子敲击材料的适当部位，使其局部延展伸长达到矫正的目的。

图 8.16 所示为宽度方向上弯曲的条料，如用弯形法校直，容易发生裂痕或折断，此时可采用延展法来校直，锤击弯曲材料的里边，使里边延展伸长，达到校直的目的。

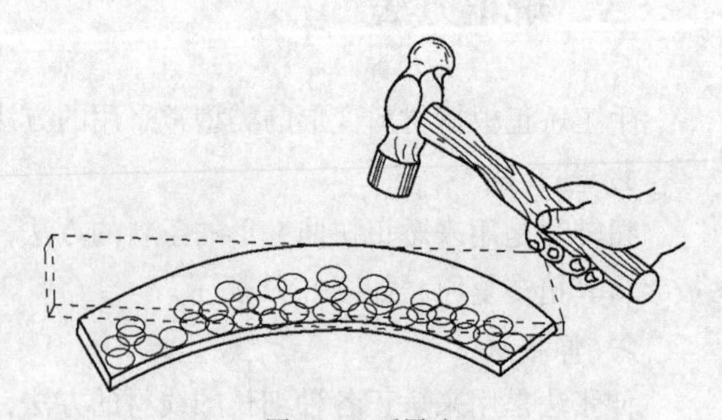
图 8.16　延展法

三、矫正练习

1. 练习图纸

矫正练习图纸如图 8.17 所示。

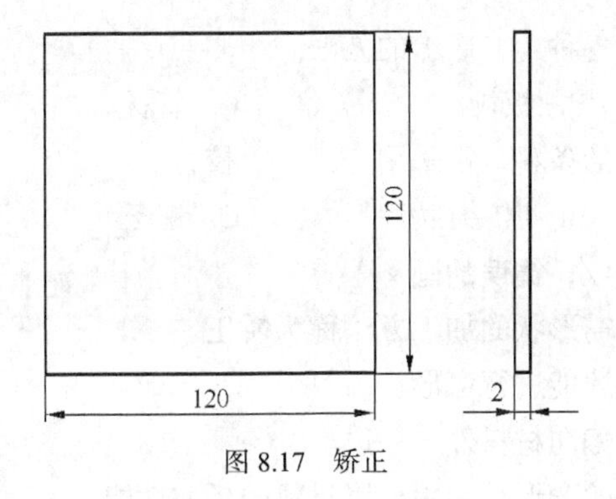

图 8.17　矫正

2. 练习要求

（1）对板料进行校平练习，要求无明显锤击痕迹，平面度达到 0.1mm。

（2）板料矫正前，可先在旧板料上做锤击练习，掌握锤击力度。

思考与练习

一、填空题

（1）弯形分为冷弯与热弯两种，冷弯是把材料在________状态下进行弯曲成形。

（2）弯形是通过使材料产生________变形来实现弯形的目的。

（3）工件弯曲后，中间一层材料长度不变，称为________。

（4）中性层位置一般不在材料厚度的________。

（5）弯制多直角工件时，可选择适当的________作辅助工具。

（6）手工绕制圆柱弹簧应先根据________制作一根心棒。

（7）为消除材料的弯曲、翘曲等缺陷而采取的操作方法称为________。

（8）手工矫正根据材料变形的类型常采用的方法有扭转法、伸张法、弯形法和________。

（9）扭转法是用来矫正________变形的条料的方法。

（10）延展法是通过用锤子敲击材料的________部位，使其局部延展伸长达到矫正的目的。

二、选择题

（1）工件弯曲后外层材料受拉伸作用而（　　）。

A. 缩短　　B. 伸长　　C. 不变　　D. 变形

（2）计算工件弯形前坯料长度时，可以按（　　）的长度计算。

A. 中性层　　B. 外层　　C. 内层　　D. 中间层

（3）对厚度在 5mm 以下的板料工件弯形，可直接在（　　）上操作。

A. 平板　　B. V 形铁　　C. 台虎钳　　D. 铁砧

（4）手工绕弹簧时，心棒直径应（　　）弹簧内径。

A. 小于　　B. 大于　　C. 等于　　D. 没关系

（5）钳工操作主要以（　　）矫正为主。

A. 手工　　B. 机械　　C. 火焰　　D. 高频热点

（6）螺旋压力机属于（　　）矫正工具。

A. 夹紧　　B. 支撑　　C. 施力　　D. 检验

（7）伸张法是用来矫正各种（　　）的方法。

A. 棒料　　B. 板料　　C. 管材　　D. 线材

（8）直径大的棒料和厚的条料，常采用（　　）校直。

A. 台虎钳　　B. 螺旋压力机　　C. 锤子　　D. 扳手

三、判断题（正确的画√，错误的画×）

（1）将各种坯料弯成所需形状的加工方法称为矫正。（　　）

（2）只有塑性好的材料才能进行弯形。（　　）

（3）中性层位置一般是偏向材料外层一边。（　　）

（4）板料在宽度方向上的弯形是利用金属材料的延伸性能。（　　）

（5）管件弯形前，必须将管子内灌满干的沙子。（　　）

（6）弹簧是利用了材料的刚性特点。（　　）

（7）抽条用于抽打面积较小的板料。（　　）

（8）矫正已加工表面、板料、有色金属等工件应使用铜锤、木锤或橡皮锤等软手锤。（　　）

（9）为消除材料缺陷而采取的操作方法称为矫正。（　　）

（10）用延展法矫正时应锤击弯曲材料的外边。（　　）

四、简答题

（1）什么是弯形？何种材料可以进行弯形？

（2）弯形后，中性层位置是否在材料中间？中性层位置与哪些因素有关？

（3）什么是弹簧？包括哪些种类？

（4）什么是矫正？手工矫正有几种方法？

五、计算题

如图 8.18 所示，已知弯形角α=90°，内弯形半径 r=16mm，材料厚度 t=4mm，边长 l_1= 50mm，l_2=100mm，l_3=110mm，求毛坯总长度 L。

六、操作题

根据图纸（见图 8.19）要求完成规定任务。

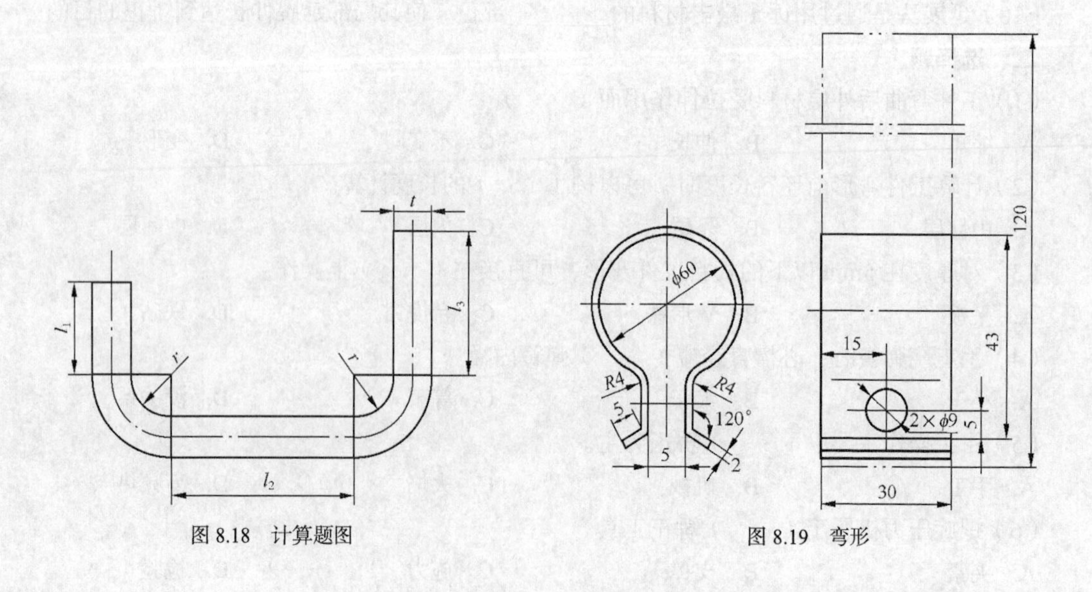

图 8.18　计算题图　　　图 8.19　弯形

刮削与研磨

刮削与研磨是两种钳工工作中非常重要的精加工的方法。本项目主要介绍刮削的基本概念、刮削工具、刮削方法、刮削的质量检验；研磨的概念、研磨的用具、研磨剂的分类、研磨方法及质量检验。

知识目标

- 了解刮削与研磨的基本概念及刮削基本知识。
- 了解刮刀的材料、种类、结构和平面刮刀的尺寸及几何角度。
- 熟悉刮削与研磨的特点和应用。

技能目标

- 掌握正确原始平板的循环刮削步骤。
- 能进行平面刮刀的刃磨。
- 掌握正确的研磨方法。

任务一　刮削

一、刮削概述

刮削是用刮刀刮除工件表面很薄一层金属的加工方法。刮削后的工件可以获得很高的尺寸精度、形状和位置精度、表面质量和接触精度。刮削可以使工件表面在光线反射下显示出明暗层次清晰、均匀整齐的花纹，使工件外观美化，在现代科技高度发达的今天仍有其不可替代的作用。

1. 刮削的特点

（1）刮削具有切削量小，切削力小，切削热少和切削变形小的特点。

（2）刮削时，刮刀反复对工件表面进行挤压，使工件表面具有良好的粗糙度，而且表面变得比以前紧密，从而提高了工件表面的抗疲劳能力与耐磨性。

（3）刮削后的工件表面分布着均匀的微坑，从而改善了工件的润滑性能，减少了摩擦磨损，提高了工件使用寿命。

（4）刮削一般是利用标准件或互配件对工件表面进行涂色显点来确定其加工部位的，从而能保证工件有较高的几何公差和互配件的精密配合。

2. 刮削的应用

（1）用于精密机械工件的配合滑动表面。

（2）用于工件要求较精确的几何精度和尺寸精度。

（3）用于获得良好的机械装配精度。

（4）用于工件需要得到美观的表面。

二、刮削工具

1. 刮刀

刮刀一般用碳素工具钢T10A、T12A或弹性好的轴承钢GCr15锻制而成，经热处理后硬度可达60HRC左右。刮削淬火硬件时，可用硬质合金刮刀。刮刀刃口呈圆弧状、负前角，刮削时对工件表面能起挤压作用，这是刮削能改善工件表面粗糙度和提高表层质量的原因之一。

2. 刮刀的种类

刮刀分平面刮刀和曲面刮刀两大类。

（1）平面刮刀用来刮削平面和外曲面。平面刮刀又分为普通刮刀和活头刮刀两种，如图9.1所示。其中普通刮刀按所刮表面精度的不同，又分为粗刮刀、细刮刀和精刮刀3种。

（2）曲面刮刀用来刮削内曲面，如滑动轴承等。曲面刮刀有三角刮刀和蛇头刮刀两种，如图9.2所示。

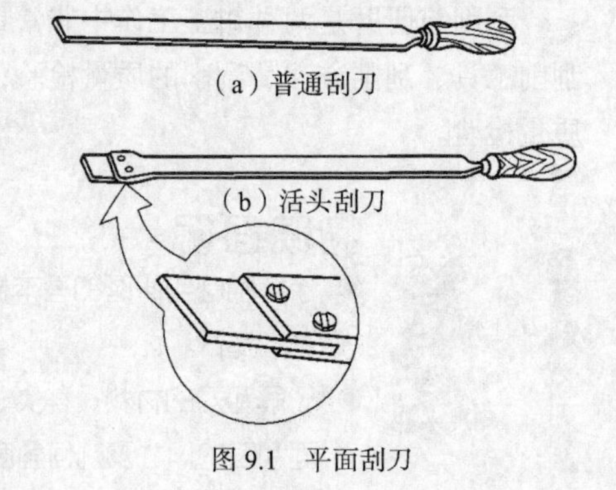
（a）普通刮刀

（b）活头刮刀

图9.1　平面刮刀

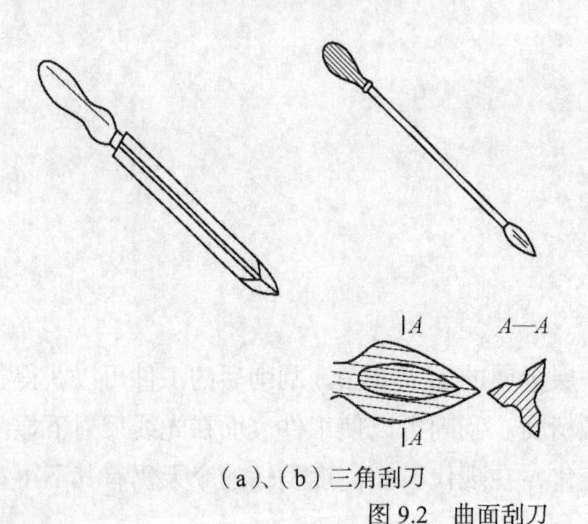

（a）、（b）三角刮刀

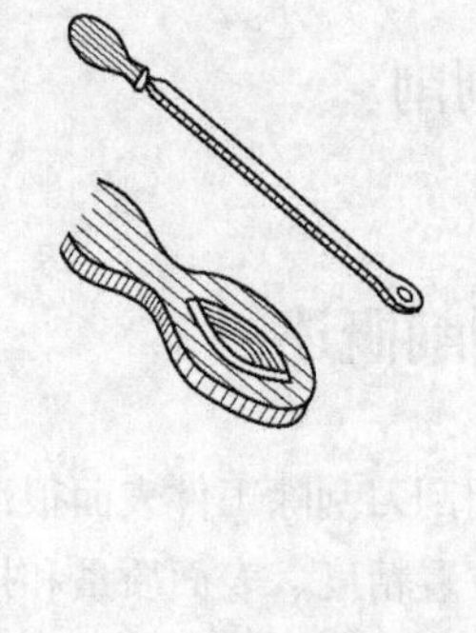
（c）蛇头刮刀

图9.2　曲面刮刀

3. 平面刮刀的刃磨

（1）平面刮刀的几何角度。刮刀还可按粗、细、精刮的要求不同而分类。三种刮刀顶端角度，如图9.3所示。粗刮刀为

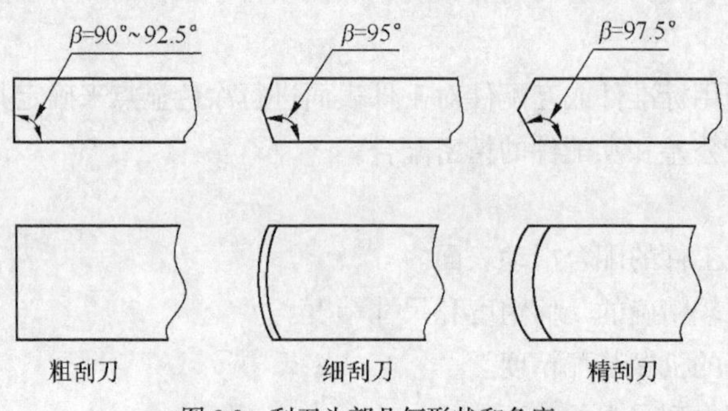

粗刮刀　　细刮刀　　精刮刀

图9.3　刮刀头部几何形状和角度

90° ~92.5°，刀刃平直；细刮刀为 95° 左右，刀刃稍带圆弧；精刮刀为 97.5° 左右，刀刃带圆弧。刃磨后的刮刀平面应平整光洁，刃口无缺陷。

（2）平面刮刀的刃磨。刃磨刮刀应在油石上进行。操作时在油石上加适量机油，先磨两平面如图 9.4（a）所示，直至平面平整，然后磨端面，如图 9.4（b）所示。刃磨时左手扶住手柄，右手紧握刀身，使刮刀直立在油石上，略带前倾（前倾角度根据刮刀的不同β角而定）地向前推移，拉回时刀身略微提起，以免磨损刃口，如此反复，直到切削部分形状、角度符合要求，且刃口锋利为止。初学时还可将刮刀上部靠在肩上，两手握刀身，向后拉动来磨刃口，而向前则将刮刀提起如图 9.4（c）所示。此方法速度较慢，但容易掌握，需待熟练掌握后再采用前面的磨法。

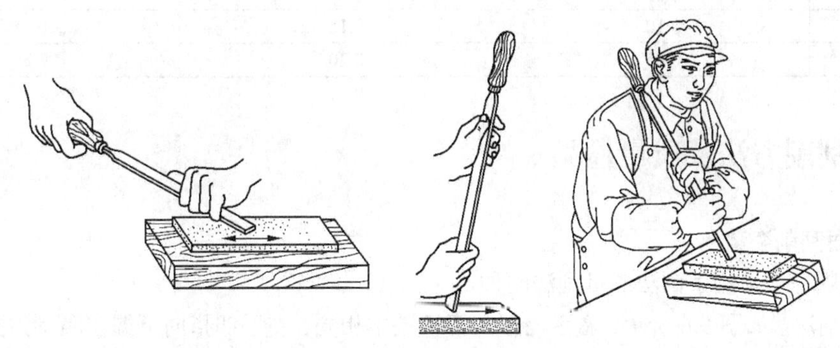

（a）磨平面　（b）手持磨顶端面的方法　（c）靠肩双手握持磨法

图 9.4　刮刀在油石上的刃磨

4. 校准工具

校准工具是用来研点和检验刮削表面准确情况的工具。常用的校准工具有校准平板、校准直尺和角度直尺，如图 9.5 所示。

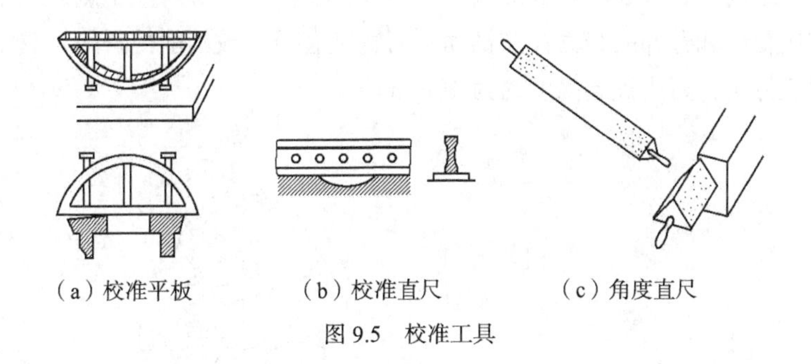

（a）校准平板　（b）校准直尺　（c）角度直尺

图 9.5　校准工具

5. 显示剂

工件和校准工具对研时所加的涂料叫显示剂。

常用的显示剂有：红丹粉，由氧化铅或氧化铁加机械油调合而成，用于钢件和铸铁；蓝油，由蓝粉和蓖麻油调和而成，主要用于精密件和有色金属。显示剂使用时，常用砂布包裹成球，使涂布显示剂便于擦拭。

将显示剂涂在工件（也可涂在校准工具）上，经推研则可显示出需要刮去的高点。

6. 刮削余量

刮削前，工件表面必须经过精铣或精刨等精加工。由于刮削的切削量小，因此刮削前的余量一般在 0.05～0.4mm，具体根据刮削面积而定，如表 9.1 所示。

表 9.1　　刮削余量

平面的刮削余量/mm					
平面宽度/mm	平面长度/mm				
	100～500	500～1 000	1 000～2 000	2 000～4 000	4 000～6 000
<100	0.10	0.15	0.20	0.25	0.30
100～500	0.15	0.20	0.25	0.30	0.40

孔的刮削余量			
孔径/mm	孔长/mm		
	<100	100～200	200～300
<80	0.05	0.08	0.12
80～180	0.10	0.15	0.25
180～360	0.15	0.20	0.35

三、刮削方法及质量检验

1. 平面刮削姿势

平面刮削一般采用手刮法和挺刮法两种。

（1）手刮法。如图 9.6 所示，右手与握锉刀柄基本相同，左手四指向下握住距刮刀头部 50mm 处。左手靠小拇指掌部贴在刀背上，刮刀与刮削面成 25°～30°。左脚前跨一步，身体重心靠向左腿。刮削时让刀头找准研点，身体重心往前送的同时，右手跟进刮刀；左手下压，落刀要轻并引导刮刀前进方向；左手随着研点被刮削的同时，以刮刀的反弹作用力迅速提起刀头，刀头提起高度为 5～10mm，如此完成一个刮削动作。

（2）挺刮法。如图 9.7 所示，将刮刀柄顶在小腹右下部肌肉处，左手在前，手掌向下；右手在后，手掌向上，距刮刀头部 50～80mm 处握住刀身。刮削时刀头对准研点，左手下压，右手控制刀头方向，利用腿部和臂部的合力往前推动刮刀；随着研点被刮削的瞬间，双手利用刮刀的反弹作用力迅速提起刀头，刀头提起高度约为 10mm。

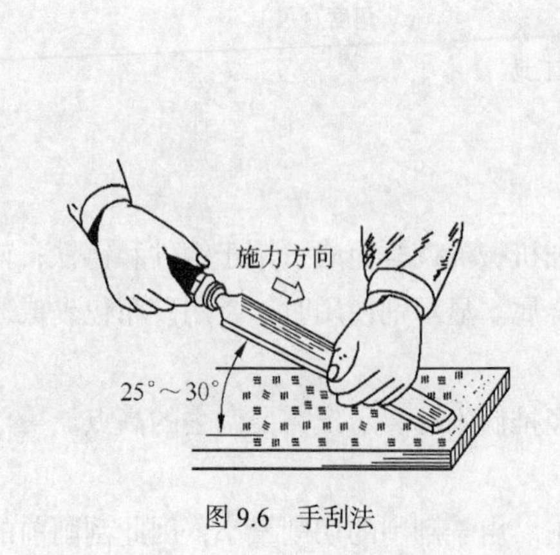

图 9.6　手刮法

图 9.7　挺刮法

2. 平面刮削步骤

平面刮削可分为粗刮、细刮、精刮和刮花 4 个步骤。工件表面的刮削方向应与前道工序的刀痕交叉，每刮削一遍后，涂上显示剂，用校准工具配研，以显示加工面上的高低不平处，然后刮掉高点，如此反复进行。

（1）粗刮。刮削前工件表面上有较深的加工刀痕，严重的锈蚀或刮削余量较多时（0.2mm 以上）进行粗刮。粗刮时应使用长柄刮刀且施力较大，刮刀痕迹要连成长片，不可重复。粗刮方向要与加工刀痕约成 45°，各次刮削方向要交叉。粗刮到工件表面研点增至每（25×25）mm^2 面积内有 3～4 点时转入细刮。

（2）细刮。细刮用细刮刀刮去块状的研点，细刮采用短刮刀法，刀痕长度约为刀刃的宽度，随着研点的增加，刀痕逐步缩短。细刮同样采用交叉刮削方法，每次显示剂要涂得薄而均匀，以便显点清晰。整个刮削面上达到每（25×25）mm^2 面积内有 12～15 个点时，细刮结束。

（3）精刮。精刮采用点刮法，刮刀对准显示研点，落刀要轻，提刀要快，每一点只刮一刀。经反复配研、刮削，被刮平面每（25×25）mm^2 面积内应有 25 点以上。

（4）刮花。刮花的目的：一是增加刮削表面的美观度，保证良好的润滑性；二是可根据刀花的消失，判断平面的磨损程度。要求高的工件，不必刮出大块的花纹。常见的花纹如图 9.8 所示。

（a）斜花纹

（b）鱼鳞花

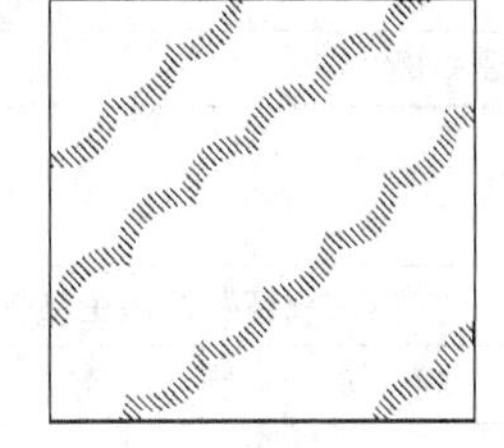
（c）半月花

图 9.8 刮花的花纹

刮花时有如下注意事项。

（1）每次刮削推研时要注意清洁工件表面，不要让杂质留在研合面上，以免造成刮面或标准平板的划伤。

（2）不论粗、细、精刮，对小工件的显示研点，应当是标准平板固定，工件在平板上推研，推研时要求压力均匀，避免显示失真。

3. 曲面刮削方法

曲面刮削与平面刮削基本相似，方法略有不同。进行内圆弧面的刮削操作时，刮刀做内圆弧运动，刀痕与轴线约成 45°。粗刮时用刮刀根部，用力大，切削量多，刮削面积大；精刮时用刮刀端部，做修整浅刮。

内孔刮削常用与其相配的轴或标准轴作为校准工具，用蓝油涂布在孔的表面，用轴在孔中来回转动，显示接触点，再根据接触点进行刮削。用三角刮刀刮削轴瓦操作示意如图 9.9 所示。

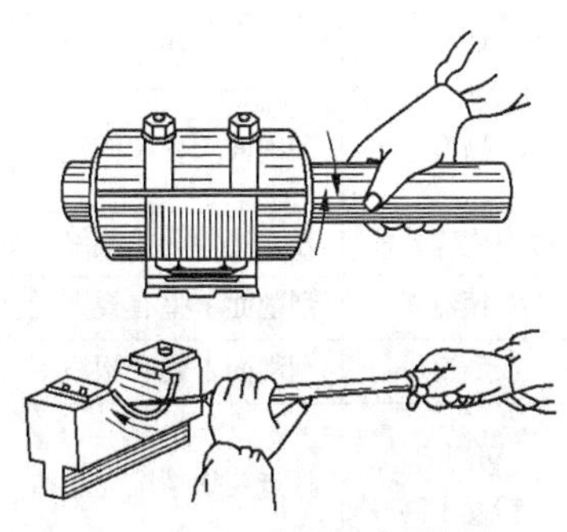
图 9.9 用三角刮刀刮削轴瓦

4. 刮削质量检验

（1）刮削精度的检验。刮削后的工件表面，按接触斑点、平面度和直线度等形状公差值来检验，如图9.10所示。接触斑点检验时，用边长25mm的方框罩在与校准工具配研过的被检查表面上，检测框内接触斑点数目。合格件应达到表9.2和表9.3所列的要求。

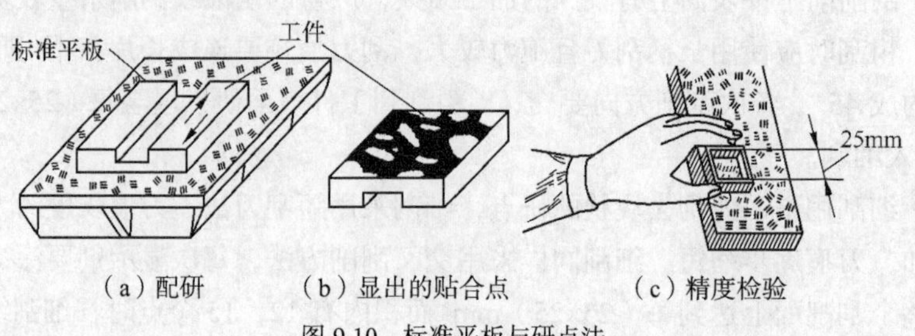

（a）配研　（b）显出的贴合点　（c）精度检验

图9.10　标准平板与研点法

表9.2　平面接触斑点

平面种类	接触斑点数	应用范围
普通平面	8～12	普通基准面、密封结合面
	12～16	机床导轨面、工具基准面
精密平面	16～20	精密机床导轨、直尺
	20～25	精密量具、一级平板
超精密平面	>25	零级平板、高精度机床导轨

表9.3　轴承接触斑点

轴承直径/mm	机床或精密机械主轴轴承			锻压设备和通用机械的轴承		动力机械和冶金设备的轴承	
	高精度	精密	一般	重要	一般	重要	一般
	每（25×25）mm^2面积内的研点数						
≤120	25	20	16	12	8	8	5
>120		16	10	8	6	6	2

（2）刮削质量缺陷分析。刮削质量缺陷分析，如表9.4所示。

表9.4　刮削质量缺陷分析

缺陷形式	特征	产生原因
深凹痕	刀迹太深，局部显点稀少	1. 粗刮时用力不均匀，局部落刀太重 2. 多次刀痕重叠 3. 刀刃圆弧过小
梗痕	刀迹单面产生刻痕	刮削时用力不均匀，使刃口单面切削
撕痕	刮削面上呈粗糙刮痕	1. 刀刃不光洁、不锋利 2. 刀刃缺口或裂纹
落刀或起刀痕	在刀迹的起始或终了处产生深的刀痕	落刀时，左手压力和动作速度较大及起刀不及时
振痕	刮削面上呈有规则的波纹	多次同向切削，刀迹没有交叉
划道	刮削面上划有深浅不一的直线	显示剂不清洁或研点时有砂粒、铁屑等杂物
切削面精度不高	显点变化情况无规律	1. 研点时压力不均匀，工件外露太多而出现假点子 2. 研具不正确 3. 研点时放置不平稳

四、刮削练习

原始平板的刮削方式一般采用渐近法，即不用标准平板，而以三块平板（或三块以上）依一定的次序循环互研互刮，来达到平板精度要求的一种传统刮研方法。

1. 练习要求

（1）掌握挺刮法的正确操作姿势和用挺刮法刮削平面的操作。

（2）掌握原始平板的刮研步骤。

（3）掌握粗、细、精刮的方法和要领。

（4）掌握正确刮刀刃磨方法。

（5）能解决平面刮削中产生的简单问题。

（6）刮削精度要求，接触显点每（25×25）mm^2面积内有 18 个点以上，表面粗糙度 $Ra \leqslant 0.08\mu m$，无明显落刀迹。

2. 实习步骤

（1）将三块平板编号 *A*、*B*、*C*，四周用锉刀倒角去毛刺。

（2）将三块平板单独进行粗刮，去除机械加工的刀痕和锈斑。

（3）按编号顺序进行刮削，其刮削循环步骤如图 9.11 所示。

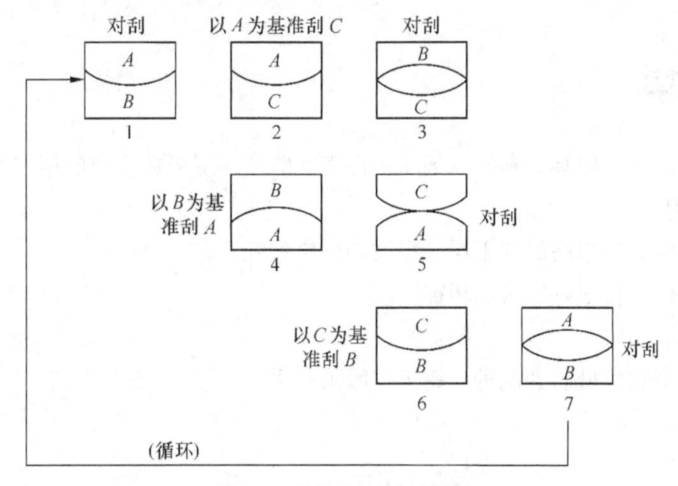

图 9.11　原始平板循环刮研法

（4）在确认平板平整后，即进行精刮工序，直至用各种研点方法得到相同的清晰点，且在任意（25×25）mm^2面积内有 18 个点以上，表面粗糙度 $Ra \leqslant 0.08\mu m$，即完成刮削。

3. 注意事项

（1）达到刮削姿势、动作正确，是本练习的重点，必须严格操作。

（2）要重视刮刀的修磨，正确刃磨好刮刀，是提高刮削速度、精度的保证。

（3）挺刮时，刮刀柄应安装可靠，防止木柄破裂使刀柄端穿过木柄伤人。

（4）刮削中研点方法是先直研（纵向、横向），后对角研。每三块平板轮刮后应掉换一次研点方法，并在从粗刮到细刮的过程中，研点移动距离应逐渐缩短，显示剂涂层逐步减薄，这样可使显点真实、清晰。

（5）刮削时，工件要装夹牢固，大型工件要安放平稳，搬动时要注意安全。

（6）刮削至工件边缘时，不可用力过猛，以免发生事故。

（7）在刮削中要勤于思考、善于分析，随时掌握工件的实际误差情况，并选择适当的部位进行刮削修正，能以最少的加工量和刮削时间来达到技术要求。

4．练习记录及成绩评定

总得分______

<table>
<tr><th>项目</th><th colspan="2">项目及技术要求</th><th>实测记录</th><th>单次配分</th><th>得分</th></tr>
<tr><td>1</td><td colspan="2">姿势（站立、两手）正确</td><td></td><td>22</td><td></td></tr>
<tr><td>2</td><td colspan="2">刀迹整齐、美观（三块）</td><td></td><td>6</td><td></td></tr>
<tr><td>3</td><td colspan="2">接触点每（25×25）$mm^2$18个点以上（三块）</td><td></td><td>8</td><td></td></tr>
<tr><td>4</td><td colspan="2">点子清晰、均匀，每（25×25）mm^2点数公差6点（三块）</td><td></td><td>6</td><td></td></tr>
<tr><td>5</td><td colspan="2">无明显落刀痕、无丝纹和振痕（三块）</td><td></td><td>6</td><td></td></tr>
<tr><td>6</td><td colspan="2">文明生产与安全生产</td><td></td><td>违者每次扣2分</td><td></td></tr>
<tr><td rowspan="3">7</td><td rowspan="3">工时定额48h</td><td>开始时间</td><td></td><td colspan="2" rowspan="3">每超额2h扣5分</td></tr>
<tr><td>结束时间</td><td></td></tr>
<tr><td>实际工时</td><td></td></tr>
</table>

任务二　研磨

一、研磨概述

研磨是用研磨工具（研具）和研磨剂从工件表面磨去一层极薄金属的精加工方法。

1．研磨的作用

（1）可以使工件获得很高的加工尺寸精度和形位精度。

（2）可以使工件获得很好的表面粗糙度。

2．研磨的种类

研磨分手工研磨和机械研磨两种，钳工一般采用手工研磨。

二、研具

不同形状、材质的工件需要不同形状、材质的研具，常用的研具有研磨平板、研磨棒和研磨套等。

1．研磨平板

研磨平板主要用来研磨一些有平面的工件表面，如研磨量块、精密量具的平面等。研磨平板分有槽的和光滑的两种，如图9.12所示。有槽平板用于粗研，光滑平板用于精研。

2．研磨棒

研磨棒主要用来研磨套类工件的内孔。研磨棒有固定式和可调式两种，如图9.13所示。固定式研磨棒制造简单，但磨损后无法补偿，主要用于单件工件的研磨。可调式研磨棒的尺寸可在一定的范围内调整，其寿命较长，应用广泛。

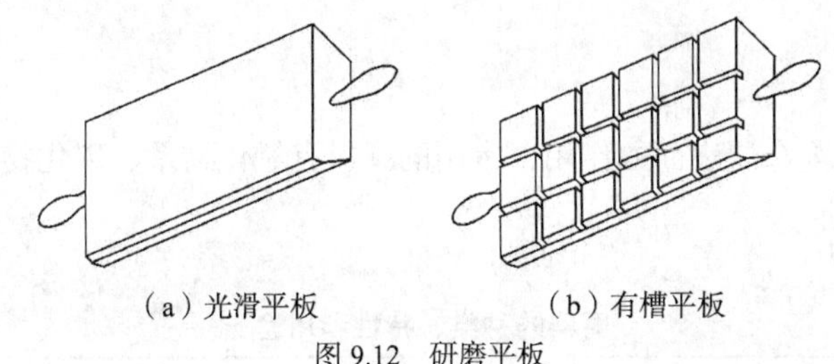

图 9.12　研磨平板

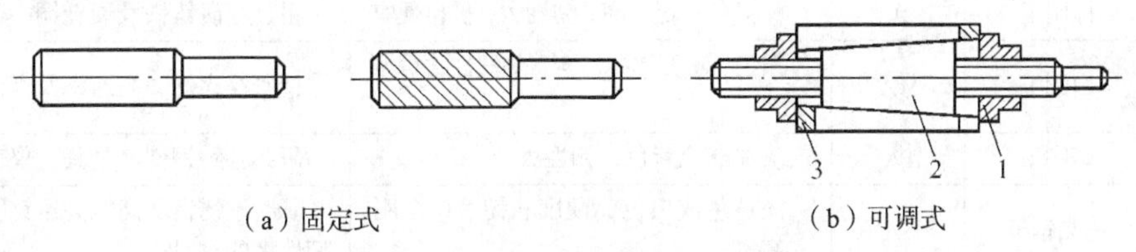

图 9.13　研磨棒

1—调整螺母；2—锥度芯轴；3—开槽研磨套

3. 研磨套

研磨套主要用来研磨轴类工件的外圆表面，如图 9.14 所示。

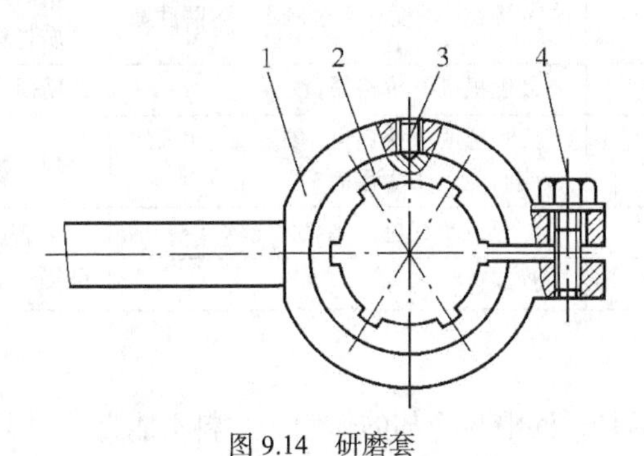

图 9.14　研磨套

1—夹箍；2—研磨套；3—紧固螺钉；4—调整螺钉

4. 研具材料

在研磨时对研具的材料有较高的要求，研具的硬度要低于工件的硬度，并且研具还应具有较高的耐磨性和稳定性等。常用的研磨材料如表 9.5 所示。

表 9.5　　研具材料

序　号	研具材料	特　点	应　用
1	灰铸铁	硬度适中，嵌入性好，价格低，研磨效果好	应用广泛
2	球墨铸铁	嵌入性更好，材质均匀、牢固	精密工件研具
3	软钢	韧性好，不易折断	小型工件研具
4	铜	材质较软，嵌入性好	研磨（软钢类）工件的研具

三、研磨剂

研磨剂由磨料、研磨液、辅料调合而成。研磨剂常配制成液态研磨剂、研磨膏和固态研磨剂

（研磨皂）3 种。

1. 磨料

磨料在研磨中起切削金属表面的作用，常用的磨料有氧化物系、碳化物系、超硬磨料、软磨料等几种，如表 9.6 所示。

表 9.6　　磨料的种类、特性和用途

类别	磨料名称	代号	特性	适用范围
氧化物	棕刚玉	A	棕褐色，硬度高，韧性大，价格便宜	粗、精研铸铁及硬青铜
	白刚玉	WA	白色，硬度比棕刚玉高，韧性比棕刚玉差	精研淬火钢、高速钢及有色金属
	铬刚玉	PA	玫瑰红或紫色，韧性大	研磨各种钢件、量具、仪表工件等
	单晶钢玉	SA	淡黄色或白色，硬度和韧性比白刚玉高	研磨不锈钢、高钒高速钢等强度高、韧性大的材料
碳化物	黑碳化硅	C	黑色，硬度比白刚玉高，脆而锋利，导电、导热性良好	研磨铸铁、黄铜、铝、耐火材料及非金属材料
	绿碳化硅	GC	绿色，硬度和脆性比黑碳化硅高	研磨硬质合金、硬铬、宝石、陶瓷、玻璃等
	碳化硼	BC	灰黑色，硬度次于金刚石，耐磨性好	精研和抛光硬质合金和人造宝石等硬质材料
超硬磨料	天然金刚石	JT	硬度极高，价格昂贵	精研和超精研硬质合金
	人造金刚石	JR	无色透明或淡黄色，硬度高，比天然金刚石脆，表面粗糙	粗、精研硬质合金和天然宝石
软磨料	氧化铁		红色或暗红色，比氧化铬软	精研或抛光钢、铸铁、玻璃、单晶硅等
	氧化铬	PA	深绿色	

2. 研磨液

研磨液在研磨剂中起稀释、润滑与冷却的作用。磨料不能直接用于研磨，必须加注研磨液和辅助材料调和后才能使用。常用的研磨液有汽油、机油、煤油、熟猪油等。

3. 辅助材料

辅助材料是一种黏度较大和氧化作用较强的混合脂。它的作用是使工件表面形成氧化膜，加速研磨进程。常用的辅助材料有油酸、脂肪酸、硬质酸和工业甘油等。

四、研磨方法及质量检验

1. 研磨方法

（1）平面研磨。平面研磨应在非常平整的平板上进行，粗研时在有槽的平板上进行，精研时在无槽的平板上进行。研磨前要根据工件的特点选择好合适的研具、研磨剂、研磨运动轨迹、研磨压力和研磨速度。研磨分粗研、半精研和精研三步完成。

第一步粗研：粗研完成后要达到工件表面的机械加工痕迹基本消除，平面度接近图样要求的目标。

第二步半精研：半精研完成后要达到工件加工表面机械加工痕迹完全消除，工件精度达到图样要求的目标。

第三步精研：精研完成后工件的精度、表面粗糙度要完全符合图样的要求。

（2）研磨外圆柱表面。外圆研磨一般采用手工与机械相配合的方法用研磨套对工件进行研磨。研磨时工件由车床或钻床带动。研磨前在工件上均匀地涂上研磨剂，套上研磨套并调整好研磨间隙（见图 9.15），其松紧程度以手用力能转动研磨套为宜。通过工件的旋转和研磨套在工件上沿轴线方向做往复运动进行研磨。

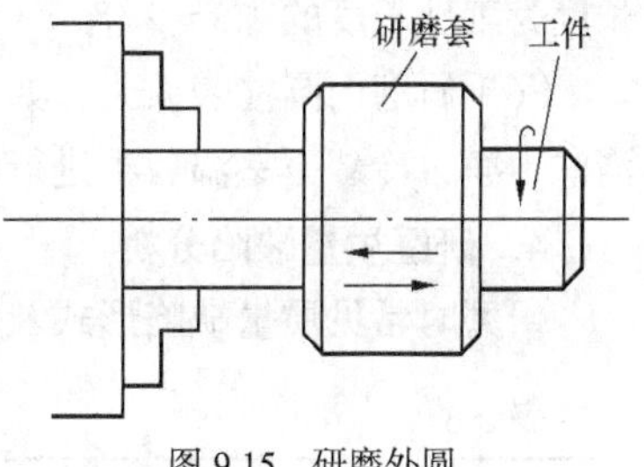

图 9.15 研磨外圆

研磨外圆时，工件的转速一般是：直径<80mm 时转速为 100r/min，直径>100mm 时转速为 50r/min。

研磨时当研磨套往复速度适当时，工件上研磨出来的网纹成 45° 交叉线，移动太快则网纹与工件轴线夹角较小，反之则较大，如图 9.16 所示。

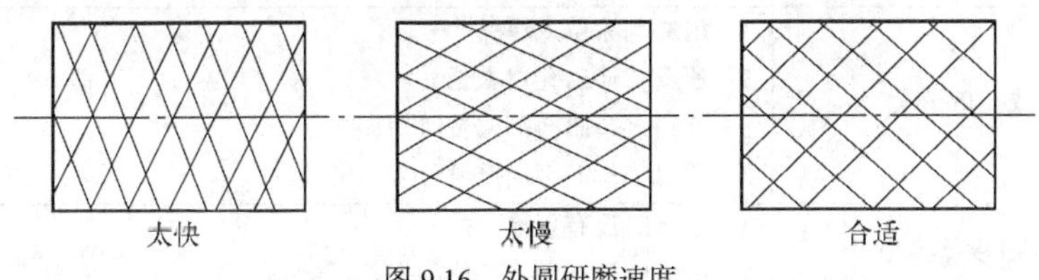

图 9.16 外圆研磨速度

（3）内孔研磨。内孔研磨时要将研磨棒夹紧在车床或钻床的主轴上转动，把工件套在研磨棒上研磨。在研磨时应调节研磨棒与工件配合的松紧程度，一般以手把持工件不感觉十分费力为宜。

2. 研磨运动轨迹

研磨运动轨迹的选择如表 9.7 所示。

表 9.7 研磨运动轨迹

轨 迹	运 动 描 述	特 点	应 用
直线	研磨按直线方式运动，不相互交叉，但容易重叠	使工件获得较高的精度和很小的粗糙度	有阶台的狭长平面
直线与摆动	工件在做直线研磨的同时，做前后摆动	可获得比较好的平直度	刀口形直尺、刀口形 90° 角尺等
螺旋线	工件以螺旋线滑移状研磨	可获得较好的平面度和很小的表面粗糙度	圆柱形或圆片形工件
8 字形	工件研磨滑移的轨迹为 8 字形	可提高工件的质量，且能均匀使用研具	量规类小平面

3. 研磨注意事项

（1）研磨前，选择研具的材料要比工件的硬度低，并具有良好的嵌砂性、耐磨性和足够的刚性及较高的几何精度。

（2）研磨时，研磨的速度不能太快，精度要求高或易于受热变形的工件，其研磨速度不超过 30m/min。手工粗磨时，每分钟往复 40～60 次；精研磨每分钟往复 20～40 次。

（3）研磨外圆柱表面时，研磨套的内径应比工件的外径略大 0.025～0.05mm，研磨套的长度一般是其孔径的 1～2 倍。

（4）研磨外圆柱表面时，对于直径大小不一的情况，可在直径大的部位多磨几次，直到直径相同为止。

（5）研磨内圆柱表面时，研磨棒的外径应比工件内径小 0.01～0.025mm，研磨棒工作部分的长度为工件长度的 1.5～2 倍。

（6）研磨内圆柱表面时，如孔口两端积有过多的研磨剂时，应及时清理。研磨后，应将工件清洗干净，冷却至室温后再进行测量。

4. 研磨质量缺陷分析

研磨时常见质量缺陷形式及原因分析如表 9.8 所示。

表 9.8 研磨质量缺陷分析

缺 陷 形 式	产 生 原 因
表面粗糙度不合格	1. 磨料太粗或不同粒度磨粒混合 2. 研磨液选用不当 3. 嵌砂不足或研磨剂涂得薄而不匀 4. 研磨时清洁工作未做好
平面呈凸形或孔口扩大	1. 研磨剂涂得太厚 2. 研磨棒伸出孔口太长 3. 孔口多余研磨剂未及时清理 4. 研具工作面平面度差
孔的圆度和圆柱度不合格	1. 研磨时没有更换方向 2. 研磨时没有用研磨棒的全长
薄形工件拱曲变形	1. 工作发热温度大，使工件变形 2. 研具硬度不合适 3. 工件夹持过紧引起变形
表面拉毛	研磨时研磨剂中混入杂质

五、研磨练习

研磨工件及技术要求如图 9.17 所示。备料工件经过精磨留研磨量 0.024mm，表面粗糙度为 *Ra*=0.8μm。

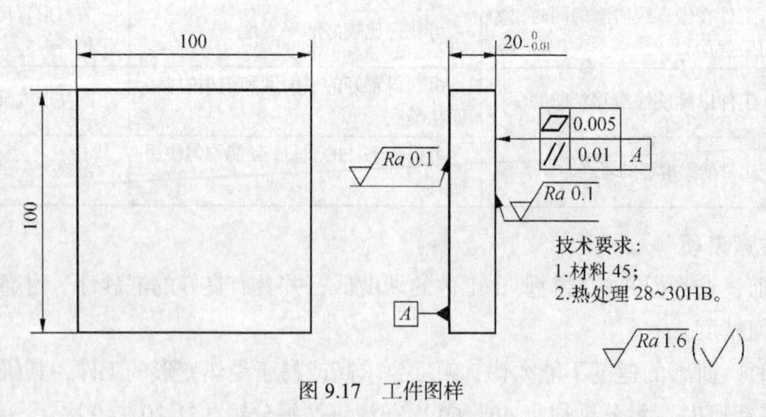

图 9.17 工件图样

1. 研磨要求

（1）工研磨平行平面。

（2）正确的选择磨料、磨粉，并进行研磨剂的配置。

（3）正确使用研磨平板、量具、工具及进行研磨操作。

2. 研磨步骤

（1）根据图样上的粗糙度要求配制研磨剂。

（2）准备好研磨平板，粗研磨用有槽平板，精研磨用光滑平板。

（3）准备好工具、百分表、刀口形直尺。

（4）用煤油或汽油把研磨平板清洗干净。

（5）将选配好的研磨剂均匀涂在研磨平板上。

（6）将要研磨的平面清洗干净后，合在研磨平板上，沿平板全部的平面以 8 字形往复研磨，先有槽平板后光滑平板。

（7）研磨好一个平面后，用同样的研磨方法研磨另一个平面。

（8）用煤油清洗干净工件，做最后全面的精度检查。

3. 注意事项

（1）粗研磨剂的成分：白刚玉（WA）W14 16g；硬脂酸 8g；蜂蜡 1g；油酸 15g；航空汽油 80g；煤油 80g。

（2）精研磨剂的成分：白刚玉（WA）W17 16g；硬脂酸 8g；蜂蜡 1g；航空汽油 80g。

（3）在研磨时控制好研磨速度和研磨压力。粗研时速度可快一点，压力可大一些，精研时速度要慢一点，压力小一些。

4. 练习记录及成绩评定

总得分________

<table>
<tr><th>项　目</th><th colspan="2">项目及技术要求</th><th>实 测 记 录</th><th>单 次 配 分</th><th>得　分</th></tr>
<tr><td>1</td><td colspan="2">平面度 0.005</td><td></td><td>30</td><td></td></tr>
<tr><td>2</td><td colspan="2">平行度 0.01</td><td></td><td>25</td><td></td></tr>
<tr><td>3</td><td colspan="2">粗糙度值 Ra=0.4</td><td></td><td>30</td><td></td></tr>
<tr><td>4</td><td colspan="2">研磨操作方法正确</td><td></td><td>5</td><td></td></tr>
<tr><td>5</td><td colspan="2">研磨剂配制正确</td><td></td><td>10</td><td></td></tr>
<tr><td>6</td><td colspan="2">文明生产与安全生产</td><td></td><td>违者每次扣 2 分</td><td></td></tr>
<tr><td rowspan="2">7</td><td rowspan="2">工时定额 8h</td><td>开始时间</td><td></td><td colspan="2" rowspan="2">每超额 2h 扣 5 分</td></tr>
<tr><td>结束时间</td><td></td></tr>
</table>

思考与练习

一、填空题

（1）用________刮除工件表面________的加工方法称为刮削。

（2）刮削分________刮削和________刮削两种。

（3）刮削一般经过________刮、________刮、________刮和________过程。

（4）刮削平面常用的校准工具有________、________和角度尺等。

（5）平面刮削采用________刮和________刮两种姿势。

（6）刮研常用的显示剂有________和________。

（7）粗刮要求每（25×25）mm^{2}方框内有________个研点，细刮要求每（25×25）mm^{2}方框内有________个研点。

（8）用________工具和________从工件表面上研去一层极薄金属层的加工方法称为研磨。

（9）研磨的作用主要是使工件获得很高的________精度、________精度和表面粗糙度值。

（10）常用的研磨工具有________、________和________等。

（11）研磨剂是由________、________和________材料混合而成的一种制剂。

（12）研磨剂中辅助材料的作用是使工件表面形成________，加速研磨进程。

（13）手工研磨一般有________、________、________和 8 字形等多种运动轨迹。

二、判断题（正确的画√，错误的画 ×）

（1）刮削具有刮削量小，切削力大，切削热少，切削变形大等特点。（ ）

（2）中小型工件刮削研点时，工件不动，而用校准平板在工件上推研。（ ）

（3）粗刮的目的是增加研点数，改善工件表面质量，满足精度要求。（ ）

（4）若以不均匀的压力研点，会出现假点，造成研点失真。（ ）

（5）软钢的塑性好，不易折断，常用来制作大型的研具。（ ）

（6）研磨内圆柱表面时，研磨棒的长度应为工件长度的 1.5～2 倍。（ ）

（7）金刚石磨料虽硬度很高，但因切削性能较差，故很少使用。（ ）

（8）研磨平面时，如采用螺旋线形的运动轨迹则难以获得较好的平面度以及较小的表面粗糙度值。（ ）

三、简答题

（1）试述刮削的特点和功用。

（2）简述原始平板的刮削过程。

（3）研磨时的压力及研磨速度对研磨质量有哪些影响？

（4）研磨以后，工件表面粗糙度不合格的原因有哪些？

项目十

部 件 装 配

工件装配是钳工工作中主要的工作任务，装配完成的情况将直接影响整体部件的质量。本项目主要介绍装配工艺规程的作用、装配工艺过程、装配工艺的组织形式；固定式装配、传动机构装配、轴承和轴组的装配、普通机床主轴装配与检验。

知识目标

- 了解装配工艺规程的作用、装配工艺过程。
- 了解装配工作的组织形式。

技能目标

- 熟悉有关固定式装配、传动机构装配、轴承和轴组的装配。
- 熟悉普通机床主轴装配与检验。
- 能够做到安全和文明操作。

任务一 装配工艺概述

按规定的技术要求，将若干工件组合成部件或若干个工件、部件装成一个机械的工艺过程称为装配。机械产品一般由许多工件和部件组成。

一、装配工艺规程的作用

装配工艺规程是指导各种装配施工的主要技术文件之一。它规定产品及部件的装配顺序、装配方法、装配技术要求、检验方法及装配所需设备、工具、时间定额等，是提高装配质量和效率的必要措施，也是组织生产的重要依据。

1. 装配工艺规程的制定原则

（1）保证产品装配的质量。

（2）装配场地的生产面积应较小。

（3）合理安排装配工序，尽量减少装配工作量，减轻劳动强度，提高装配效率，缩短装配周期。

2. 装配工艺的原始资料

（1）产品的总装图和部件装配图以及工件明细表等。

（2）产品的验收技术条件，包括试验工作的内容及方法。

（3）产品生产规模。

（4）现有的工艺设备、工人技术水平等。

3. 制定装配工艺规程的方法和步骤

（1）产品分析。

① 研究产品装配图及装配技术要求。

② 对产品进行结构尺寸分析，确定达到装配精度的方法。

③ 对产品结构进行工艺性分析，将产品分解成可独立装配的组件和分组件。

（2）装配组织形式。

① 依据产品结构特点和生产批量，选择适当的装配组织形式。

② 确定总装及部装的划分，装配工序是集中还是分散。

③ 产品装配运输方式及工作场地准备等。

（3）装配顺序。

① 选择装配基准件。

② 按先下后上，先内后外，先难后易，先精密后一般，先重后轻的规律确定其他工件的装配顺序。

（4）装配工序。

① 将装配工艺过程划分为若干工序。

② 确定各个工序的工作内容、所需的设备、工夹具及工时定额等。

（5）制定装配工艺卡片。

① 单件小批生产，不需制定工艺卡片，工人按装配图和装配单元系统图进行装配。

② 成批生产，应根据装配系统图分别制定总装和部装的装配工艺卡片。

③ 大批量生产则需一序一卡。

二、装配工艺过程

装配工艺过程是机械制造生产过程中重要的一个环节。机械产品结构和装配工艺性是保证装配质量的前提条件，装配工艺过程的管理与控制则是保证装配质量的必要条件。

装配工艺过程包括装配、调整、检测、试验等工作，其工作量在机械制造总工作量中所占的比重较大。产品的结构越复杂，精度与其他技术条件要求越高，装配工艺过程也就越复杂。产品的装配工艺过程由以下4部分组成。

1. 准备工作

（1）研究、熟悉产品装配图、工艺文件和技术要求，了解产品的结构、工件的作用以及相互连接关系。

（2）确定装配的方法、顺序和准备所需要的工具。

（3）对装配的工件进行清理、清洗，去掉工件上的毛刺、铁锈、切屑和油污。

（4）对某些工件还需进行锉削、刮削等修配工作，有些特殊要求的工件还要进行平衡试验、密封性试验等。

2. 装配工作

对于结构复杂的产品，其装配工作常分为部装和总装。

（1）部装。部装是把各个工件组合成一个完整的机构或不完整的机构的过程。

（2）总装。总装指将工件和部件结合成一台完整产品的过程。

3. 调整、精度检验和试车

（1）调整是指调节工件或机构的相互位置、配合间隙、结构松紧等，目的是使机构或机器工作协调。例如，轴承间隙、齿轮啮合的相对位置、摩擦离合器松紧的调整。

（2）精度检验包括工作精度检验和几何精度检验。

（3）试车是机器装配后，按设计要求进行的运转试验。运转试验包括运转的灵活性、振动、密封性、噪声、转速、功率、工作时温升等。

4. 涂装、涂油、装箱

机器装配之后，为了使其美观、防锈和便于运输，还要做好涂装、涂油和装箱工作。

三、装配工作的组织形式

装配工作的组织形式随着生产类型和产品复杂程度而不同，一般分为固定式装配和移动式装配两种。

1. 固定式装配

固定式装配是将产品或部件的全部装配工作安排在一个固定的工作地点进行，在装配过程中产品的位置不变，主要应用于单件生产或小批量生产中。

（1）单件生产时，产品的全部装配工作均在某一固定地点，由一个工人或一组工人去完成。这样的组织形式装配周期长，占地面积大，并要求工人具有综合的技能。

（2）成批生产时，装配工作通常分为部装和总装，每个部件由一个工人或一组工人来完成，然后进行总装配，一般应用于较复杂的产品。

2. 移动式装配

移动式装配是指产品在装配过程中，有顺序地由一个位置转移到另一个位置。这种转移可以是装配产品的移动，也可以是工作位置的移动。通常把这种装配组织形式称为流水装配法。

移动装配时，每个工作地点重复地完成固定的工作内容，并且使用专用设备和专用工具，装配质量好，生产效率高，生产成本降低，适用于大批量生产。

任务二　装配练习

一、固定式装配

1. 螺纹连接

螺纹连接是一种可拆的固定连接，它结构简单，连接可靠，装拆方便，因而在机械工业中应用极为普遍。螺纹连接分普通螺纹连接和特殊螺纹连接两大类：普通螺纹连接的基本类型有单头螺栓连接、双头螺栓连接、螺钉连接、紧定螺钉连接等。

（1）普通螺纹的基本类型及其应用如表 10.1 所示。

（2）螺纹连接的装配技术要求。

① 螺纹连接的预紧：为了保证螺纹连接紧固、可靠，要求纹牙之间具有一定的摩擦力矩，此摩擦力矩是在施加拧紧力矩后产生的，即螺纹之间产生了一定的预紧力。

② 螺纹连接的装配与防松：装配前要仔细清理工件表面，锐边倒角并检查是否与图样相符，施紧的次序要合理。

表 10.1　　　　普通螺纹的基本类型及其应用

类型	单头螺栓连接	双头螺栓连接	螺 钉 连 接	紧定螺钉连接
结构				
特点及应用	无需在连接件上加工螺纹，连接件不受材料的限制。主要用于连接件不太厚，并能从两边进行装配的场合	拆卸时只需拧下螺母，螺柱仍留在机体螺纹孔内，故螺纹孔不易损坏。主要用于连接件较厚而又需经常装拆的场合	主要用于连接件较厚或结构上受到限制，不能采用螺栓连接，且无需经常装拆的场合。经常拆装很容易使螺纹孔损坏	紧定螺钉的末端顶住其中一连接件的表面或进入该工件上相应的凹坑中，以固定两工件的相对位置。多用于轴与轴上工件的连接，传递不大的力或扭矩

螺纹连接一般都有自锁性，在静载荷下，不会自行松脱，但在冲击、振动或交变载荷下，会使纹牙之间正压力突然减小，以致摩擦力矩减小，使螺纹连接松动。因此，螺纹连接应有可靠的防松装置，以防止摩擦力矩减小或螺母回转。

由于拧紧力矩的大小由多方面因素决定，在螺纹连接时，一般情况下采用呆扳手来拧紧螺母是比较合理的。工作中有振动或冲击时，为了防止螺栓和螺母回松，螺纹连接必须采用防松装置，如表 10.2 所示。

表 10.2　　　　螺纹连接常用防松装置

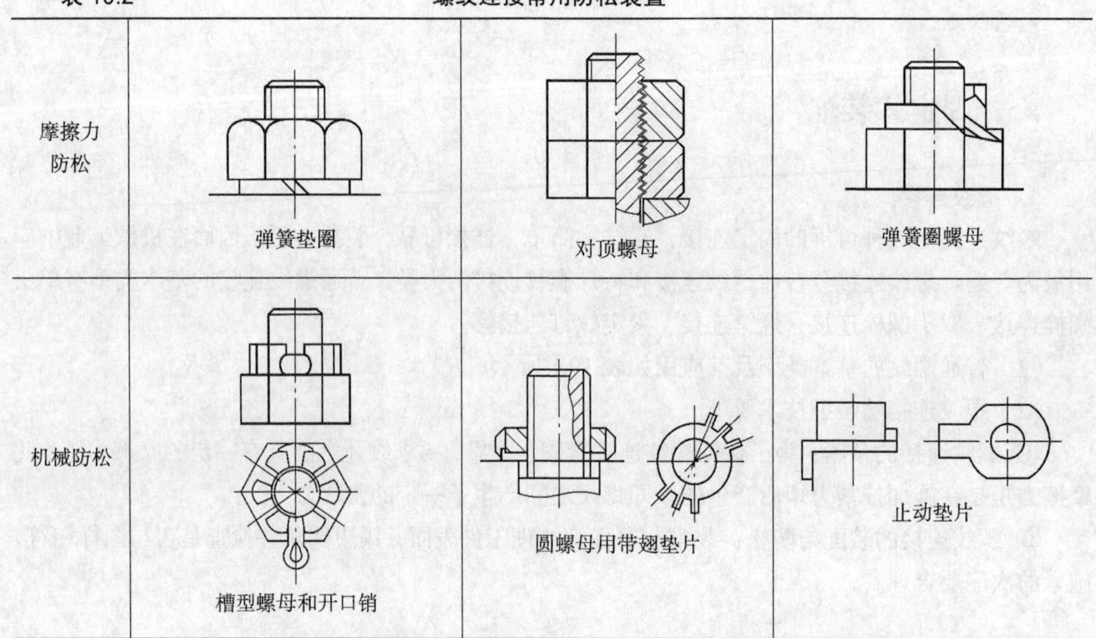

续表

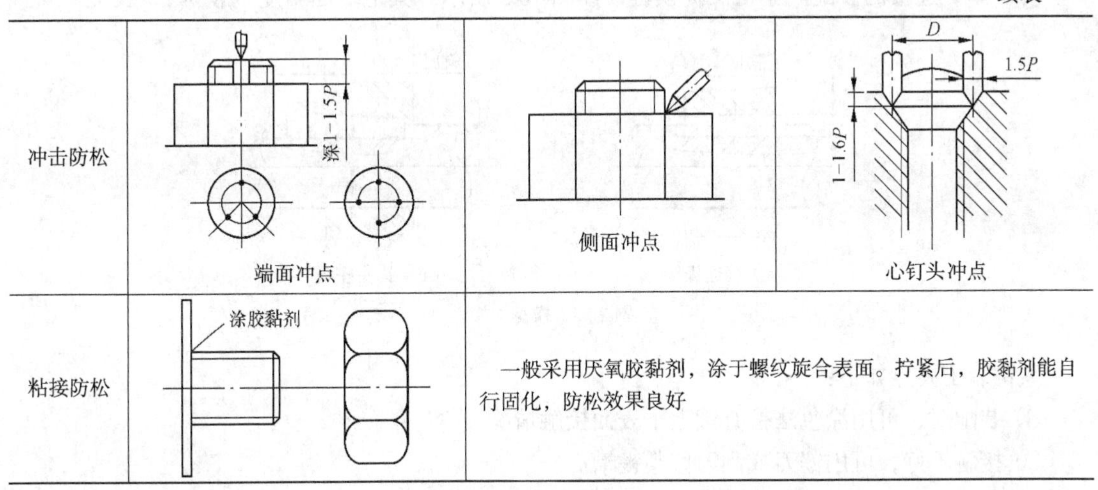

冲击防松	端面冲点	侧面冲点	心钉头冲点
粘接防松		一般采用厌氧胶黏剂，涂于螺纹旋合表面。拧紧后，胶黏剂能自行固化，防松效果良好	

2. **键连接**

键是用来连接轴和轴上工件，用于周向固定以传递转矩的一种机械工件，如齿轮、带轮等在固定时大多用键连接。它结构简单，工作可靠，装拆方便。按结构特点和用途不同，键连接可分为松键连接、紧键连接和花键连接。

（1）松键连接的装配。松键连接应用最广泛。它又分为普通平键连接（见图 10.1）、半圆键连接（见图 10.2）、导向平键连接（见图 10.3）、滑键连接（见图 10.4），其特点是只承受转矩而不能承受进给力。

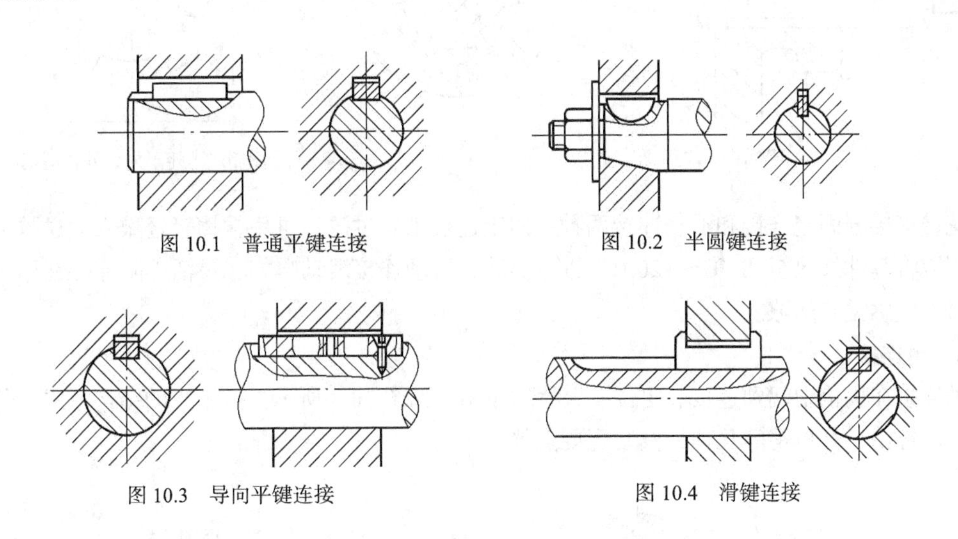

图 10.1　普通平键连接

图 10.2　半圆键连接

图 10.3　导向平键连接

图 10.4　滑键连接

松键装配要点如下：

① 清除键和键槽毛刺，以防影响配合的可靠性。

② 装配前应检查键的直线度，键槽对轴线的对称度。

③ 用键头与键槽试配，保证其配合性质。

④ 配合面上加机油后将键压入，保证键与键槽底接触。

⑤ 试装套件（如齿轮、带轮等）时，键与键槽的非配合面应留有间隙，以求轴与套件达到同轴度的要求。

（2）紧键连接的装配。紧键又称楔键，如图 10.5 所示。其上表面斜度一般为 1∶100。

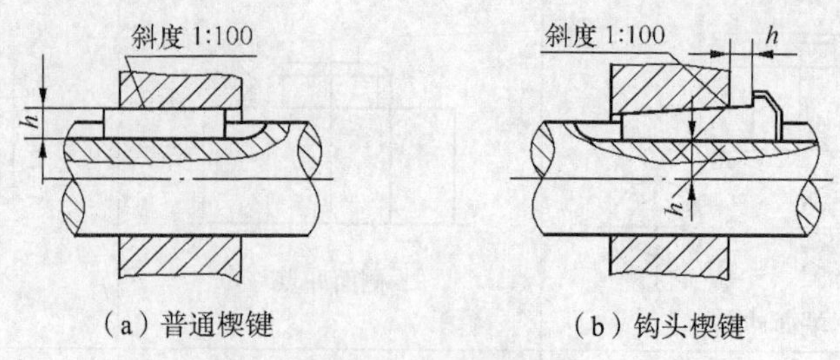

（a）普通楔键　　（b）钩头楔键

图 10.5　楔键连接

紧键装配要点如下：

① 装配时，可用涂色法检查键上下表面接触情况。

② 接触不好，可用锉刀或刮刀修整键槽。

③ 合格后，轻敲紧键入内，至套件周向，轴向紧固可靠。

（3）花键连接的装配。花键连接如图 10.6 和图 10.7 所示，具有承载力高，传递扭矩大，同轴度和导向性好和对轴强度削弱小等特点，但制造成本较高。

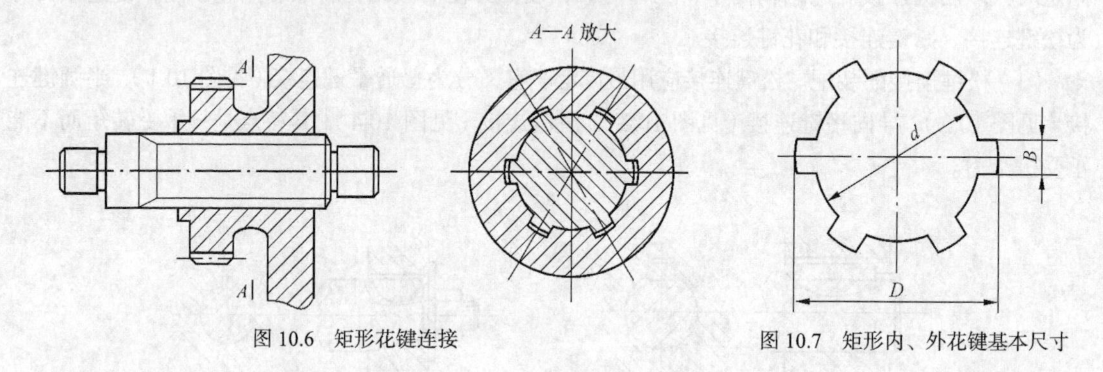

图 10.6　矩形花键连接　　图 10.7　矩形内、外花键基本尺寸

花键连接分固定连接和滑动连接两种：固定连接稍有过盈，可用铜棒轻轻敲入，过盈量较大时，则应将套件加热至 80℃～120℃后进行热装；滑动连接滑动自如，灵活无阻滞，在用于转动套件时不应感觉有间隙。

3. 销连接

销连接在机构中起到连接、定位、保险的作用，如图 10.8 所示。按销子的结构形式，分为圆柱销、圆锥销、开口销等几种，其装配要点如下。

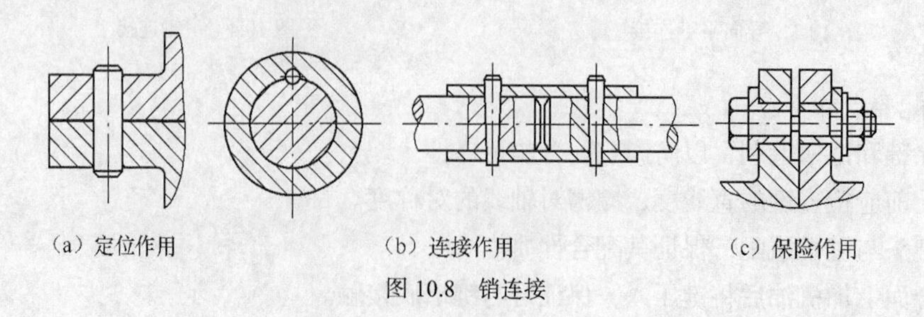

（a）定位作用　　（b）连接作用　　（c）保险作用

图 10.8　销连接

（1）圆柱销装配。圆柱销按配合性质分有间隙配合、过渡配合和过盈配合三种，按使用场合不同有一定差别，使用时要按规定选用。

销孔加工，一般在相关工件调整好位置后，配合钻、铰进行，其表面粗糙度达 $Ra1.6\mu m$ 或更低。

（2）圆锥销的装配。圆锥销具有 1∶50 的锥度，锥孔铰削时宜用锥销试配，以手推入 80%～85%的锥销长度即可。锥销紧实后，销的大端应露出工件平面，如图 10.9 和图 10.10 所示。

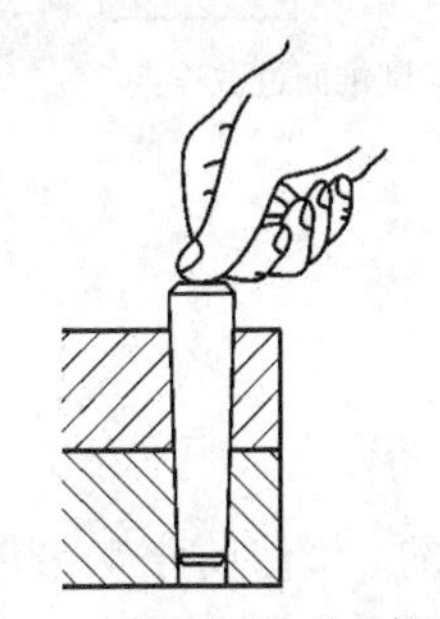

图 10.9　圆锥销自由放入深度

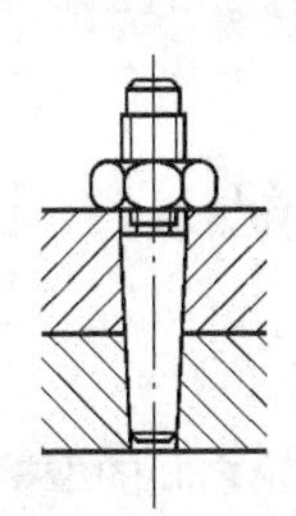

图 10.10　带螺尾圆锥销的拆卸

（3）开口销的装配。开口销打入销孔中后，应将小端开口扳开，防止振动时脱出。

4. 过盈连接

过盈连接是依靠包容件（孔）和被包容件（轴）配合后的过盈值达到紧固连接的。装配后，轴的直径被压缩，孔的直径被胀大。工作时，依靠此压力产生摩擦力来传递转矩、进给力。过盈连接的结构简单，对中性好，承载能力强。

过盈连接常见形式有两种，即圆柱面过盈连接和圆锥面过盈连接。

（1）过盈连接的装配方法。

① 圆柱面过盈连接：过盈量的大小决定于所需承受的扭矩。过盈量太大不仅增加装配的困难，而且还使连接件承受过大的内应力；过盈量太小则不能满足工作的需要，一旦在机器运转中配合面发生松动，还将造成工件迅速打滑而发生损坏或安全事故。

一般包容件的孔端和被包容件的进入端应倒角，通常取倒角 α=5°～10°，A=1～3.5mm，如图 10.11 所示。

② 圆锥面过盈连接：利用包容件和被包容件相对轴向位移后相互压紧而获得过盈的配合。使配合件相对轴向位移的方法有多种：图 10.12 所示为依靠螺纹拉紧而实现的；图 10.13 所示为依靠液压使包容件内孔胀大后而实现相对位移的；此外还常常采用将包容件加热使内孔胀大的方法。

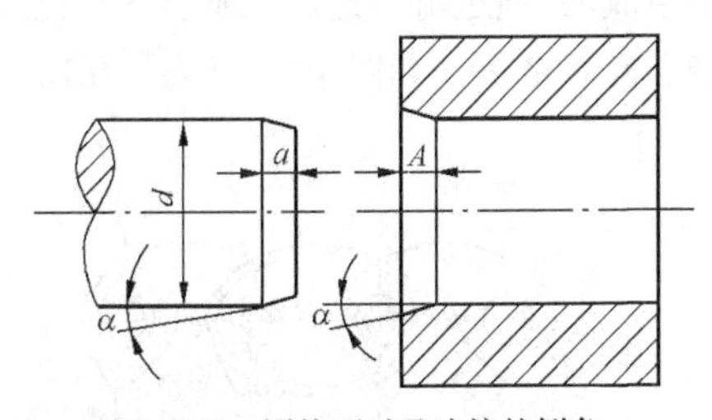

图 10.11　圆柱面过盈连接的倒角

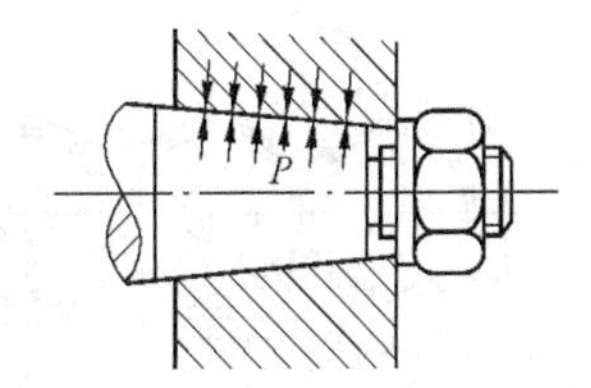

图 10.12　依靠螺纹拉紧的圆锥面过盈连接

它的特点是压合距离短，装拆方便，配合面不易被擦伤拉毛，可用于需多次装拆的场合。

（2）过盈连接的装配。过盈连接的装配方法很多，依据结构形式、过盈大小、材料、批量等因素有压入法、热胀配合法和冷缩法等。

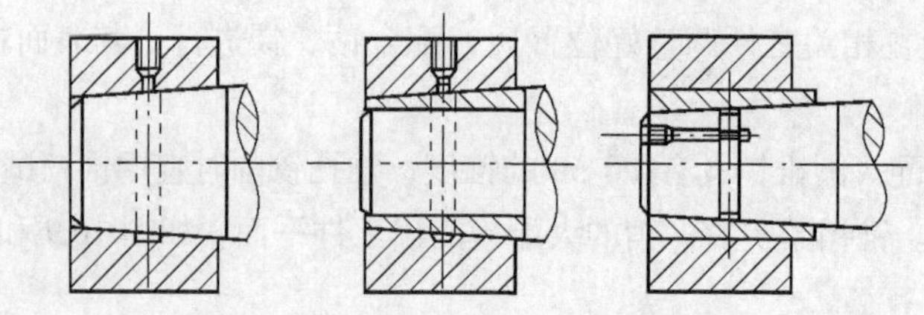

图 10.13　依靠液压胀大内孔的圆锥面过盈连接

二、传动机构装配

1. 带传动机构

带传动是依靠带与带轮之间的摩擦力来传递动力的。带传动分 V 带传动、平带传动和同步齿形带传动。各种带传动的形式如图 10.14 所示。

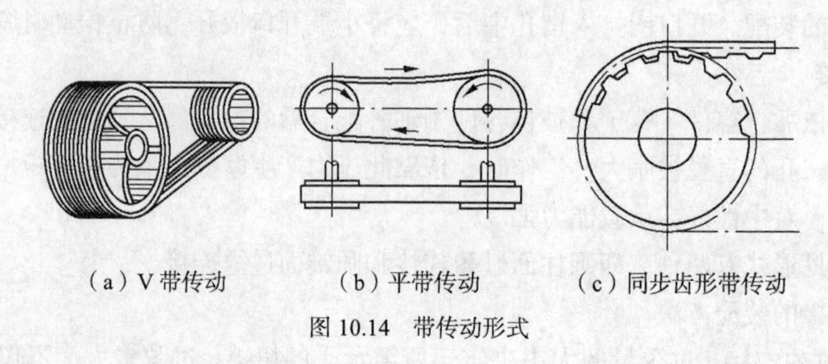

（a）V 带传动　（b）平带传动　（c）同步齿形带传动

图 10.14　带传动形式

带传动机构的装配要求。

（1）带轮在轴上应没有过大的歪斜。

（2）两轮的中间平面应重合，倾斜角和轴向偏移量不得超过规定要求。

（3）带轮工作表面的表面粗糙度要适当，表面粗糙度过低不但加工经济性差，而且容易打滑；过粗则带的磨损加快。

（4）带在带轮上的包角不能太小。

（5）带的张紧力要适当。张紧力过小或太大，都能影响带的传动效率。

2. 链传动机构

链传动机构是由两个链轮和连接它们的链条组成的，通过链与链轮的啮合来传递运动和动力，并能保持恒定传动比的一种装置。它包括滚子链、齿状链等，如图 10.15 和图 10.16 所示。

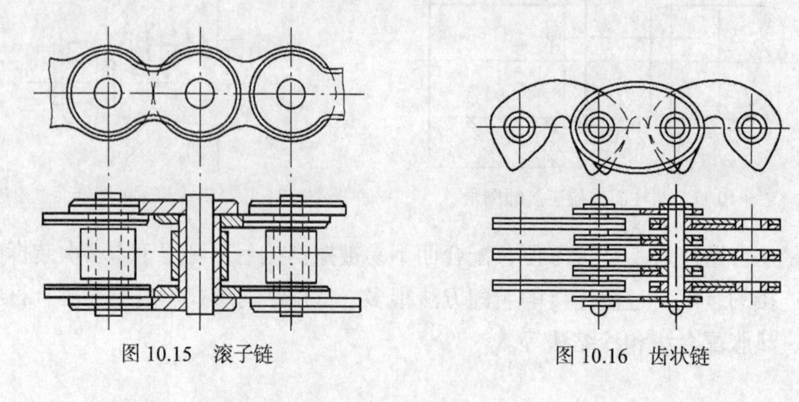

图 10.15　滚子链　　图 10.16　齿状链

3. 齿轮传动机构的装配

（1）齿轮与轴的装配。常见的安装误差是齿轮偏心、歪斜、端面未靠贴轴肩，精度要求高的齿轮副，应进行径向圆跳动和端面圆跳动检查，如图 10.17 所示。

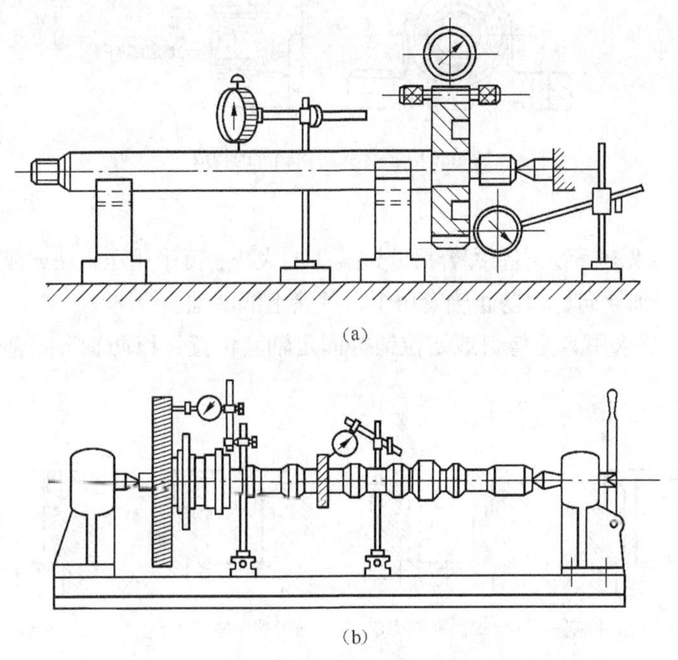

(a)

(b)

图 10.17　齿轮径向圆跳动和端面圆跳动检查

（2）齿轮轴组件的装配。装配前应进行以下三个方面的检查：孔与平面的尺寸精度及形状精度；孔与平面的相互位置精度；孔与平面的表面粗糙度及外观质量。

（3）啮合质量检查。齿轮的啮合质量包括适当的齿侧间隙、接触面积和接触部位的正确性。

4. 蜗杆传动机构

蜗杆传动机构用来传递互相垂直的两轴之间的运动，如图 10.18 所示。它具有降速比大，结构紧凑，有自锁性，传动平稳、噪声小等特点，故而在起重上应用很广；缺点是传动效率较低，工作时发热大，需要有良好的润滑。

图 10.18　蜗杆传动机构

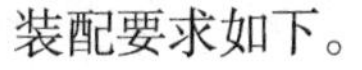

装配要求如下。

（1）组合式蜗轮应先将齿圈压装在轮毂上，方法与过盈配合装配相同，并用螺钉加以紧固。

（2）将蜗轮装在轴上，其安装及检验方法与圆柱齿轮相同。

（3）把蜗轮轴装入箱体，然后再装入蜗杆。

三、轴承和轴组的装配

1. 滑动轴承

（1）结构特点。滑动轴承是一种滑动摩擦性质的轴承，特点是工作可靠、平稳、噪声小及能承受载荷和较大的冲击载荷，有些高精度的主轴轴承就采用了滑动轴承。它构造简单，制造容易，如图 10.19 所示。

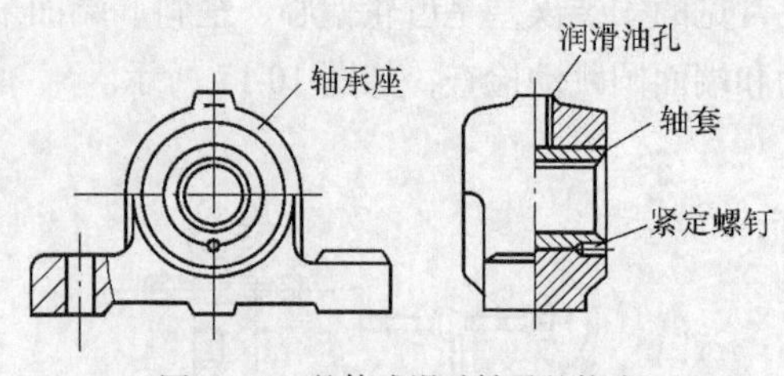

图 10.19　整体式滑动轴承的构成

（2）装配要点。

① 压入轴套：根据轴套大小和配合尺寸过盈量的大小，可采用压入法或敲入法来装配。压入时可用导向环或导向轴导向，以防止轴套压歪，并涂上润滑油。

② 轴套固定：要求用紧定螺钉或定位销等固定轴套位置，以防轴套随轴转动，如图 10.20 所示。

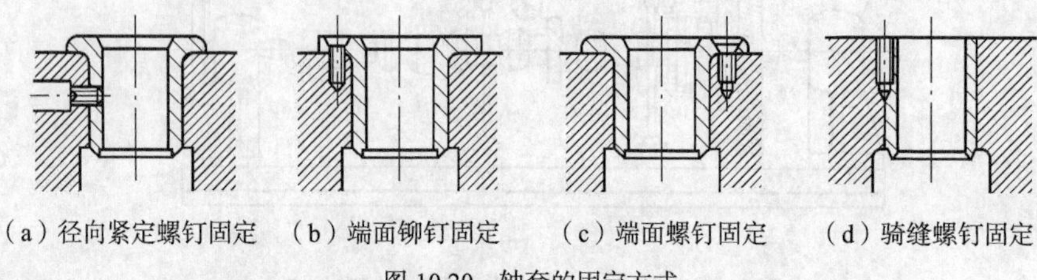

（a）径向紧定螺钉固定　（b）端面铆钉固定　（c）端面螺钉固定　（d）骑缝螺钉固定

图 10.20　轴套的固定方式

③ 修整轴套孔：轴套壁薄易发生变形，因此，压装后轴套要进行修整。

④ 轴套的检验：轴套修整后，应做相互垂直方向上的检验，还要检验轴套孔中心线对轴套端面的垂直度，可借助涂色法或塞尺来检查其准确性。

2. 滚动轴承的装配

（1）装配技术要求。

① 滚动轴承上标有代号的端面应装在可见的方向，以便更换时查对。

② 轴颈或壳体孔台阶处的圆弧半径应小于轴承上相对应处的圆弧半径。

③ 轴承装配在轴上和壳体孔中后，应没有歪斜现象。

④ 在同轴的两个轴承中，必须有一个可以随轴热胀时产生轴向移动。

⑤ 装配滚动轴承必须严格防止污物进入轴承内。

⑥ 装配后的轴承，必须运转灵活，噪声小，工作温度一般不宜超过 65℃。

（2）装配方法。装配方法有锤击法、压入法、热装法等几种。

3. 轴的装配

轴是机械中的重要工件，为了达到轴及轴上的零部件能正常运转，要求轴本身具有足够的强度和刚度，并有一定的加工精度，轴上工件装配后还应有一定的加工精度要求。

（1）轴的精度：主要包括尺寸精度、圆度、圆柱度、径向圆跳动等，误差的产生将使工件装在轴上后产生偏心，以致运转时造成轴的振动。

（2）轴的精度检查：轴的圆度和圆柱度误差的检查方法是用千分尺对轴颈进行测量，检查轴上各圆柱面对轴颈的径向圆跳动、端面对轴颈的垂直误差，如图 10.21 所示。

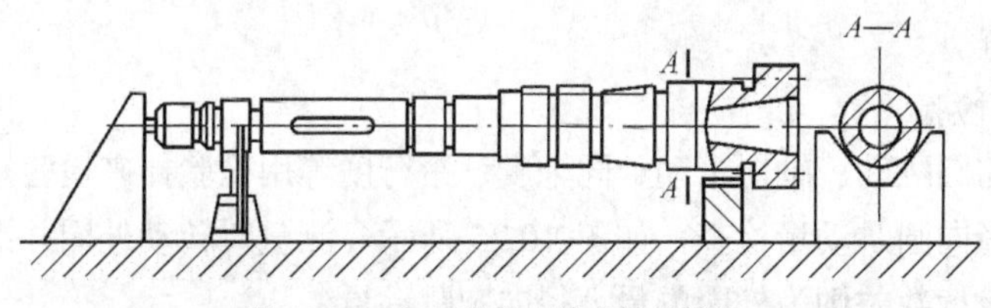

图 10.21　在 V 形架上检查轴的精度

（3）轴的装配：它包括对轴本身的清理、检查，以及完成轴上某些工件的连接，以及为轴上其他叶轮的装配做好准备等。

四、普通机床主轴装配与检验

1. 主轴部件装配过程

以 C630 车床为例，主轴部件（见图 10.22）装配顺序如下。

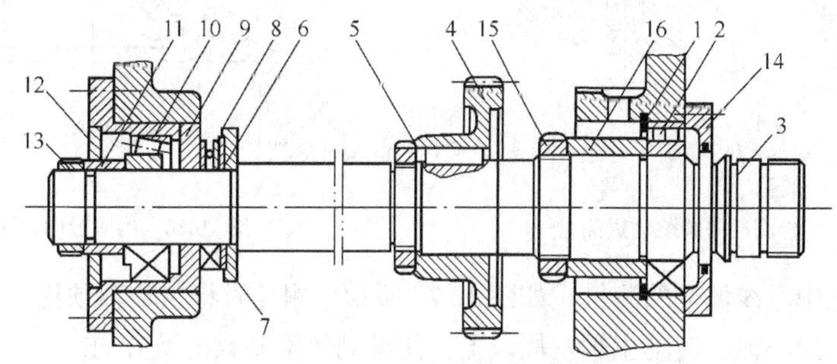

图 10.22　C630 车床主轴部件

1—卡环；2—滚动轴承；3—主轴；4—大齿轮；5—螺母；6—垫圈；7—开口垫圈；8—推力轴承；9—轴承座；10—圆锥滚子轴承；11—衬套；12—盖板；13—圆螺母；14—法兰；15—调整螺母；16—调整套

（1）将卡环 1 和滚动轴承 2 的外圈装入箱体的前轴承孔内。

（2）按图 10.23 所示，将该分组件先组装好，然后将其从主轴箱前轴承孔中穿入。从箱体上面依次将键、大齿轮 4、螺母 5、垫圈 6、开口垫圈 7、推力轴承 8 装在主轴 3 上，然后把主轴移动到规定位置。

（3）从箱体后端，把图 10.24 所示的后轴承壳体分组件装入箱体，并拧紧螺钉。

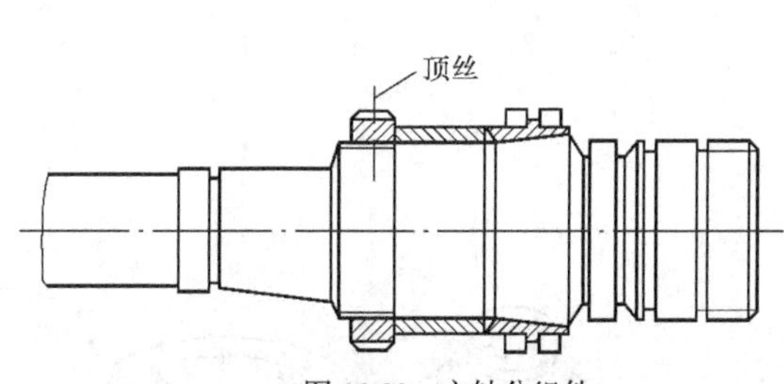

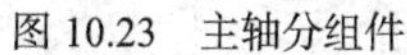

图 10.23　主轴分组件

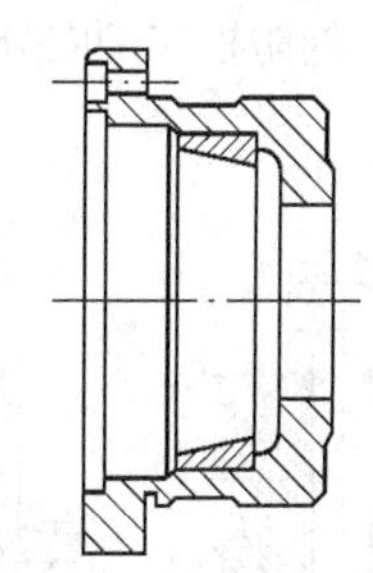

图 10.24　后轴承与外圈组成后轴承壳体分组件

（4）将圆锥滚子轴承 10 的内圈装在主轴上，敲击时用力不要过大，以免主轴移动。

（5）依次装入衬套 11、盖板 12、圆螺母 13、前法兰盘分组件 14，并拧紧所有螺钉。

（6）调整、检查。

2. 主轴部件的检验

机床主轴的径向圆跳动、轴向窜动、同轴度、平行度等用检验棒来检验。

（1）轴承外圈径向圆跳动量检查：如图 10.25 所示，测量时转动外圈并沿百分表向上下压迫外圈，百分表的最大读数差则为外圈的最大径向圆跳动量。

（2）滚动轴承内圈径向圆跳动测量：如图 10.26 所示，测量时外圈固定不转，内圈端面上加以均匀的测量负荷 p，p 的数值根据轴承类型及直径而变化，使内圈旋转一周以上，便可测得内圈表面的径向圆跳动量及其方向。

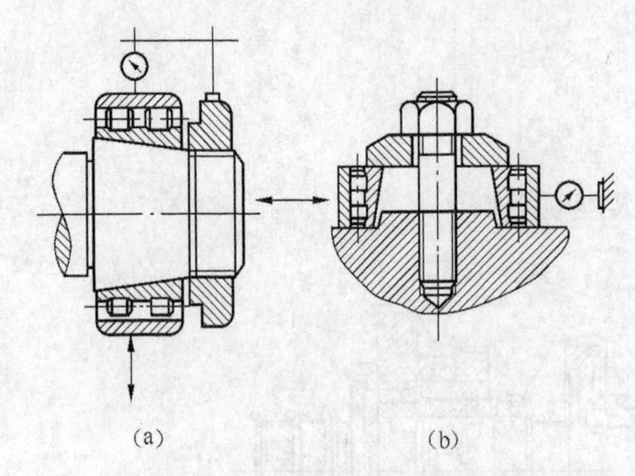

图 10.25　外圈径向圆跳动量测量

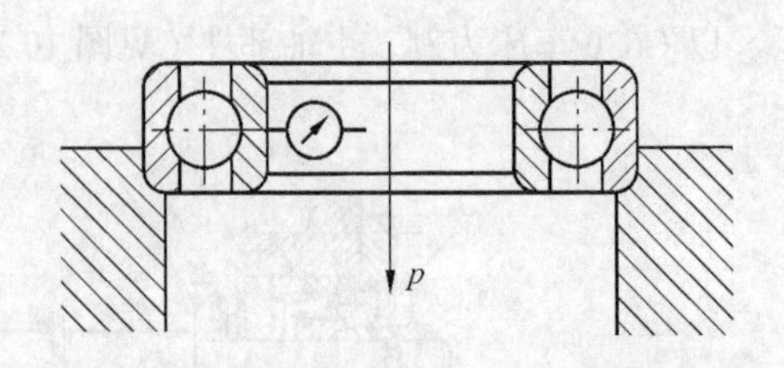

图 10.26　内圈径向圆跳动测量

（3）主轴锥孔中心线偏差的测量：如图 10.27 所示，测量时将主轴轴颈置于 V 形铁上，在主轴锥孔中插入测量用心棒，转动主轴一周以上，便可测得偏差数值及方向。

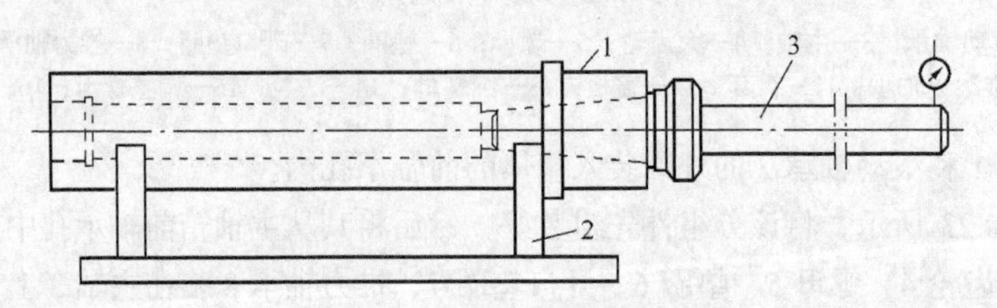

图 10.27　主轴锥孔中心线偏差

练习一　螺母和螺钉的防松装配

螺母和螺钉的防松装配图分别如图 10.28～图 10.31 所示。

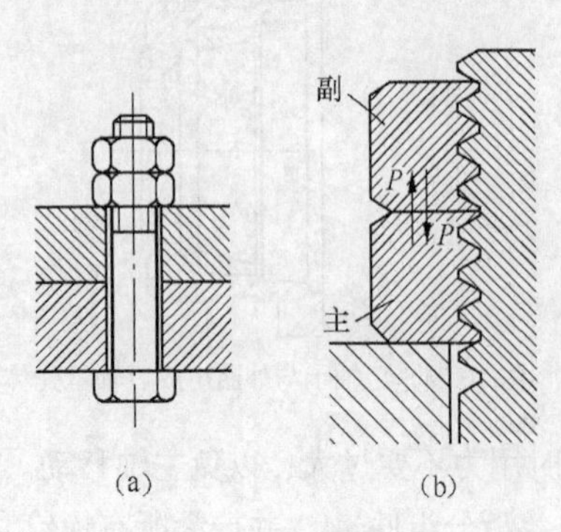

图 10.28　双螺母防松

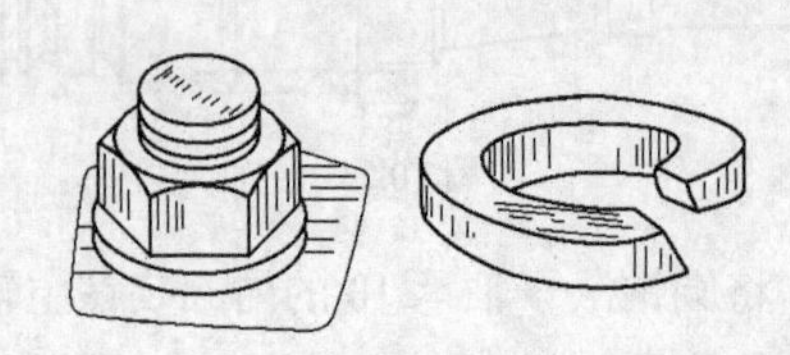

图 10.29　弹簧垫圈防松

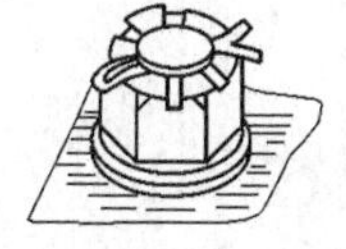

图 10.30 开口销与带槽螺母防松

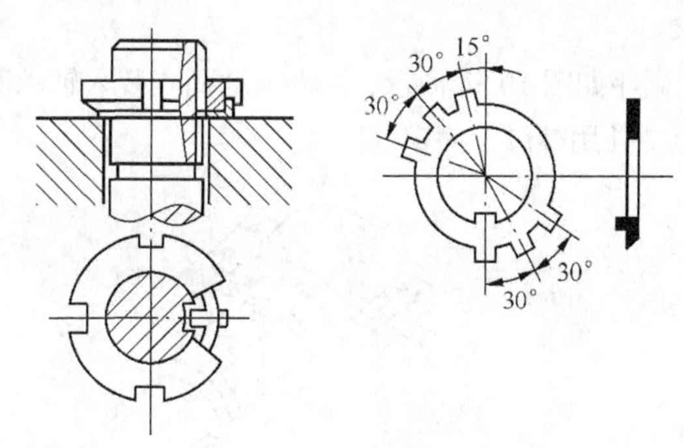

图 10.31 止动垫圈防松

练习要求：

（1）螺钉不能弯曲变形，螺母和螺钉应与机体接触良好；

（2）被连接件受力均匀，互相配合，连接牢固；

（3）螺纹连接在有冲击负荷作用或振动场合时，应采用防松装置。

练习二 带传动机构的装配

带轮与轴的连接图如图 10.32 所示。

练习要求：

（1）严格控制带轮的径向圆跳动和轴向窜动量；

（2）两带轮的端面一定要在同一平面内；

（3）带轮工作表面的表面粗糙度要大小适当：过大，会使传动带磨损较快；过小，易使传动带打滑；

（4）带的张紧力要适当，且调整方便。

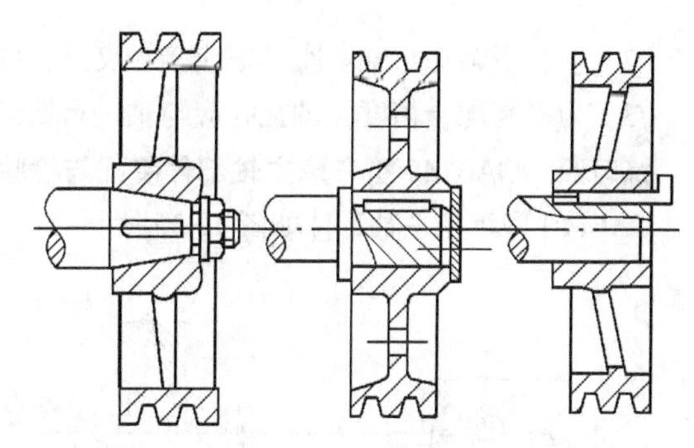

（a）圆锥形轴头连接（b）圆柱形轴头连接（c）楔键轴头连接

图 10.32 带轮与轴的连接

练习三 剖分式滑动轴承的装配

部分式滑动轴承如图 10.33 所示。

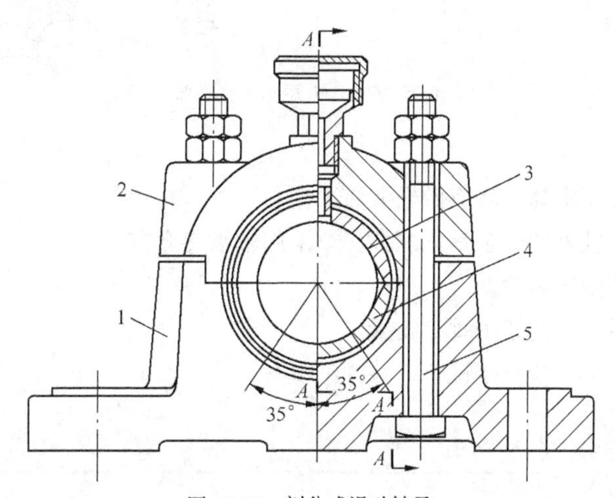

图 10.33 剖分式滑动轴承

1—轴承座；2—轴承盖；3、4—上、下轴瓦；5—螺栓

练习要求：

（1）装配顺序如图10.34所示，先将下轴瓦4装入轴承座3内，再装垫片5，然后装上轴瓦6，最后装轴承盖7并用螺母1固定。

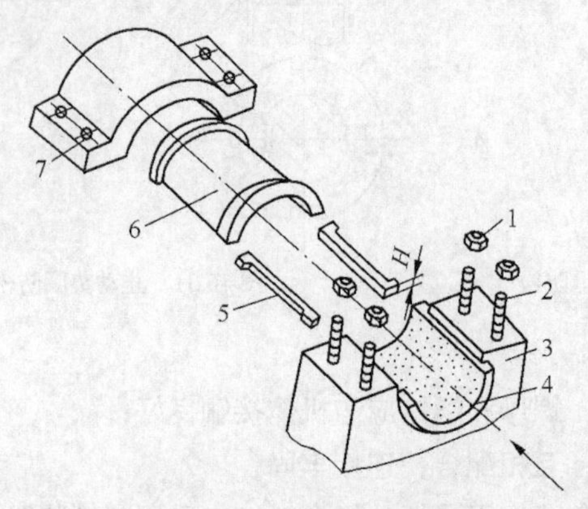

图10.34　剖分式滑动轴承装配顺序

1—螺母；2—双头螺柱；3—轴承座；4—下轴瓦；5—垫片；6—上轴瓦；7—轴承盖

（2）上、下轴瓦与轴承座、盖应接触良好，同时轴瓦的台肩应紧靠轴承座两端面。

（3）为提高配合精度，轴瓦孔应与轴进行研点配刮。

练习四　CA6140型车床主轴部件装配与检验

CA6140型车床主轴部件如图10.35所示。

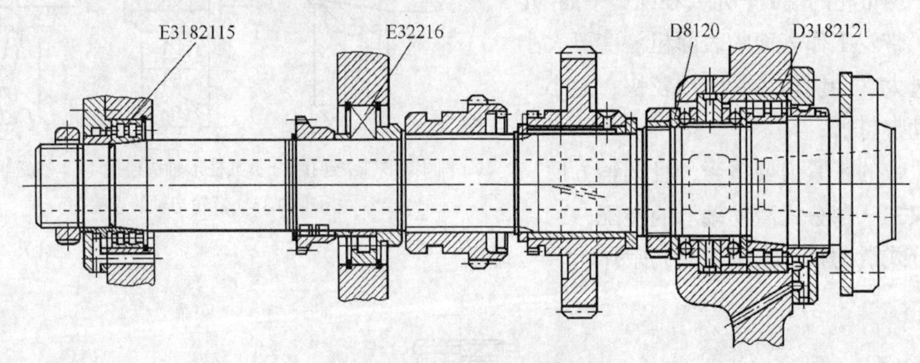

图10.35　CA6140型车床主轴部件

练习要求：

（1）机床加工精度要求高，故应做好清洁工作。

（2）轴承内圈与主轴外圆配合是紧配合，故采用轴承热套方法。

（3）要避免轴承产生倾斜误差。

（4）装配好主轴后，应用架子垂直安置。

（5）主轴装配进箱后，应空转试车，并详细检查。

思考与练习

一、填空题

（1）按精度标准和技术要求，将若干个工件组合成_______或将若干个工件、部件装成_______

的工艺过程，称为装配。

（2）装配工艺过程包括________、________、________和________等工作。

（3）对于结构复杂的产品，其装配工作常分为________和________。

（4）装配工作的组织形式一般分为________装配和________装配两种。

（5）键是用来连接轴和轴上工件，用于周向固定以传递转矩的一种机械工件，按结构特点和用途不同，分为________连接、________连接和________连接。

（6）圆柱销按配合性质有________配合、________配合和________配合。

（7）过盈连接的装配方法很多，依据结构形式、过盈大小、材料、批量等因素有________、________和________等。

（8）影响轴精度的因素主要包括尺寸精度、________、________、________等。

二、判断题（正确的画√，错误的画×）

（1）装配工作的好坏，对产品质量有一定的影响。（　　）

（2）单件产品的装配，由于对工人的技术要求高，所以装配线周期短，生产效率高。（　　）

（3）装配楔键时，不允许用涂色法检验键的接触情况。（　　）

（4）圆柱销一般依靠过盈固定在孔中，用以定位和连接。（　　）

（5）当配合件的尺寸及过盈量过小时，采用热胀法装配比较合理。（　　）

（6）带传动张紧力不足时，带会在带轮上打滑，造成带的磨损。（　　）

（7）使用压入法装配齿轮时，应避免齿轮歪斜和端面贴紧轴肩等安装误差。（　　）

（8）装配滚动轴承时，压力应直接加在待配合的套圈端面，不允许通过滚动体。（　　）

三、简答题

（1）常见的装配组织形式有哪几种？各适用于什么条件？

（2）链传动有哪些装配要求？如不符合要求对传动有何影响？

（3）齿轮传动机构的装配技术要求有哪些？

（4）滚动轴承的装配技术要求有哪些？

综 合 练 习

任务一　制作 V 形铁

一、准备要求

（1）材料准备（见表 11.1）。

表 11.1

序　　号	材 料 名 称	规　　格	数　　量	备　　注
1	45	65mm×55mm×15mm	1	

备料图（见图 11.1）。

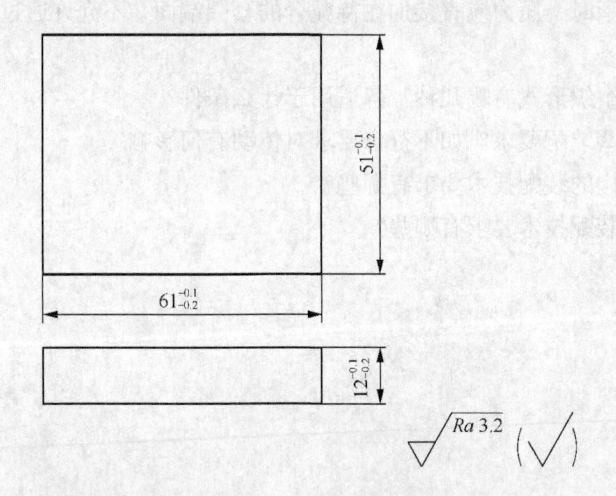

图 11.1　备料图

（2）设备准备（见表 11.2）。

表 11.2

序　　号	名　　称	规　　格	序　　号	名　　称	规　　格
1	划线平台	2 000mm×1 500mm	4	钳台	3 000mm×2 000mm
2	方箱	200mm×200mm×200mm	5	台虎钳	125mm
3	台式钻床	Z4112	6	砂轮机	S3SL-250

（3）工、量、刃具准备（见表 11.3）。

表 11.3

名　称	规　格	精　度	数　量	名　称	规　格	精　度	数　量
游标高度尺	0～300	0.02mm	1	直柄麻花钻	ϕ4mm	—	1
游标卡尺	0～150	0.02mm	1		ϕ8mm	—	1
万能角度尺	0°～320°	2	1	平锉	300mm	—	1
半径样板	1～6.5mm	—	1		200mm	—	1
90°角尺	100mm×63mm	一级	1		200mm	—	1
刀口尺	125mm	—	1	圆锉	150mm	—	1
检验棒	ϕ10×10mm	—	1	软钳口	—	—	1
	ϕ20×10mm	h6	1	样冲	—	—	1
钢直尺	0～150mm	h6	1	锉刀刷	—	—	1
手锤	—	—	1	划规	—	—	1
锯弓	—	—	1	锯弓	—	—	1
划针	—	—	1	锯条	—	—	自定

二、练习要求

（1）公差等级：锉削 IT8、攻螺纹 7H。
（2）几何公差：锉削平行度 0.03mm、垂直度 0.03mm。
（3）表面粗糙度：锉削 *Ra*1.6μm、攻螺纹 *Ra*6.3μm。
（4）时间定额：6h。
图样及技术要求（见图 11.2）。

三、操作技能评分表

总得分________

序号	考核内容	考 核 要 求	配分	评 分 标 准	检测结果	扣分	得分
1	锉削	$25^{+0.033}_{0}$ mm（2 处）	14	超差不得分			
2		90° ± 4′	5	超差不得分			
3		120° ± 4′	6	超差不得分			
4		60mm ± 0.023mm	5	超差不得分			
5		$50^{\ 0}_{-0.039}$ mm	5	超差不得分			
6		$12^{\ 0}_{-0.027}$ mm	5	超差不得分			
7		$36^{\ 0}_{-0.039}$ mm	5	超差不得分			
8		// 0.03	6	超差不得分			
9		各型面与 *B* 面的垂直度：0.03mm	12	超差不得分			
10		表面粗糙度：*Ra*1.6μm	7	升高一级不得分			
11	攻螺纹	4×M6	8	超差不得分			
12		48mm ± 0.15mm	6	超差不得分			
13		表面粗糙度：*Ra*6.3μm	6	升高一级不得分			

评分人：　　　年　　月　　日　　　　　　　　　　核分人：　　　年　　月　　日

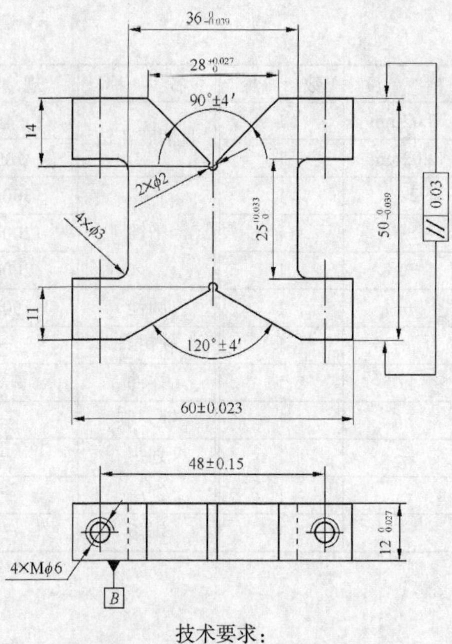

技术要求：
各型面均与 *B* 面垂直，垂直度 0.03mm。

图 11.2　图样

任务二　凸凹圆模板

一、准备要求

（1）材料准备（见表 11.4）。

表 11.4

序　　号	材 料 名 称	规　　格	数　　量	备　　注
1	45	ϕ65×12mm	2	

备料图（见图 11.3）

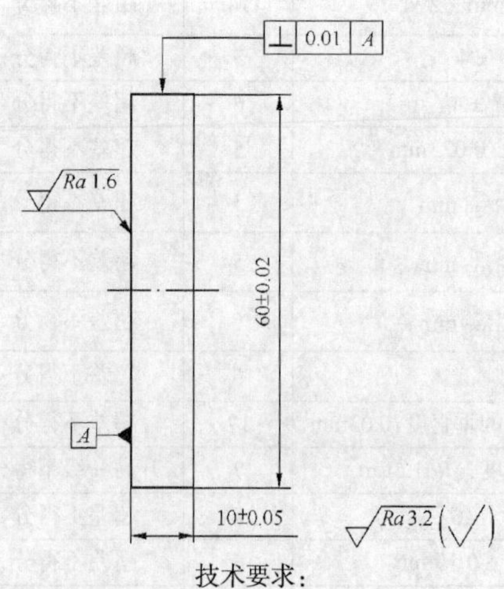

技术要求：
两件ϕ60 ± 0.05mm，尺寸一致性≤0.02mm。

图 11.3　备料图

（2）设备准备（见表 11.5）。

表 11.5

序　号	名　称	规　格	序　号	名　称	规　格
1	划线平台	2 000mm×1 500mm	4	钳台	3 000mm×2 000mm
2	方箱	200mm×200mm×200mm	5	台虎钳	125mm
3	台式钻床	Z4112	6	砂轮机	S3SL-250

（3）工、量、刃具准备（见表 11.6）。

表 11.6

名　称	规　格	精　度	数　量	名　称	规　格	精　度	数　量
游标高度尺	0～300mm	0.02mm	1	铰杠	—	—	1
游标卡尺	0～150mm	0.02mm	1	手用圆柱铰刀	ϕ10mm	H7	1
万能角度尺	0°～320°	2′	1	三角锉	150mm（2 号纹）	—	1
千分尺	0～25mm	0.01mm	1	V 形架	—	—	1 副
	50～75mm	0.01mm	1	直柄麻花钻	ϕ4mm	—	1
深度千分尺	0～25mm	0.01mm	1		ϕ9.8mm	—	1
90° 角尺	100mm×63mm	一级	1		ϕ11mm	—	1
刀口尺	100mm	—	1	锯弓	—	—	1
塞尺	0.02～0.5mm	—	1	锯条	—	—	自定
检验棒	ϕ10×120mm	h6	1	錾子	—	—	自定
百分表	0～0.8mm	0.01mm	1	手锤	—	—	1
表架	—	—	1	样冲	—	—	1
平锉	250mm（1 号纹）	—	1	划规	—	—	1
	150mm（3 号纹）	—	1	划针	—	—	1
	200mm（4 号纹）	—	1	软钳口	—	—	1 副
	200mm（4 号纹）	—	1	锉刀刷	—	—	1

二、练习要求

（1）公差等级：锉削 IT8、钻孔 IT10。

（2）几何公差：锉削对称度 0.06mm、垂直度 0.03mm、钻孔对称度 0.3mm。

（3）表面粗糙度：锉配 *Ra*3.2μm、钻孔 *Ra*3.2μm。

（4）时间定额：5h。

（5）其他方面：配合间隙≤0.04mm。

图样及技术要求（见图 11.4）。

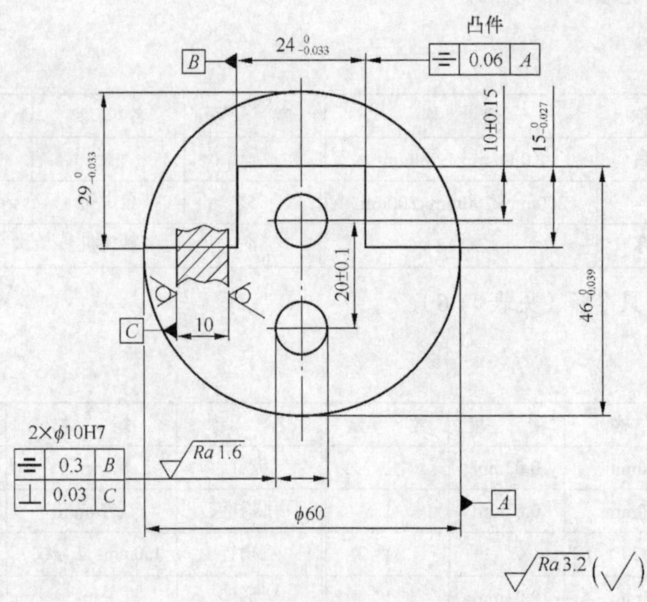

技术要求：

1. 以凸件为基准，凹件配作，配合互换间隙≤0.04mm；
2. ϕ60mm 外缘面为非加工面。

图 11.4　图样

三、操作技能评分表

总得分______

序号	考核内容	考 核 要 求	配　分	评 分 标 准	检测结果	扣分	得分
1	锉配	$46_{-0.039}^{0}$ mm	8	超差不得分			
2		$15_{-0.027}^{0}$ mm	8	超差不得分			
3		$24_{-0.033}^{0}$ mm	8	超差不得分			
4		⌯ 0.06 A	8	超差不得分			
5		$29_{-0.033}^{0}$ mm	8	超差不得分			
6		表面粗糙度：*Ra*3.2μm	10	升高一级不得分			
7		配合间隙≤0.04mm	25	超差不得分			
8	钻孔	2×ϕ$10_{0}^{+0.058}$ mm	2	超差不得分			
9		10mm ± 0.15mm	3	超差不得分			
10		20mm ± 0.10mm	3	超差不得分			
11		表面粗糙度：*Ra*3.2μm	2	升高一级不得分			
12		⌯ 0.30 B	3	超差不得分			
13		⊥ 0.30 C	2	超差不得分			

评分人：　　　年　　月　　日　　　　　　　　　　核分人：　　　年　　月　　日

任务三　制作錾口锤子

一、准备要求

（1）材料准备（见表 11.7）。

表 11.7

序　　号	材 料 名 称	规　　格	数　　量	备　　注
1	45	ϕ30×115mm	1	

备料图（见图 11.5）。

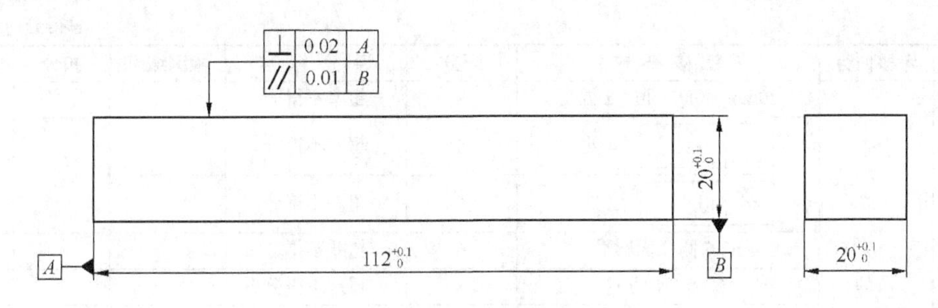

图 11.5　备料图

（2）设备准备（见表 11.8）。

表 11.8

序　　号	名　　称	规　　格	序　　号	名　　称	规　　格
1	划线平台	2 000mm×1 500mm	4	钳台	3 000mm×2 000mm
2	方箱	200mm×200mm×200mm	5	台虎钳	125mm
3	台式钻床	Z4112	6	砂轮机	S3SL-250

（3）工、量、刃具准备（见表 11.9）。

表 11.9

名　　称	规　　格	精　　度	数　　量	名　　称	规　　格	精　　度	数　　量
游标高度尺	0～300mm	0.02mm	1	圆锉	150mm（3 号纹）	—	1
游标卡尺	0～150mm	0.02mm	1	方锉	200mm（3 号纹）	—	1
千分尺	0～25mm	0.01mm	1	三角锉	150mm（3 号纹）	—	1
刀口尺	125mm	—	1	錾子	—	—	自定
90°角尺	100mm×63mm	一级	1	锯弓	—	—	1
直柄麻花钻	ϕ9.8mm	—	1	锯条	—	—	自定
钢直尺	0～150mm	—	1	手锤	—	—	1
砂布	1	—	1	样冲	—	—	1
整形锉	—	—		划规	—	—	1
平锉	250mm（1 号纹）	—	1	划针	—	—	1
	200mm（2 号纹）	—	1	软钳口	—	—	1 副
	200mm（4 号纹）	—	1	锉刀刷	—	—	1

二、练习要求

（1）公差等级：锉削 IT8。

（2）几何公差：锉削平行度 0.05mm、垂直度 0.03mm。

（3）表面粗糙度：锉削 *Ra*1.6μm、钻孔 *Ra*6.3μm。

（4）时间定额：8h。

（5）其他方面：圆弧之间连接要圆滑。

图样及技术要求（见图 11.6）。

三、操作技能评分表

总得分________

序号	考核内容	考 核 要 求	配分	评 分 标 准	检测结果	扣分	得分
1	锉削	20mm ± 0.05mm（2 处）	8	超差不得分			
2	锉削	⊥ 0.03（4 处）	8	超差不得分			
3	锉削	// 0.05（2 处）	6	超差不得分			
4	锉削	*R*2.5 圆弧面圆滑	6	超差不得分			
5	锉削	*C*3.5（4 处）	8	超差不得分			
6	锉削	*R*3.5 内圆弧连接（4 处）	12	超差不得分			
7	锉削	*R*12 与 *R*8 连接	14	超差不得分			
8	锉削	舌部斜平面平直度：0.03mm	10	超差不得分			
9	锉削	各倒角均匀，棱线清晰	6	超差不得分			
10	锉削	表面粗糙度：*Ra*1.6μm	4	升高一级不得分			
11	钻孔	20mm ± 0.20mm	10	超差不得分			
12	钻孔	⌯ 0.2 *A*	4	超差不得分			
13	钻孔	表面粗糙度：*Ra*6.3μm	4	升高一级不得分			

评分人：　　年　　月　　日　　　　　　　　核分人：　　年　　月　　日

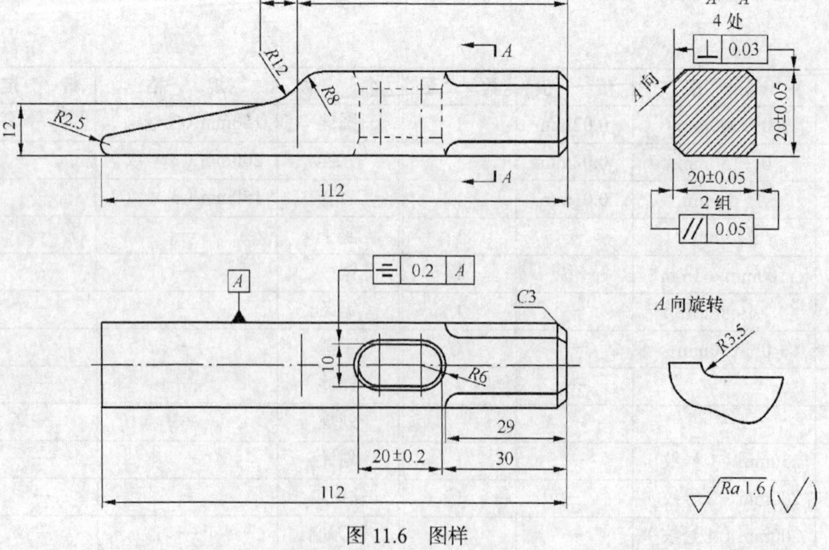

图 11.6　图样

任务四 锉配变角板

一、准备要求

（1）材料准备（见表 11.10）。

表 11.10

序　　号	材 料 名 称	规　　格	数　　量	备　　注
1	45	125mm×95mm×10mm	1	

备料图（见图 11.7）。

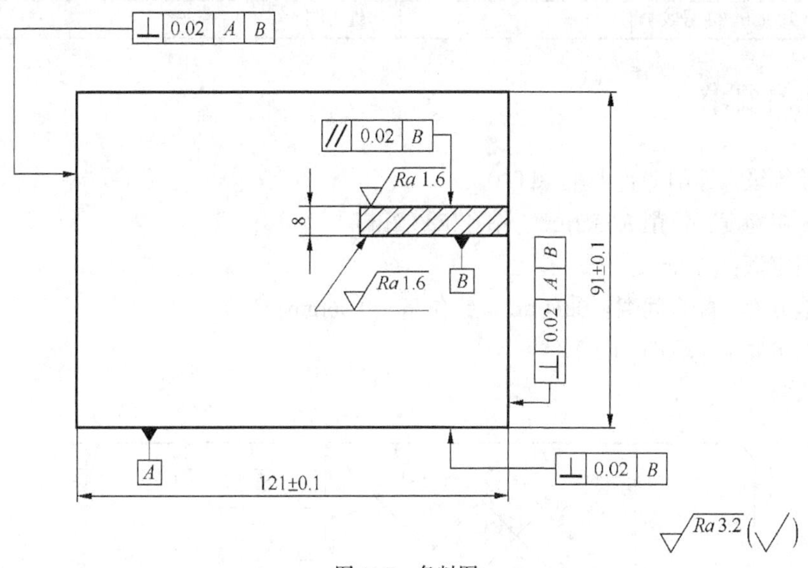

图 11.7　备料图

（2）设备准备（见表 11.11）。

表 11.11

序　　号	名　　称	规　　格	序　　号	名　　称	规　　格
1	划线平台	2 000mm×1 500mm	4	钳台	3 000mm×2 000mm
2	方箱	200mm×200mm×200mm	5	台虎钳	125mm
3	台式钻床	Z4112	6	砂轮机	S3SL-250

（3）工、量、刃具准备（见表 11.12）。

表 11.12

名　　称	规　　格	精　　度	数　　量	名　　称	规　　格	精　　度	数　　量
游标高度尺	0～300mm	0.02mm	1	平锉	150mm（4 号纹）	—	1
游标卡尺	0～150mm	0.02mm	1		100mm（5 号纹）	—	1
万能角度尺	0°～320°	2′	1	三角锉	150mm（5 号纹）	—	1
千分尺	0～25mm	0.01mm	1	方锉	200mm（5 号纹）	—	1

续表

名　　称	规　　格	精　　度	数　　量	名　　称	规　　格	精　　度	数　　量
千分尺	50～75mm	0.01mm	1	直柄麻花钻	ϕ4mm	—	1
	75～100mm	0.01mm	1		ϕ8mm	—	1
90°角尺	100mm×63mm	一级	1		ϕ11mm	—	1
刀口尺	125mm	—	1	锯弓	—	—	1
塞尺	0.02～0.5mm	—	1	锯条	—	—	自定
塞规	ϕ10mm	H7	1	手锤	—	—	1
百分表	0～0.8mm	0.01mm	1	样冲	—	—	1
表架	—	—	1	划规	—	—	1
V形铁	—	—	1	划针	—	—	1
平锉	250mm（1号纹）	—	1	钢直尺	0～150mm	—	1
	200mm（2号纹）	—	1	软钳口	—	—	1副
	200mm（3号纹）	—	1	锉刀刷	—	—	1

二、练习要求

（1）公差等级：锉削 IT8、钻孔 IT10。

（2）表面粗糙度：锉削 $Ra3.2\mu m$、钻孔 $Ra3.2\mu m$。

（3）时间定额：270min。

（4）其他方面：配合间隙≤0.04mm、错位量≤0.06mm。

图形及技术要求（见图 11.8）。

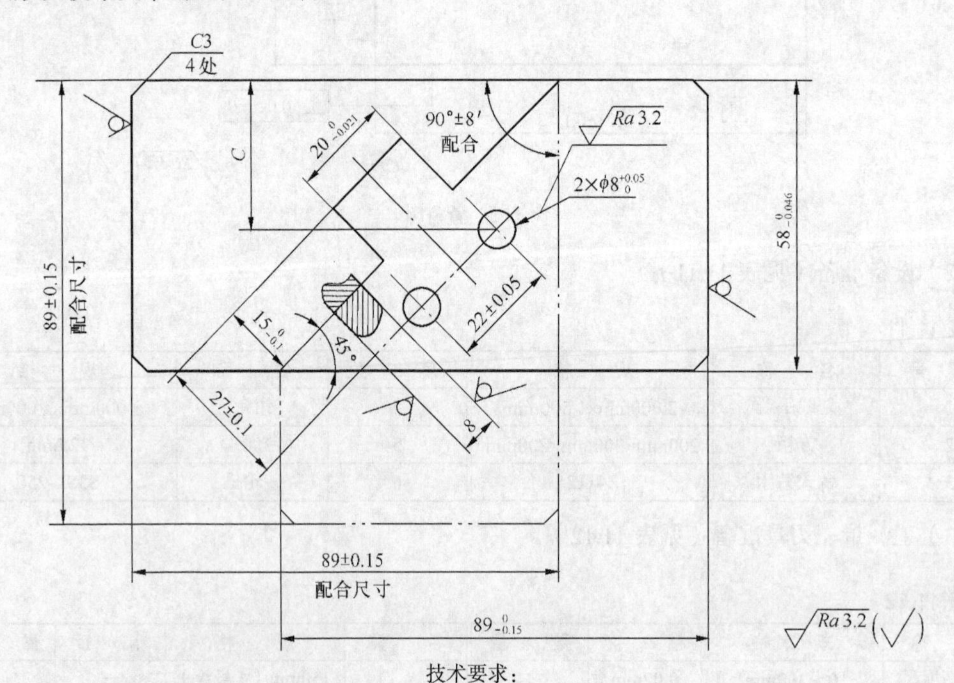

技术要求：

1. 上图所示情况下配合外侧面错位量≤0.06mm。配合间隙（包括右件翻转180°，图中双点划线）检测2次，应≤0.04mm 。两孔分别距凹件长边的距离变化量ΔC≤0.30mm。
2. 以凸件为基准，凹件配作。

图 11.8　图样

三、操作技能评分表

总得分________

序号	考核内容	考核要求	配分	评分标准	检测结果	扣分	得分
1	锉配	$58_{-0.046}^{\ 0}$ mm（2处）	8	超差不得分			
2		$20_{-0.021}^{\ 0}$ mm	7	超差不得分			
3		$15_{-0.1}^{\ 0}$ mm	6	超差不得分			
4		表面粗糙度：*Ra*3.2μm（14处）	7	升高一级不得分			
5		89mm ± 0.15mm（2处）	7	超差不得分			
6		配合间隙≤0.04mm（5处）	20	超差不得分			
7		Δ*C*≤0.30mm	6	超差不得分			
8		错位量≤0.06mm	8	超差不得分			
9		90° ± 8′	6	超差不得分			
10	钻孔	2×$\phi 8_{\ 0}^{+0.05}$ mm	4	超差不得分			
11		22mm ± 0.05mm	6	升高一级不得分			
12		表面粗糙度：*Ra*3.2μm（2处）	5	升高一级不得分			

评分人：　　年　月　日　　　　　　　核分人：　　年　月　日

任务五　五方合套

一、准备要求

（1）材料准备（见表11.13）。

表 11.13

序　号	材料名称	规　格	数　量	备　注
1	45	ϕ45×20mm	1	图11.9（a）
2	45	ϕ65×20mm	1	图11.9（b）

备料图（见图11.9）。

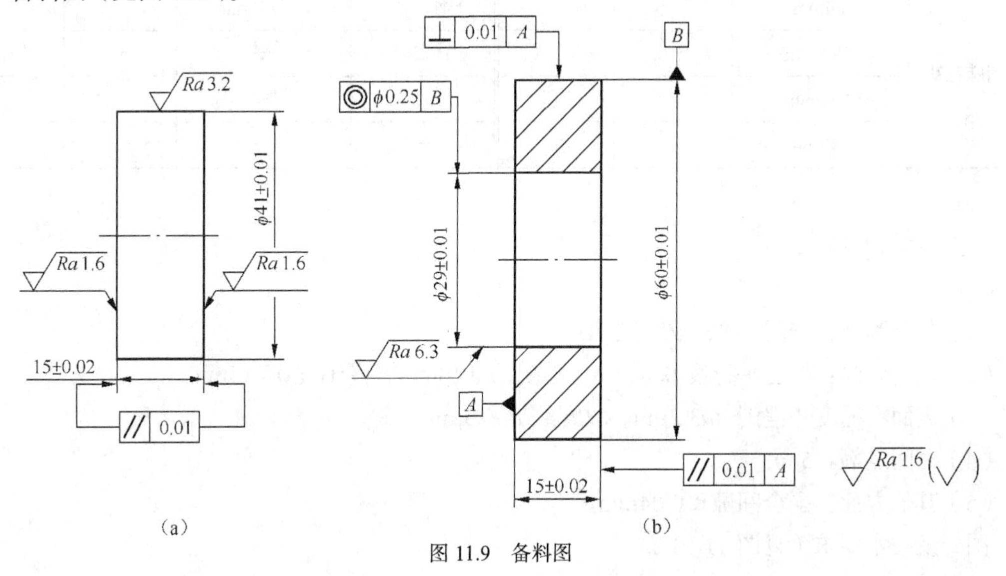

图 11.9　备料图

（2）设备准备（见表11.14）。

表11.14

序　号	名　称	规　格	序　号	名　称	规　格
1	划线平台	2 000mm×1 500mm	4	钳台	3 000mm×2 000mm
2	方箱	200mm×200mm×200mm	5	台虎钳	125mm
3	台式钻床	Z4112	6	砂轮机	S3SL-250

（3）工、量、刃具准备（见表11.15）。

表11.15

名　称	规　格	精　度	数　量	名　称	规　格	精　度	数　量
游标高度尺	0～300mm	0.02mm	1	平锉	250mm（1号纹）	—	1
游标卡尺	0～150mm	0.02mm	1		200mm（2号纹）	—	1
千分尺	0～25mm	0.01mm	1		200mm（3号纹）	—	1
	25～50mm	0.01mm	1		150mm（4号纹）	—	1
万能角度尺	0°～320°	2′	1		100mm（4号纹）	—	1
正弦规	100mm×80mm	—	1	三角锉	150mm（2号纹）	—	1
V形架	—	—	1副	手用圆柱铰刀	ϕ10mm	H7	1
百分表	0～0.8mm	0.01mm	1	铰杠	—	—	1
表架	—	—	1	平板	280mm×330mm	二级	1
塞尺	0.02～0.5mm	—	1	划针	—	—	1
塞规	ϕ10mm	H7	1	整形锉	—	—	1
刀口尺	125mm	—	1	手锤	—	—	1
90°角尺	100mm×63mm	—	1	样冲	—	—	1
检验棒	ϕ10×120mm	h6	1	划规	—	—	1
直柄麻花钻	ϕ4mm	—	1	钢直尺	0～150mm	—	1
	ϕ9.8mm	—	1	软钳口	—	—	1副
	ϕ9.9mm	—	1	锉刀刷	—	—	—
	ϕ12mm	—	1	—	—	—	—

二、练习要求

（1）公差等级：锉配IT8、攻螺纹7H。

（2）几何公差：配合平行度0.06mm、圆跳动0.10mm、同轴度ϕ0.15mm。

（3）表面粗糙度：锉削Ra3.2μm、攻螺纹Ra6.3μm。

（4）时间定额：5h。

（5）其他方面：配合间隙≤0.04mm。

图样及技术要求（见图11.10）。

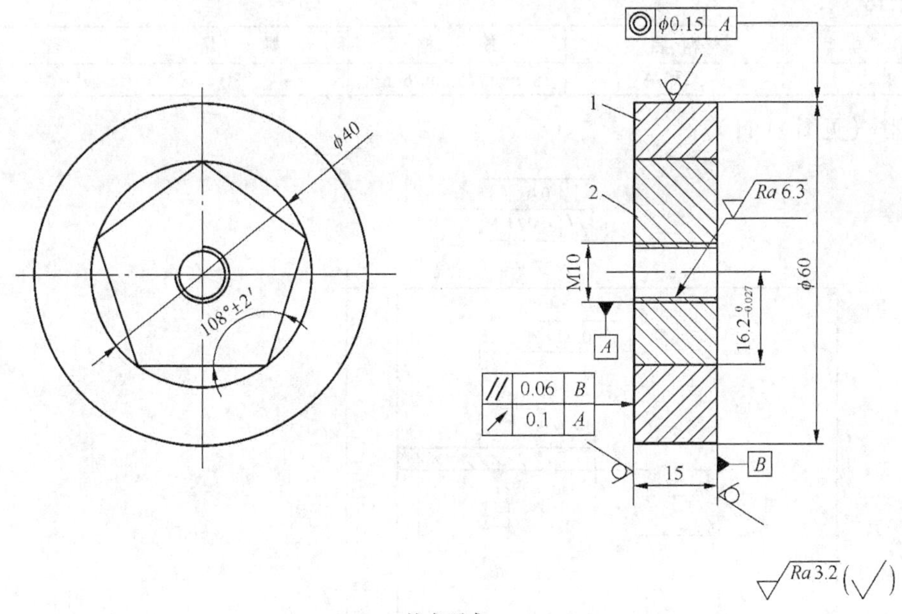

技术要求：

件 2 五方孔以件 1 为基准配作，配合互换间隙≤0.04mm。

图 11.10 图样

三、操作技能评分表

总得分________

序号	考核内容	考 核 要 求	配分	评 分 标 准	检测结果	扣分	得分
1	锉配	108° ± 2′ mm（5 处）	15	超差不得分			
2		$16.2_{-0.027}^{0}$ mm（5 处）	10	超差不得分			
3		表面粗糙度：*Ra*3.2μm（5 处）	5	升高一级不得分			
4		// 0.06 B	5	超差不得分			
5		◎ φ0.15 A	5	超差不得分			
6		↗ 0.10 A	5	超差不得分			
7		配合间隙≤0.04mm（5 处）	30	超差不得分			
8	攻螺纹	M10	10	超差不得分			
9		表面粗糙度：*Ra*6.3μm	5	升高一级不得分			

评分人：　　年　　月　　日　　　　　　　　　　　核分人：　　年　　月　　日

任务六　燕尾镶配

一、准备要求

（1）材料准备（见表 11.16）。

表 11.16

序　号	材料名称	规　格	数　量	备　注
1	Q235-A	85mm×75mm×6mm	1	

备料图（见图 11.11）。

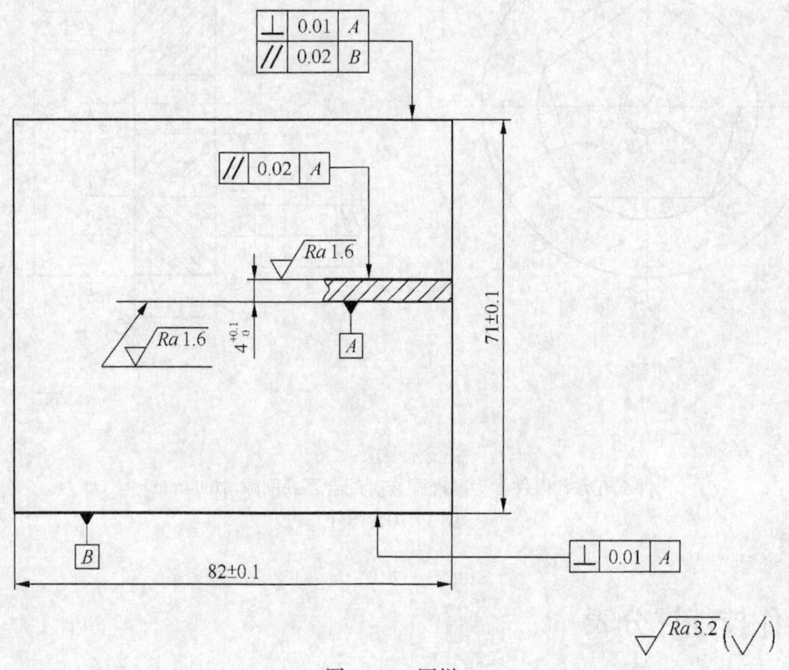

图 11.11　图样

（2）设备准备（见表 11.17）。

表 11.17

序　号	名　称	规　格	序　号	名　称	规　格
1	划线平台	2 000mm×1 500mm	4	钳台	3 000mm×2 000mm
2	方箱	200mm×200mm×200mm	5	台虎钳	125mm
3	台式钻床	Z4112	6	砂轮机	S3SL-250

（3）工、量、刃具准备（见表 11.18）。

表 11.18

名　称	规　格	精　度	数　量	名　称	规　格	精　度	数　量
游标高度尺	0～300mm	0.02mm	1	平锉	250mm（1号纹）	—	1
游标卡尺	0～150mm	0.02mm	1		250mm（3号纹）	—	1
千分尺	0～25mm	0.01mm	1		150mm（2号纹）	—	1
	25～50mm	0.01mm	1		150mm（4号纹）	—	1
	50～75mm	0.01mm	1		100mm（4号纹）	—	1
90°角尺	100mm×63mm	一级	1	三角锉	150mm（3号纹）	—	1

续表

名　称	规　格	精　度	数　量	名　称	规　格	精　度	数　量
刀口尺	125mm	—	1	方锉	250mm（4 号纹）	—	1
检验棒	ϕ10×120mm	h6	1	划针	—	—	1
塞尺	0.02～0.5mm	—	1	整形锉	—	—	1
直柄麻花钻	ϕ2mm	—	1	手锤	—	—	1
	ϕ4mm	—	1	样冲	—	—	1
	ϕ8mm	—	1	划规	—	—	1
	ϕ11mm	—	1	软钳口	—	—	1 副
钢直尺	0～150mm	—	1	锉刀刷	—	—	1
锯弓	—	—	1	锯条	—	—	自定

二、练习要求

（1）公差等级：锉配 IT8、IT10。

（2）几何公差：锉配对称度 0.10mm、钻孔对称度 0.25mm。

（3）表面粗糙度：锉配 *Ra*3.2μm、钻孔 *Ra*6.3μm。

（4）时间定额：4h。

（5）其他方面：配合间隙≤0.04mm、错位量≤0.06mm。

图样及技术要求（见图 11.12）。

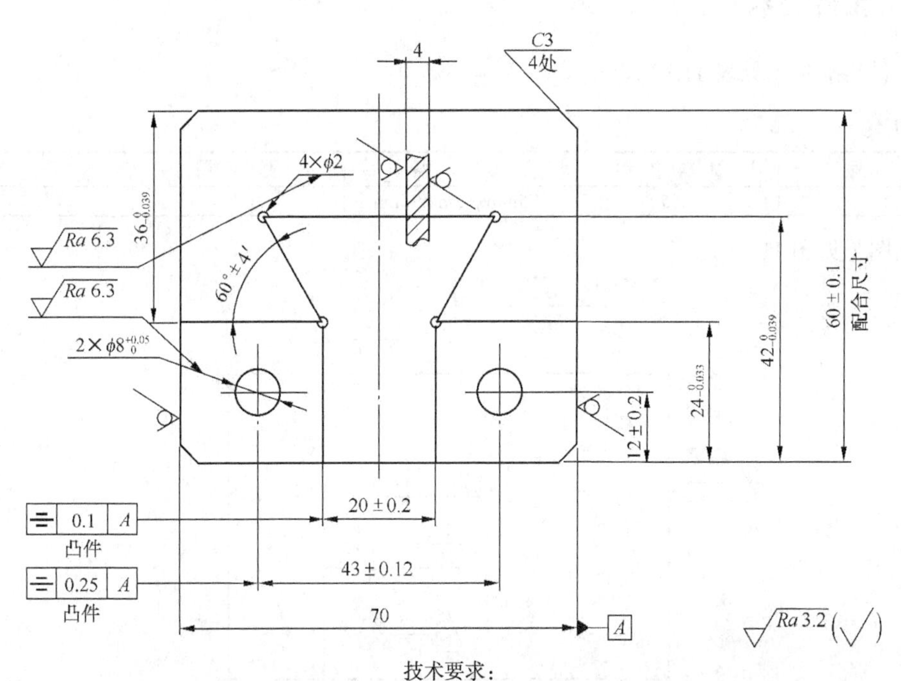

技术要求：

以凸件（下）为基准，配作凹件（上），配合互换间隙≤0.04mm、两侧错位量≤0.06mm。

图 11.12　图样

三、操作技能评分表

总得分____________

序号	考核内容	考核要求	配分	评分标准	检测结果	扣分	得分
1	锉配	$42_{-0.039}^{0}$ mm	8	超差不得分			
2		$36_{-0.039}^{0}$ mm	8	超差不得分			
3		$24_{-0.033}^{0}$ mm	7	超差不得分			
4		60° ± 4′（2处）	10	超差不得分			
5		20mm ± 0.20mm	3	超差不得分			
6		表面粗糙度：*Ra*3.2μm（2处）	2	升高一级不得分			
7		⌯ 0.1 *A*	10	超差不得分			
8		配合间隙≤0.04mm（5处）	20	超差不得分			
9		错位量≤0.06mm	10	超差不得分			
10	钻孔	$2\times\phi 8_{0}^{+0.05}$ mm	2	超差不得分			
11		12mm ± 0.20mm（2处）	2	超差不得分			
12		43 ± 0.12mm	2	超差不得分			
13		表面粗糙度：*Ra*6.3μm（2处）	3	升高一级不得分			
14		⊥ 0.5 *A*	3	超差不得分			

评分人：　　年　　月　　日　　　　　　核分人：　　年　　月　　日

任务七　复形样板

一、准备要求

（1）材料准备（见表11.19）。

表 11.19

序　号	材料名称	规　格	数　量	备　注
1	45	75mm×65mm×6mm	1	

备料图（见图11.13）。

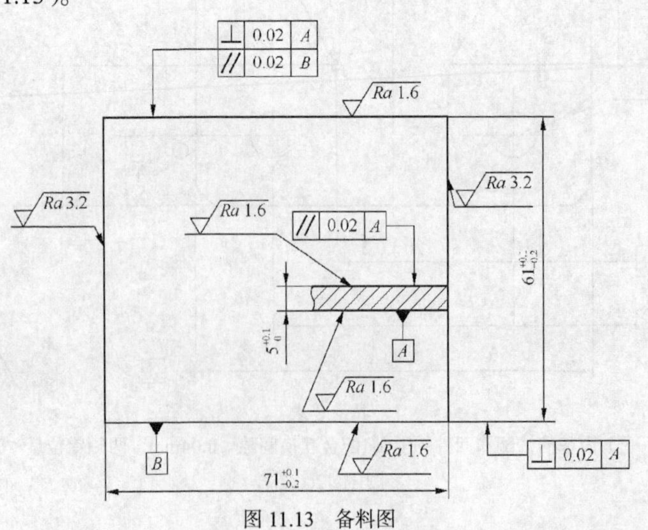

图 11.13　备料图

（2）设备准备（见表 11.20）。

表 11.20

序　　号	名　　称	规　　格	序　　号	名　　称	规　　格
1	划线平台	2 000mm×1 500mm	4	钳台	3 000mm×2 000mm
2	方箱	200mm×200mm×200mm	5	台虎钳	125mm
3	台式钻床	Z4112	6	砂轮机	S3SL-250

（3）工、量、刃具准备（见表 11.21）。

表 11.21

名　　称	规　　格	精　　度	数　　量	名　　称	规　　格	精　　度	数　　量
游标高度尺	0～300mm	0.02mm	1	平锉	250mm（2 号纹）	—	1
游标卡尺	0～150mm	0.02mm	1		200mm（3 号纹）	—	1
千分尺	0～25mm	0.01mm	1		150mm（4 号纹）	—	1
	50～75mm	0.01mm	1		100mm（4 号纹）	—	1
万能角度尺	0°～320°	2′	1	划针	—	—	1
90°角尺	100mm×63mm	一级	1	整形锉	—	—	1
刀口尺	125mm	—	1	手锤	—	—	1
半径样板	1～6.5mm	—	1	样冲	—	—	1
塞尺	0.02～0.5mm	—	1	划规	—	—	1
直柄麻花钻	ϕ5mm	—	1	软钳口	—	—	1 副
	ϕ6mm	—	1	锉刀刷	—	—	1
钢直尺	0～150mm	—	1	锯条	—	—	自定
锯弓	—	—	1	—	—	—	

二、练习要求

（1）公差等级：锉配 IT8、钻孔 IT10。

（2）几何公差：锉削对称度 0.06mm。

（3）表面粗糙度：锉削 *Ra*1.6μm、钻孔 *Ra*3.2μm。

（4）时间定额：3h。

图样及技术要求（见图 11.14）。

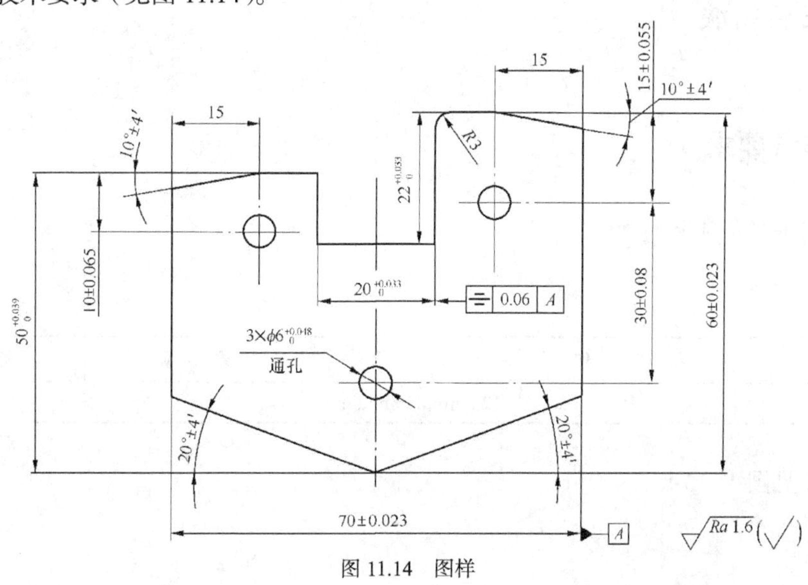

图 11.14　图样

三、操作技能评分表

总得分________

序号	考核内容	考核要求	配分	评分标准	检测结果	扣分	得分
1	锉削	$50^{+0.039}_{0}$ mm	16	超差不得分			
2		70mm ± 0.023mm	6	超差不得分			
3		60mm ± 0.023mm	6	超差不得分			
4		$20^{+0.033}_{0}$ mm	7	超差不得分			
5		$22^{+0.033}_{0}$ mm	8	超差不得分			
6		10° ± 4′（2处）	5	超差不得分			
7		20° ± 4′（2处）	6	超差不得分			
8		⌯ 0.06 A	3	超差不得分			
9		表面粗糙度：*Ra*1.6μm	6	升高一级不得分			
10	钻孔	3×$\phi 6^{+0.048}_{0}$ mm	10	超差不得分			
11		30mm ± 0.08mm	4	超差不得分			
12		15mm ± 0.06mm	5	超差不得分			
13		10mm ± 0.06mm	4	超差不得分			
14		表面粗糙度：*Ra*3.2μm	4	升高一级不得分			

评分人：　　年　月　日　　　　核分人：　　年　月　日

任务八　三件拼块

一、准备要求

（1）材料准备（见表11.22）。

表 11.22

序　号	材料名称	规　格	数　量	备　注
1	45	125mm×85mm×6mm	1	

备料图（见图11.15）。

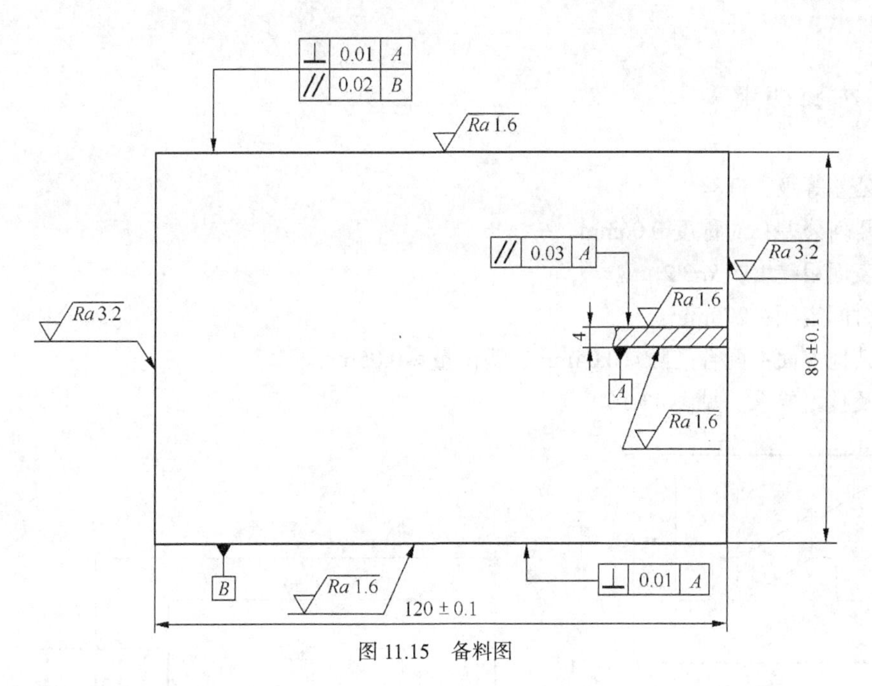

图 11.15　备料图

（2）设备准备（见表 11.23）。

表 11.23

序　　号	名　　称	规　　格	序　　号	名　　称	规　　格
1	划线平台	2 000mm×1 500mm	4	钳台	3 000mm×2 000mm
2	方箱	200mm×200mm×200mm	5	台虎钳	125mm
3	台式钻床	Z4112	6	砂轮机	S3SL-250

（3）工、量、刃具准备（见表 11.24）。

表 11.24

名　　称	规　　格	精　　度	数　　量	名　　称	规　　格	精　　度	数　　量
游标高度尺	0～300mm	0.02mm	1	三角锉	150mm（4 号纹）	—	1
游标卡尺	0～150mm	0.02mm	1		150mm（5 号纹）	—	1
万能角度尺	0°～320°	2′	1	手锤	—	—	1
千分尺	0～25mm	0.01mm	1	样冲	—	—	1
	25～50mm	0.01mm	1	平锉	250mm（2 号纹）	—	1
	50～75mm	0.01mm	1		200mm（3 号纹）	—	1
	75～100mm	0.01mm	1		150mm（4 号纹）	—	1
90°角尺	100mm×63mm	一级	1		150mm（5 号纹）	—	1
刀口尺	125mm	—	1		100mm（5 号纹）	—	1
塞尺	0.02～0.5mm	—	1	锯条	—	—	自定
深度千分尺	0～25mm	0.01mm	1	划规	—	—	1
百分表	0～0.8mm	0.01mm	1	划针	—	—	1
表架	—	—	1	锯弓	—	—	1
钢直尺	0～150mm	—	1	软钳口	—	—	1 副
直柄麻花钻	ϕ3mm	—	1	锉刀刷	—	—	1
	ϕ4mm	—	1	V 形架	—	—	1
整形锉	—	—	1	平板	280mm×330mm	二级	1

二、练习要求

（1）公差等级：IT8。

（2）几何公差：对称度 0.06mm。

（3）表面粗糙度：*Ra*3.2μm。

（4）时间定额：270min。

（5）其他方面：配合间隙≤0.04mm、错位量≤0.05mm。

图样及技术要求（见图 11.16）。

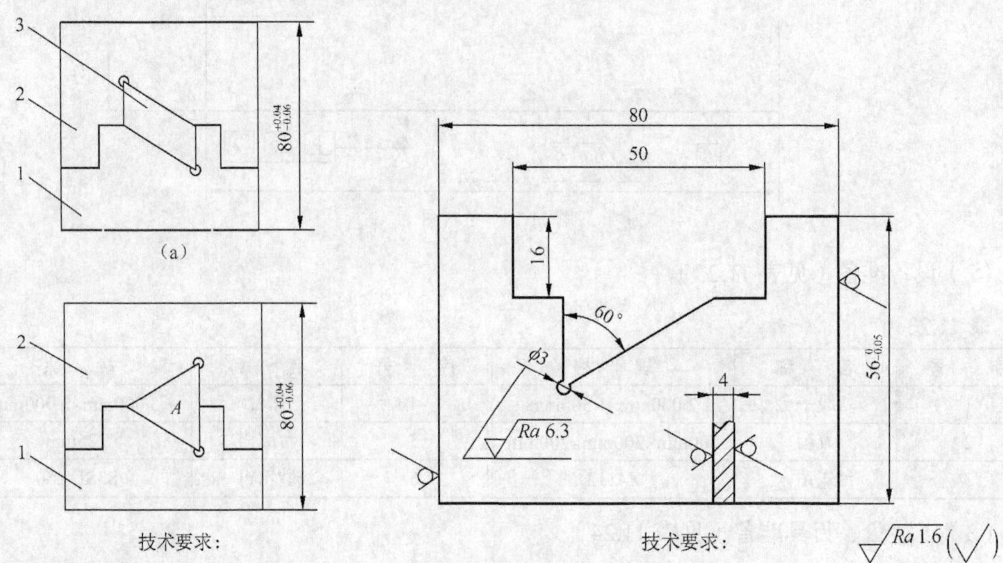

技术要求：

1．配合互换间隙≤0.04mm；
2．下图 *A* 处错位 0.05mm；
3．上、下图配合，两外侧错位量≤0.05mm。

（b）

技术要求：

该件凹部（16×50 和 60° 凹处）按件 1、件 3 装配图配作。

$\sqrt{Ra\,1.6}\ (\sqrt{\ })$

（c）

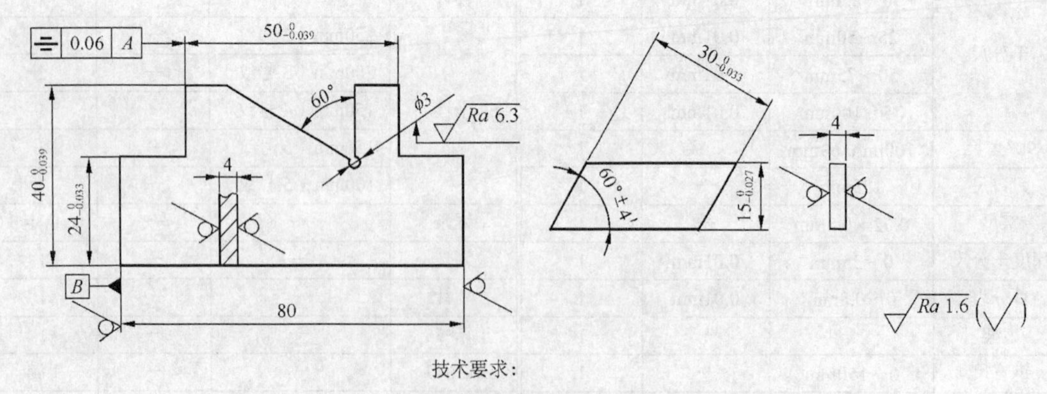

技术要求：

60° 凹处按件 3 和装配图要求配作。

（d）　　　　（e）

图 11.16　图样

三、操作技能评分表

总得分____________

序号	考核内容	考核要求	配分	评分标准	检测结果	扣分	得分
1	件1	$50_{-0.039}^{0}$ mm	5	超差不得分			
2		$40_{-0.039}^{0}$ mm	5	超差不得分			
3		$24_{-0.033}^{0}$ mm	4	超差不得分			
4		表面粗糙度：*Ra*3.2μm（9处）	4.5	升高一级不得分			
5		⌯ 0.06 *A*	3	超差不得分			
6	件2	表面粗糙度：*Ra*3.2μm（9处）	4.5	升高一级不得分			
7		$56_{-0.046}^{0}$ mm	5	超差不得分			
8	件3	$30_{-0.033}^{0}$ mm	5	超差不得分			
9		$15_{-0.027}^{0}$ mm	5	超差不得分			
10		60° ± 4′ （2处）	4	超差不得分			
11		表面粗糙度：*Ra*3.2μm（4处）	2	升高一级不得分			
12	配合	$80_{-0.06}^{+0.04}$ mm	5	超差不得分			
13		*A*处错位量≤0.05mm	4	超差不得分			
14		两外侧错位量≤0.05mm	4	超差不得分			
—		间隙≤0.04mm（10处）	30	超差不得分			

评分人：　　　年　　月　　日　　　　　　　　　　　　核分人：　　　年　　月　　日

任务九　阶梯件镶配

一、准备要求

（1）材料准备（见表11.25）。

表11.25

序　号	材料名称	规　格	数　量	备　注
1	Q235-A	50mm×50mm×15mm	2	

备料图（见图11.17）。

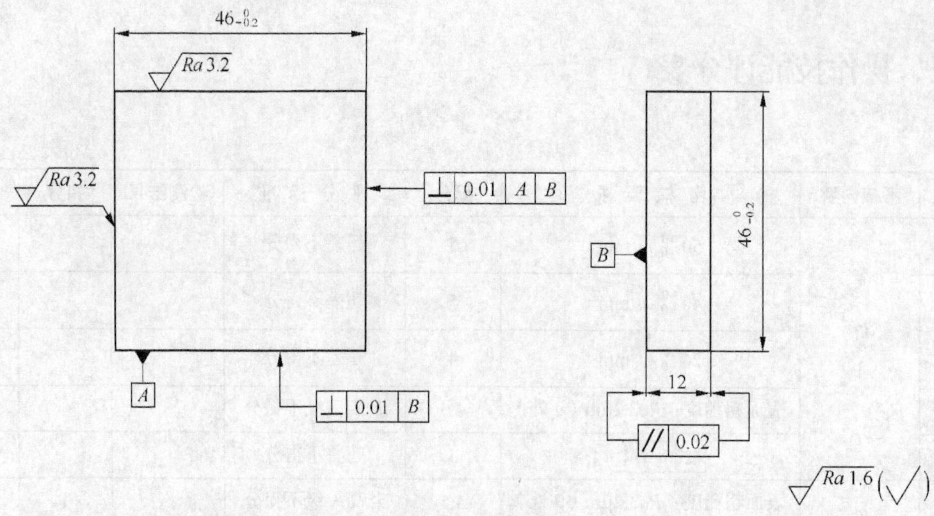

图 11.17　备料图

（2）设备准备（见表 11.26）。

表 11.26

序　号	名　称	规　格	序　号	名　称	规　格
1	划线平台	2 000mm×1 500mm	4	钳台	3 000mm×2 000mm
2	方箱	200mm×200mm×200mm	5	台虎钳	125mm
3	台式钻床	Z4112	6	砂轮机	S3SL-250

（3）工、量、刃具准备（见表 11.27）。

表 11.27

名　称	规　格	精　度	数　量	名　称	规　格	精　度	数　量
游标高度尺	0～300mm	0.02mm	1	平锉	300mm（1号纹）	—	1
游标卡尺	0～150mm	0.02mm	1		200mm（2号纹）	—	1
千分尺	0～25mm	0.01mm	1		200mm（4号纹）	—	1
	25～50mm	0.01mm	1	方锉	200mm（3号纹）	—	1
塞尺	0.02～0.5mm	—	1	三角锉	150mm（3号纹）	—	1
塞规	ϕ10mm	H7	1	铰杠	—	—	1
刀口尺	125mm	—	1	锯弓	—	—	1
90°角尺	100mm×63mm	一级	1	锯条	—	—	自定
V形架	—	—	—	手锤	—	—	1
直柄麻花钻	ϕ4mm	—	1	样冲	—	—	1
	ϕ8.5mm	—	1	划规	—	—	1
	ϕ9.8mm	—	1	划针	—	—	1
	ϕ12mm	—	1	钢直尺	0～150mm	—	1
手用圆柱铰刀	ϕ10mm	H7	1	软钳口	—	—	1副
丝锥	M10	—	1	锉刀刷	—	—	1

二、练习要求

（1）公差等级：锉配 IT8、攻螺纹 8H、铰配 IT7。

（2）几何公差：配合平行度 0.04mm、铰孔垂直度 0.03mm、攻螺纹垂直度 0.40mm。

（3）表面粗糙度：锉配 *Ra*3.2μm、攻螺纹 *Ra*6.3μm、铰孔 *Ra*1.6μm。

（4）时间定额：4h。

（5）其他方面：配合间隙≤0.04mm、错位量≤0.04mm。

图样及技术要求（见图 11.18）。

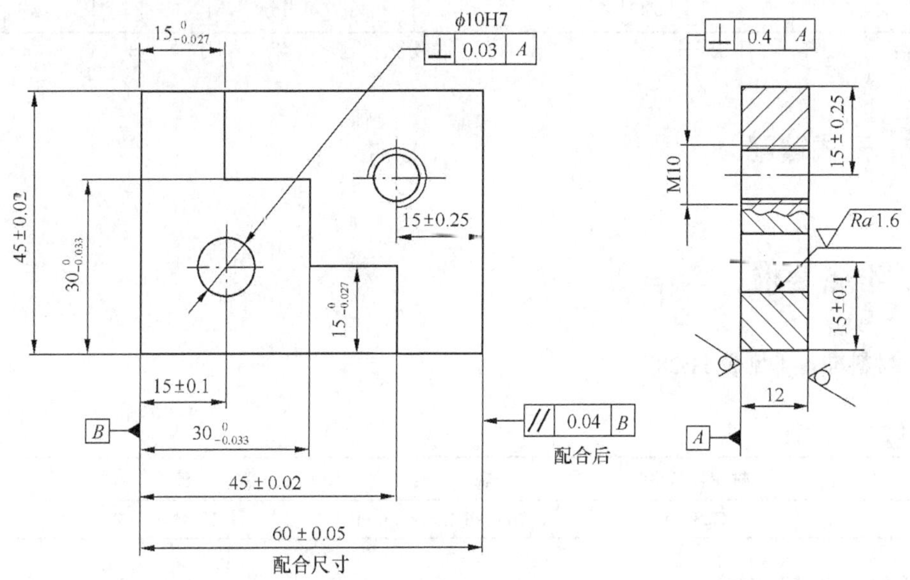

技术要求：

1. 以左件为基准，右件配作，配合互换间隙≤0.04mm、配合后错位量≤0.04mm；
2. 内角处不得开槽、钻孔。

图 11.18 图样

三、操作技能评分表

总得分___________

序号	考核内容	考 核 要 求	配分	评 分 标 准	检测结果	扣分	得分
1	锉配	$15^{\ 0}_{-0.027}$ mm（2 处）	6	超差不得分			
2		$30^{\ 0}_{-0.033}$ mm（2 处）	6	超差不得分			
3		45±0.02mm（2 处）	4	超差不得分			
4		表面粗糙度：*Ra*3.2μm（12 处）	6	升高一级不得分			
5		配合间隙≤0.04mm（5 处）	25	超差不得分			
6		错位量≤0.04mm	4	超差不得分			
7		60mm±0.05mm	4	超差不得分			
8		// 0.04 B	5	超差不得分			

续表

序号	考核内容	考核要求	配分	评分标准	检测结果	扣分	得分
9	铰孔	ϕ10H7	2	超差不得分			
10		15mm ± 0.10mm（2处）	8	超差不得分			
11		表面粗糙度：*Ra*1.6μm	2	升高一级不得分			
12		⊥ 0.30 *A*	3	超差不得分			
13	攻螺纹	M10	2	不符合要求不得分			
14		15mm ± 0.25mm	6	超差不得分			
15		表面粗糙度：*Ra*6.3μm	3	升高一级不得分			
16		⊥ 0.40 *A*	4	超差不得分			

评分人：　　年　　月　　日　　　　核分人：　　年　　月　　日

任务十　开式镶配

一、准备要求

（1）材料准备（见表11.28）。

表11.28

序　　号	材料名称	规　　格	数　　量	备　　注
1	Q235-A	105mm×65mm×10mm	1	

备料图（见图11.19）。

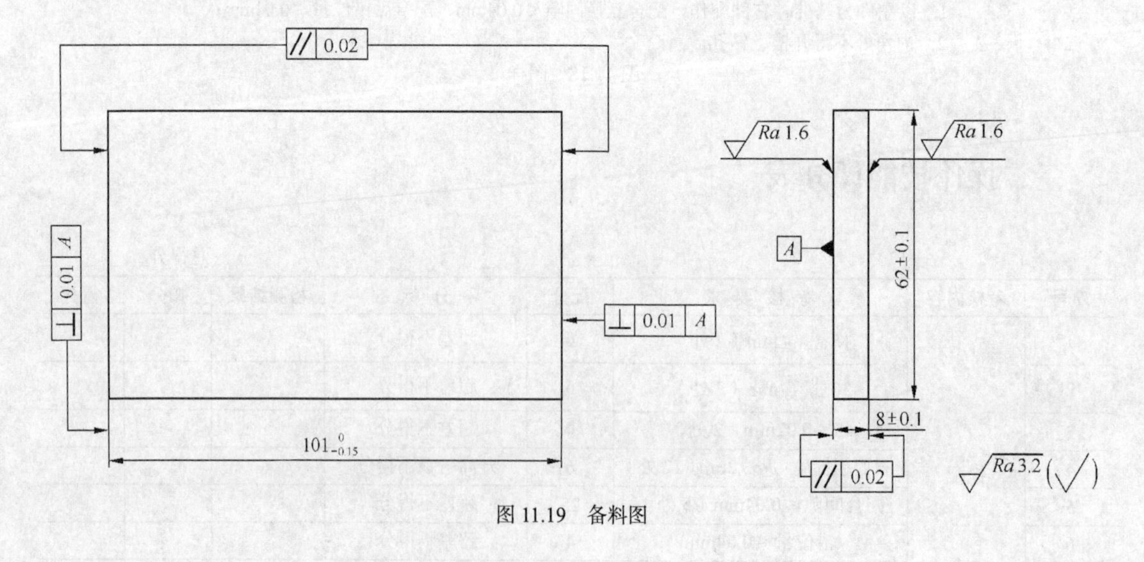

图11.19　备料图

（2）设备准备（见表11.29）。

表 11.29

序　　号	名　　称	规　　格	序　　号	名　　称	规　　格
1	划线平台	2 000mm×1 500mm	4	钳台	3 000mm×2 000mm
2	方箱	200mm×200mm×200mm	5	台虎钳	125mm
3	台式钻床	Z4112	6	砂轮机	S3SL-250

（3）工、量、刃具准备（见表 11.30）。

表 11.30

名　　称	规　　格	精　　度	数　　量	名　　称	规　　格	精　　度	数　　量
游标高度尺	0～300mm	0.02mm	1	平锉	300mm（1 号纹）	—	1
游标卡尺	0～150mm	0.02mm	1		200mm（2 号纹）	—	1
万能角度尺	0°～320°	2′	1		200mm（3 号纹）	—	—
千分尺	0～25mm	0.01mm	1		150mm（4 号纹）	—	1
	50～75mm	0.01mm	1	方锉	200mm（2 号纹）	—	—
	75～100mm	0.01mm	1		200mm（4 号纹）	—	—
	25～50mm	0.01mm	1	三角锉	150mm（4 号纹）	—	—
塞尺	0.02～0.5mm	—	1	锯弓	—	—	1
塞规	ϕ10mm	H7	1	锯条	—	—	自定
刀口尺	125mm	—	1	手锤	—	—	1
90°角尺	100mm×63mm	一级	1	狭錾	—	—	自定
钢直尺	0～150mm	—	1	样冲	—	—	1
直柄麻花钻	ϕ4mm	—	1	划规	—	—	1
	ϕ9.8mm	—	1	划针	—	—	1
	ϕ12mm	—	1	软钳口	—	—	1 副
手用圆柱铰刀	ϕ10mm	H7	1	锉刀刷	—	—	1
铰杠	—	—	1	丝锥	M10	—	1 副

二、练习要求

（1）公差等级：锉配 IT8、攻螺纹 7H、锯削 IT14。

（2）几何公差：锯削平行度 0.30mm。

（3）表面粗糙度：锉配 *Ra*3.2μm、攻螺纹 *Ra*6.3μm、锯削 *Ra*25μm。

（4）时间定额：5h。

（5）其他方面：配合间隙≤0.05mm、错位量≤0.06mm。

图样及技术要求（见图 11.20）。

三、操作技能评分表

总得分______

序号	考核内容	考 核 要 求	配分	评 分 标 准	检测结果	扣分	得分
1		$20^{+0.033}_{0}$ mm	6	超差不得分			
2		$18^{0}_{-0.15}$ mm（2处）	4	超差不得分			
3		120° ± 4′	6	超差不得分			
4	锉配	$16^{0}_{-0.15}$ mm（2处）	4	超差不得分			
5		表面粗糙度：*Ra*3.2μm（18处）	9	升高一级不得分			
6		配合间隙≤0.05mm（9处）	27	超差不得分			
7		错位量≤0.06mm	4	超差不得分			
8		2×ϕ10H7	2	超差不得分			
9	攻螺纹	20mm ± 0.20mm	4	超差不得分			
10		44mm ± 0.10mm	7	超差不得分			
11		表面粗糙度：*Ra*6.3μm（2处）	2	升高一级不得分			
12		30mm ± 0.35mm	8	超差不得分			
13	锯削	表面粗糙度：*Ra*25μm（2处）	4	升高一级不得分			
14		// 0.03 *B*	3	超差不得分			

评分人：　　年　月　日　　　　　　　　核分人：　　年　月　日

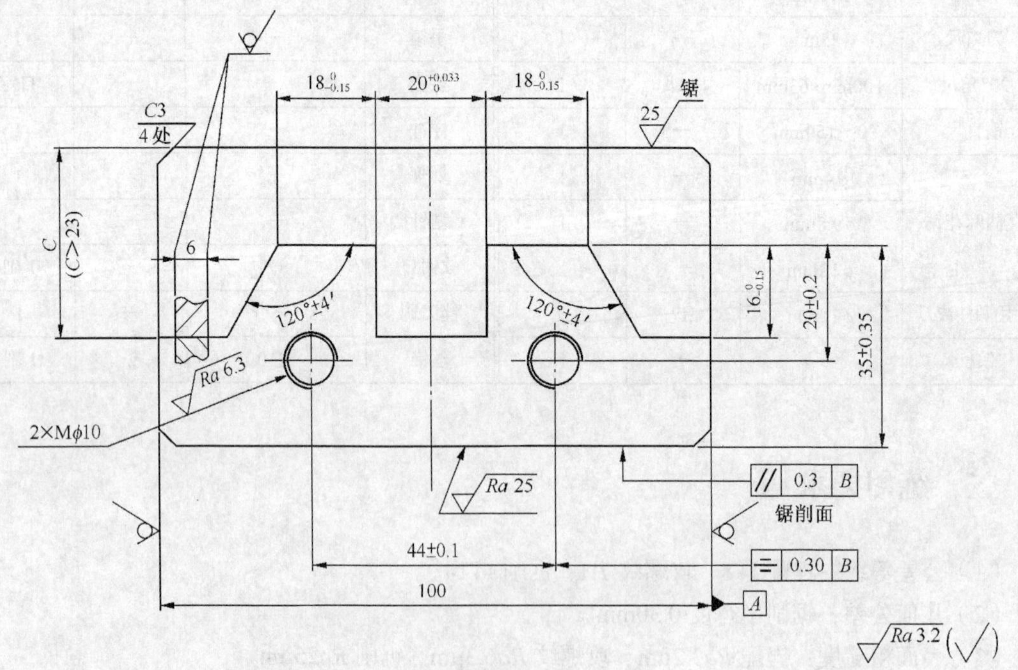

技术要求：

1. 以凸件（下）为基准，凹件配作，配合互换间隙≤0.05mm、两侧错位量≤0.06mm；
2. 内角不得开槽、钻孔。

图 11.20　图样

任务十一 槽形镶配

一、准备要求

（1）材料准备（见表 11.31）。

表 11.31

序 号	材料名称	规 格	数 量	备 注
1	45	40mm×25mm×20mm	1	图 11.2（a）
2	45	ϕ60mm×20mm	1	图 11.2（b）

备料图（见图 11.21）。

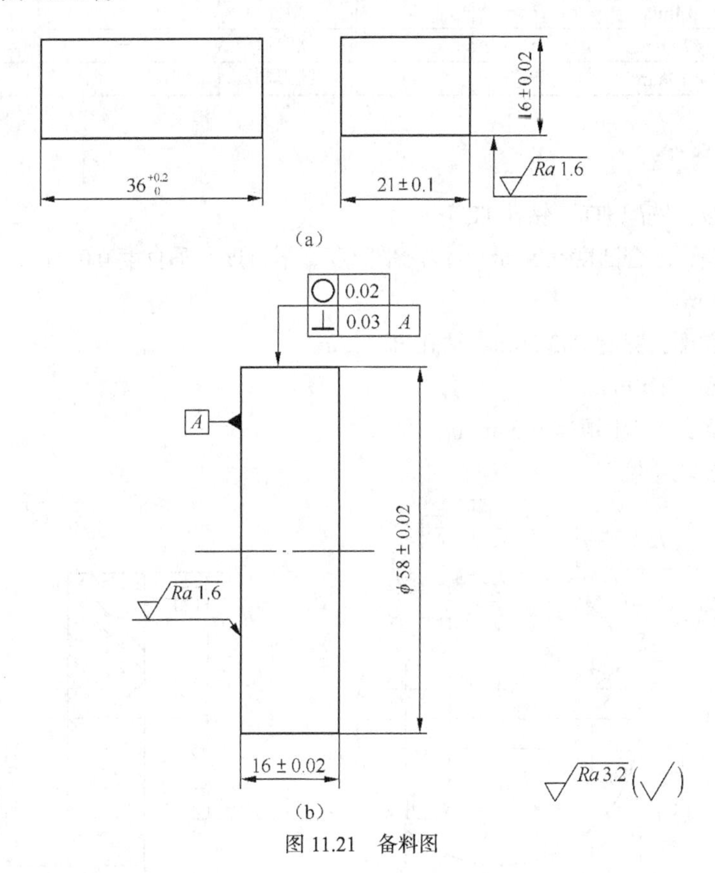

图 11.21 备料图

（2）设备准备（见表 11.32）。

表 11.32

序 号	名 称	规 格	序 号	名 称	规 格
1	划线平台	2 000mm×1 500mm	4	钳台	3 000mm×2 000mm
2	方箱	200mm×200mm×200mm	5	台虎钳	125mm
3	台式钻床	Z4112	6	砂轮机	S3SL-250

（3）工、量、刃具准备（见表11.33）。

表11.33

名　称	规　格	精　度	数　量	名　称	规　格	精　度	数　量
游标高度尺	0～300mm	0.02mm	1	平锉	250mm（2号纹）	—	1
游标卡尺	0～150mm	0.02mm	1		250mm（4号纹）	—	1
千分尺	0～25mm	0.01mm	1		200mm（5号纹）	—	1
	25～50mm	0.01mm	1	手锤	—	—	1
	50～75mm	0.01mm	1	方锉	200mm（3号纹）	—	1
刀口尺	100mm	—	1	三角锉	200mm（4号纹）	—	1
90°角尺	100×63mm	一级	1		150mm（1号纹）	—	1
V形架	—	—	1	狭錾	—	—	1
检验棒	ϕ8mm×100mm	h6	1	铰杠	—	—	1
塞尺	0.02～0.5mm	—	1	钢直尺	0～150mm	—	1
塞规	ϕ10mm	H7	1	样冲	—	—	1
手用圆柱铰刀	ϕ8mm	H7	1	划规	—	—	1
直柄麻花钻	ϕ4mm	—	1	划针	—	—	1
	ϕ7.8mm	—	1	软钳口	—	—	1副
	ϕ10mm	—	1	锉刀刷	—	—	1

二、练习要求

（1）公差等级：锉配IT8、钻孔IT11。

（2）几何公差：配合圆度0.04mm，锉配平面度、平行度、垂直度0.03mm，对称度0.06mm，钻孔对称度0.25mm。

（3）表面粗糙度：锉配 *Ra*3.2μm、钻孔 *Ra*3.2μm。

（4）时间定额：210min。

（5）其他方面：配合间隙≤0.04mm。

图样及技术要求（见图11.22）。

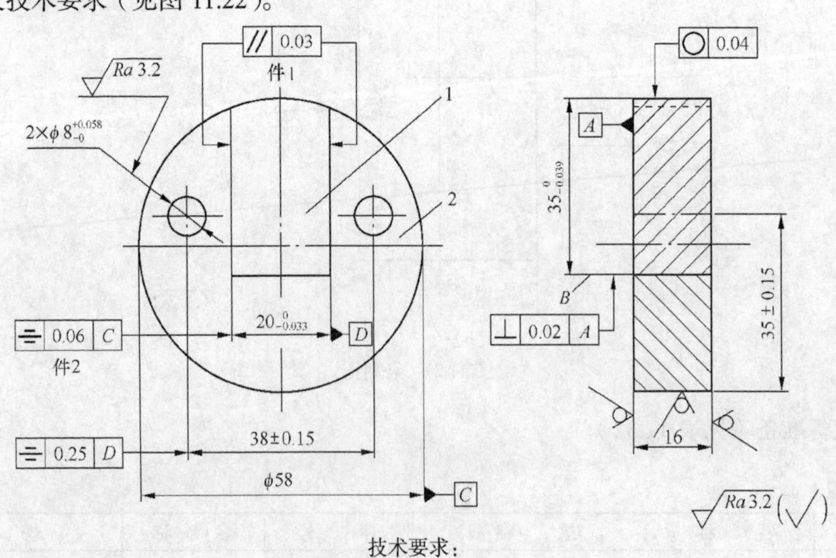

技术要求：

1. 尺寸 $20_{-0.033}^{\ 0}$ 为件1，件2按件1配作，配合互换间隙≤0.04mm；件1的曲面部分按件2配作；
2. 件1两平行面对 *A*、*B* 的垂直度误差≤0.03mm，三平面的平面度误差≤0.03mm。

图11.22　图样

三、操作技能评分表

总得分____________

序号	考核内容	考 核 要 求	配分	评 分 标 准	检测结果	扣分	得分
1	锉配	$20_{-0.033}^{0}$ mm	16	超差不得分			
2		$35_{-0.039}^{0}$ mm	6	超差不得分			
3		表面粗糙度：*Ra*3.2μm（6处）	6	升高一级不得分			
4		三平面的平面度误差≤0.03mm	7	超差不得分			
5		// 0.03	8	超差不得分			
6		两平行面对 *A*、*B* 的垂直度误差≤0.03mm	5	超差不得分			
7		⌯ 0.06 *C*	6	超差不得分			
8		配合间隙≤0.04mm（3处）	3	超差不得分			
9		○ 0.04	6	超差不得分			
10	钻孔	$2\times\phi 8_{0}^{+0.058}$ mm	10	超差不得分			
11		表面粗糙度：*Ra*3.2μm	4	升高一级不得分			
12		35mm ± 0.15mm	5	超差不得分			
13		38mm ± 0.15mm	4	超差不得分			
14		⌯ 0.25 *D*	4	超差不得分			

评分人：　　年　　月　　日　　　　　　　　核分人：　　年　　月　　日

任务十二　整体式镶配

一、准备要求

（1）材料准备（见表 11.34）。

表 11.34

序　　号	材 料 名 称	规　　格	数　　量	备　　注
1	Q235-A	105mm×65mm×10mm	1	

备料图（见图 11.23）。

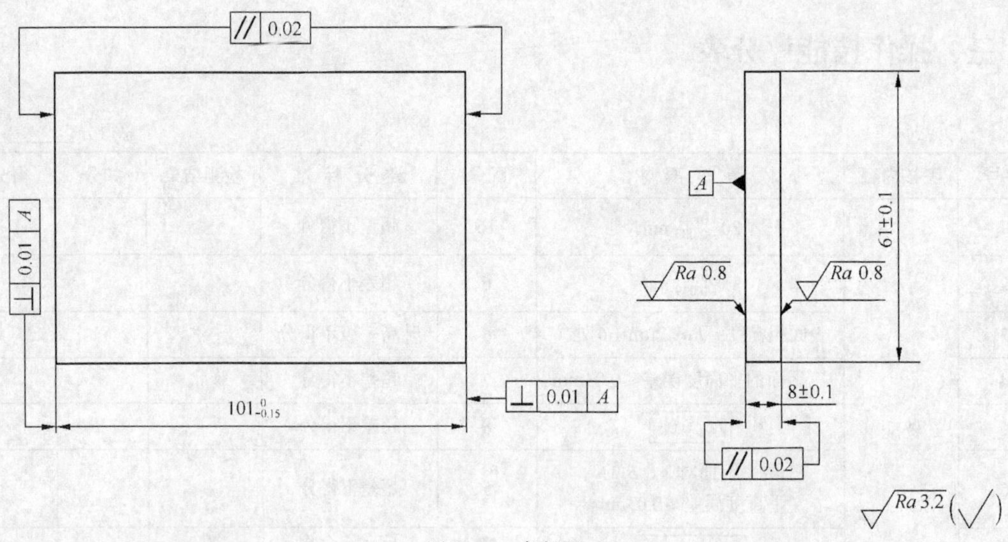

图 11.23　备料图

（2）设备准备（见表 11.35）。

表 11.35

序　号	名　称	规　格	序　号	名　称	规　格
1	划线平台	2 000mm×1 500mm	4	钳台	3 000mm×2 000mm
2	方箱	200mm×200mm×200mm	5	台虎钳	125mm
3	台式钻床	Z4112	6	砂轮机	S3SL-250

（3）工、量、刃具准备（见表 11.36）。

表 11.36

名　称	规　格	精　度	数　量	名　称	规　格	精　度	数　量
游标高度尺	0～300mm	0.02mm	1	平锉	300mm（1 号纹）	—	1
游标卡尺	0～150mm	0.02mm	1		200mm（2 号纹）	—	1
万能角度尺	0°～320°	2′	1		200mm（3 号纹）	—	—
千分尺	0～25mm	0.01mm	1		150mm（4 号纹）	—	1
	50～75mm	0.01mm	1		100mm（5 号纹）	—	1
	75～100mm	0.01mm	1	方锉	200mm（3 号纹）	—	1
	25～50mm	0.01mm	1		200mm（4 号纹）	—	1
深度千分尺	0～25mm	0.01mm	1	三角锉	150mm（2 号纹）	—	1
塞规	ϕ10mm	H7	1	锯弓	—	—	1
刀口尺	125mm	—	1	锯条	—	—	自定
90°角尺	100mm×63mm	一级	1	手锤	—	—	1
钢直尺	0～150mm	—	1	狭錾	—	—	自定
直柄麻花钻	ϕ5mm	—	1	样冲	—	—	1
	ϕ9.8mm	—	1	划规	—	—	1
	ϕ12mm	—	1	划针	—	—	1
手用圆柱铰刀	ϕ10mm	H7	1	软钳口	—	—	1 副
铰杠	—	—	1	锉刀刷	—	—	1

二、练习要求

（1）公差等级：锉配 IT8、铰孔 IT7、锯削 IT14。
（2）几何公差：锯削平行度 0.30mm，铰孔对称度 0.30mm。
（3）表面粗糙度：锉配 *Ra*3.2μm、铰孔 *Ra*1.6μm、锯削 *Ra*25μm。
（4）时间定额：5h。
（5）其他方面：配合间隙≤0.05mm、错位量≤0.06mm。
图样及技术要求（见图 11.24）。

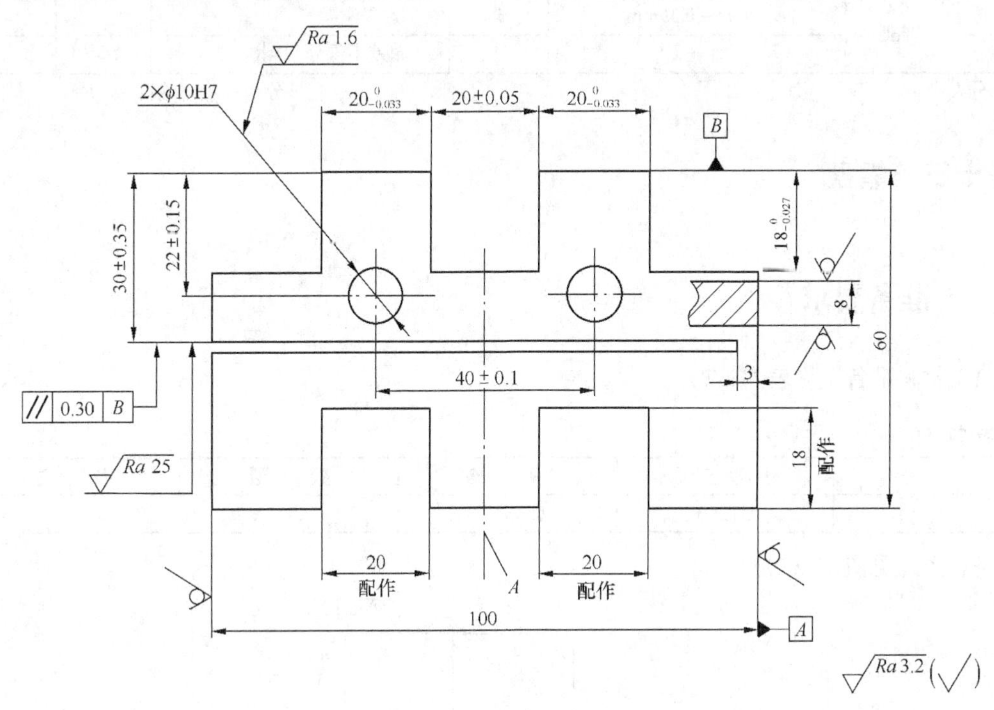

技术要求：

1. 以凸件（上）为基准，凹件（下）配作，配合互换间隙≤0.05mm，两侧错位量≤0.06mm；
2. ϕ10H7 两孔对 *A* 的对称度误差≤0.30mm；
3. 将此件锯开后进行检测。

图 11.24　图样

三、操作技能评分表

总得分____________

序号	考核内容	考核要求	配分	评分标准	检测结果	扣分	得分
1	锉配	20mm ± 0.05 mm	5	超差不得分			
2		$20_{-0.033}^{0}$ mm	8	超差不得分			
3		$18_{-0.027}^{0}$ mm	6	超差不得分			
4		表面粗糙度：*Ra*3.2μm（18 处）	9	升高一级不得分			

续表

序号	考核内容	考 核 要 求	配分	评 分 标 准	检测结果	扣分	得分
5		配合间隙≤0.05mm（9 处）	27	超差不得分			
6		错位量≤0.06 mm	5	超差不得分			
7	铰孔	2×ϕ10H7	2	超差不得分			
8		22mm ± 0.15mm（2 处）	2	超差不得分			
9		40mm ± 0.10mm	5	超差不得分			
10		表面粗糙度：*Ra*1.6μm（2 处）	2	升高一级不得分			
11		ϕ10H7 两孔对 *A* 的对称度误差≤0.30mm	4	超差不得分			
12	锯削	30mm ± 0.35mm	8	超差不得分			
13		—	7	超差不得分			

评分人：　　年　月　日　　　　核分人：　　年　月　日

任务十三　靠盘

一、准备要求

（1）材料准备（见表 11.37）。

表 11.37

序　　号	材 料 名 称	规　　格	数　　量	备　　注
1	HT200	见备料图	1	

备料图（见图 11.25）。

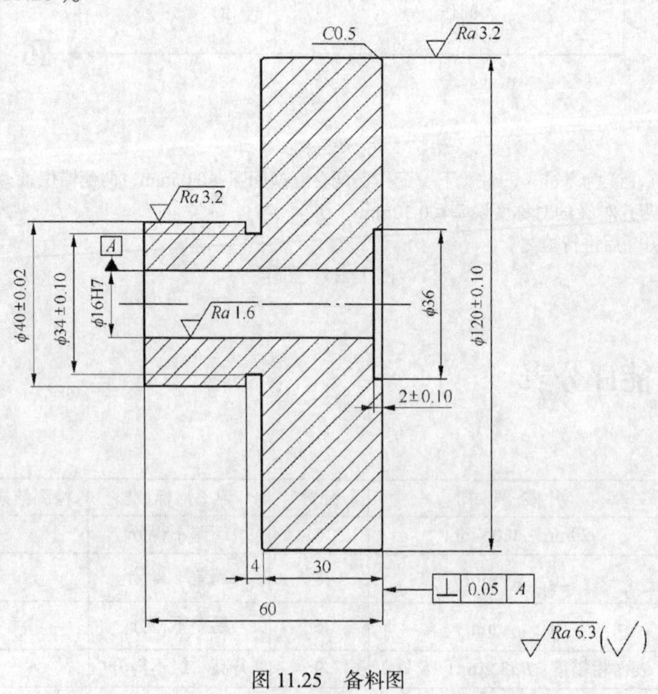

图 11.25　备料图

（2）设备准备（见表 11.38）。

表 11.38

序　号	名　称	规　格	序　号	名　称	规　格
1	划线平台	2 000mm×1 500mm	4	钳台	3 000mm×2 000mm
2	方箱	200mm×200mm×200mm	5	台虎钳	125mm
3	台式钻床	Z4112	6	砂轮机	S3SL-250

（3）工、量、刃具准备（见表 11.39）。

表 11.39

名　称	规　格	精　度	数　量	名　称	规　格	精　度	数　量
游标高度尺	0～300mm	0.02mm	1	平锉	300mm（1 号纹）	—	1
游标卡尺	0～150mm	0.02mm	1		200mm（4 号纹）	—	1
万能角度尺	0°～320°	2′	1		200mm（3 号纹）	—	—
千分尺	0～25mm	0.01mm	1	铰杠	—	—	1
塞规	ϕ12mm	H7	—	锯弓	—	—	1
塞尺	0.02～0.5mm	—	—	锯条	—	—	自定
90° 角尺	100mm×63mm	一级	—	手锤	—	—	1
刀口尺	125mm	—	1	样冲	—	—	—
百分表	0～0.8mm	0.01mm	1	划规	—	—	1
表架	—	—	1	划针	—	—	1
V 形架	—	—	1	粗平面刮刀	—	—	1
方框	25mm×25mm	—	1	细平面刮刀	—	—	1
检验棒	ϕ12×120mm	h6	1	精平面刮刀	—	—	1
	ϕ16×120mm	h6	1	软钳口	—	—	1 副
手用圆柱铰刀	ϕ16mm	H7	1	锉刀刷	—	—	1

二、练习要求

（1）公差等级：锉配 IT8、铰孔 IT7。

（2）几何公差：刮削垂直度 0.01mm、锉削对称度 0.04mm。

（3）表面粗糙度：刮削 Ra0.8μm、锉削 Ra3.2μm。

（4）时间定额：5h。

（5）其他方面：刮削点数 18/(25×25)mm^2。

图样及技术要求（见图 11.26）。

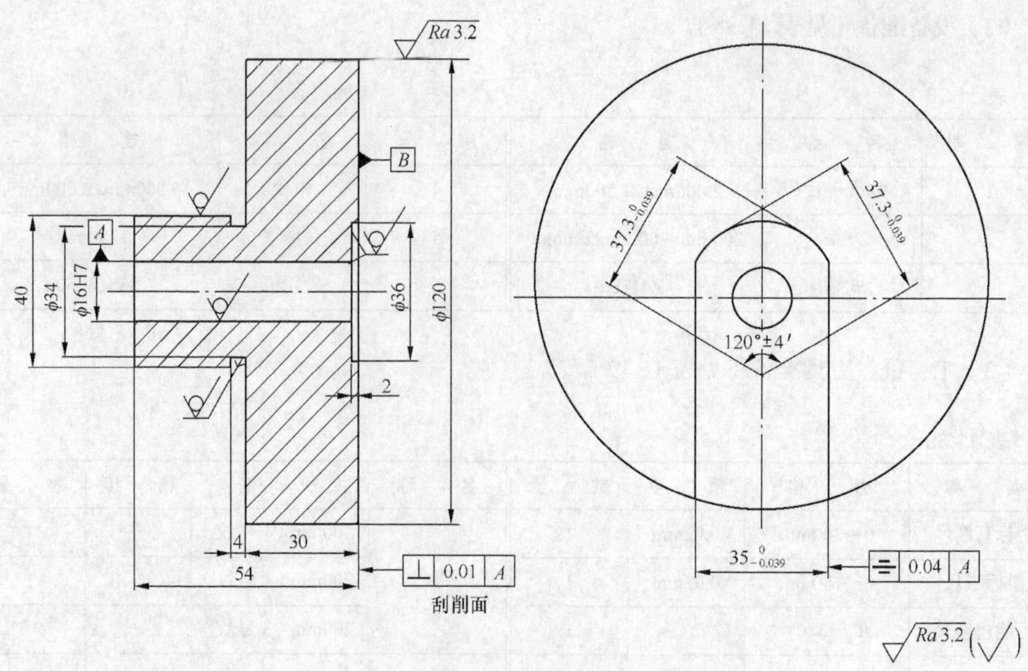

技术要求：

刮削面每 (25×25) mm^2 内的研点数≥18点

图 11.26 图样

三、操作技能评分表

总得分______

序号	考核内容	考 核 要 求	配分	评 分 标 准	检测结果	扣分	得分
1	刮削	(25×25) mm^2 内的研点数≥18点	30	每少一点扣5分，少两点不得分			
2		⊥ 0.01 A	10	超差不得分			
3	锉削	刮削面中无缺陷	5	不符合要求不得分			
4		$35_{-0.039}^{0}$ mm（2处）	10	超差不得分			
5		$37.3_{-0.039}^{0}$ mm（2处）	10	超差不得分			
6		120° ± 4′	8	超差不得分			
7		表面粗糙度：*Ra*3.2μm（4处）	8	升高一级不得分			
8		⌯ 0.04 A	9	超差不得分			

评分人：　　年　月　日　　　　核分人：　　年　月　日

任务十四　斜齿轮轴装配

一、准备要求

（1）考场设备准备。

考件准备：根据图纸中明细表准备待装零（部）件（包括标准件、外购件等）。

考场设备：根据考件图纸，考场应准备装配用的起吊设备（包括司机和指挥人员）、照明设施及辅助设施，如清洗设施、加（降）温设施、平衡设施、吊具等。

辅助材料准备：如清洗液、油类、润滑脂等。

（2）考场工具、量具准备。

常用工具：手锤、纯铜手锤或纯铜棒等。

常用量具：百分表及表座、塞尺。

其他：吊具、工作灯。

二、练习要求

（1）装配准备工作充分。

（2）根据轴套配合性质选择正确装配方法。

（3）轴向窜动量的检测。

（4）时间定额：4h。

图样及技术要求（见图 11.27）。

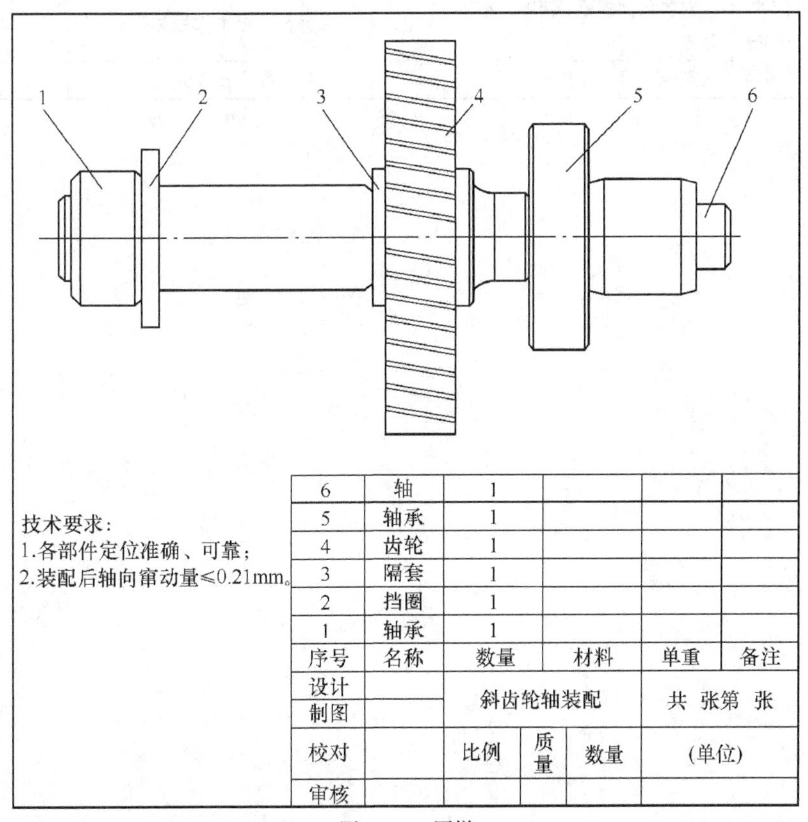

序号	名称	数量	材料	单重	备注
6	轴	1			
5	轴承	1			
4	齿轮	1			
3	隔套	1			
2	挡圈	1			
1	轴承	1			

设计		斜齿轮轴装配			共 张第 张
制图					
校对		比例	质量	数量	(单位)
审核					

图 11.27　图样

三、操作技能评分表

总得分______

序号	考核内容		考核要求	配分	评分标准	检测结果	扣分	得分
1	主要项目	装配操作规程	熟悉装配工艺规程	5	未阅读工艺规程扣5分			
			合理选择工、量具	4	选择不合理扣4分			
			严格按照工艺规程操作	8	违规扣8分			
			及时合理调整间隙	6	不调整间隙扣6分			
			按规程整理现场	2	现场零乱扣2分			
		装配结果	轴组各部件位置准确，定位可靠	15	部件松动或定位不准1处扣5分，3处以上扣15分			
			轴组完成运转平稳轻快	15	起动困难，阻力大扣15分			
			噪声、热平衡符合要求	8	噪声超标扣2分，温升超标扣2分，不能找出原因扣4分			
			主要技术指标如轴向窜动、径向圆跳动、传递的功率等达到要求	12	轴向窜动、径向圆跳动不合要求扣5分，其他不符合要求扣7分			
2	一般项目	装配前的准备工作	认真阅读装配图	4	不认真阅读装配图扣4分			
			对各部件规格、精度、外观检查	8	未进行该项工作扣8分			
			选配、修复、更换	3	盲目装配者扣3分			

评分人：　　　年　　月　　日　　　　　　　　　　核分人：　　　年　　月　　日

参考文献

[1] 王才林，谭显秋．钳工操作技能考试手册[M]．北京：中央广播电视大学出版社，2001.

[2] 王建新，陈宇．钳工[M]．北京：中国劳动社会保障出版社，2005.

[3] 陈宇．装配钳工[M]．北京：中国劳动社会保障出版社，2003.

[4] 王兴民．钳工工艺学[M]．北京：中国劳动社会保障出版社，1996.

[5] 蒋增福．钳工工艺与技能训练[M]．北京：中国劳动社会保障出版社，2003.